信息技术任务驱动教程

主　编　刘　华
副主编　梁　英　林　岚　聂　雪
参　编　宋　翔　刘晓云　薛　静
　　　　朱金坛　杨　楠

北京理工大学出版社
BEIJING INSTITUTE OF TECHNOLOGY PRESS

内 容 简 介

本书按照"以学生为中心、学习成果为导向、促进自主学习"的思路，融入项目、任务、案例等内容。全书共有 8 个模块，21 个项目，56 个任务，内容涵盖了信息技术基础知识、操作系统、文字处理软件、电子表格处理软件、演示文稿软件、计算机网络基础、计算机前沿技术及等级考试模块。同时，本教材较好的融入了思政课的内容，充分反映新时代经济社会发展对国民素质、创新人才的新要求。教材围绕深化教学改革和"互联网+职业教育"的发展需求，具有丰富的配套资源，是信息技术的新形态一体化教材。本书适合作为信息技术、计算机应用基础等相关课程的教材使用。

版权专有　侵权必究

图书在版编目（CIP）数据

信息技术任务驱动教程 / 刘华主编 . --北京：北京理工大学出版社，2021.9
　　ISBN 978-7-5763-0182-3

Ⅰ . ①信… Ⅱ . ①刘… Ⅲ . ①电子计算机—教材
Ⅳ . ①TP3

中国版本图书馆 CIP 数据核字（2021）第 165938 号

出版发行 / 北京理工大学出版社有限责任公司
社　　址 / 北京市海淀区中关村南大街 5 号
邮　　编 / 100081
电　　话 /（010）68914775（总编室）
　　　　　（010）82562903（教材售后服务热线）
　　　　　（010）68944723（其他图书服务热线）
网　　址 / http：//www.bitpress.com.cn
经　　销 / 全国各地新华书店
印　　刷 / 保定市中画美凯印刷有限公司
开　　本 / 880 毫米×1230 毫米　1/16
印　　张 / 17.5　　　　　　　　　　　　　　　　　　责任编辑 / 王玲玲
字　　数 / 692 千字　　　　　　　　　　　　　　　　文案编辑 / 王玲玲
版　　次 / 2021 年 9 月第 1 版　2021 年 9 月第 1 次印刷　责任校对 / 刘亚男
定　　价 / 52.00 元　　　　　　　　　　　　　　　　责任印制 / 施胜娟

图书出现印装质量问题，请拨打售后服务热线，本社负责调换

前言

本书以目前主流的 Windows 10 操作系统及 Office 2016 办公应用软件为平台,全面介绍了计算机基础知识、Windows 10 操作系统常用操作方法、文字处理软件 Word、电子表格软件 Excel、演示文稿软件 PowerPoint,以及简单计算机前沿技术与网络基础知识,内容涵盖全国计算机等级考试一级大纲的全部内容,配有等级考试上机指南。

本书很好地融入了课程思政的内容,坚持以知识性和技能性为本位,以适应新技术、新工艺和新标准的教学模式为根本,突出"校企合作"的人才培养模式特征,以满足学生学习需求和社会职业能力需求为目标的指导思想,在编写中着重突出以下几点。

1. 依据课程标准,设置知识结构,引入计算机行业新技术,拓宽学生视野,激发学生学习热情。

2. 融入课程思政内容。培养学生吃苦耐劳的优秀品质,同时,通过任务引导学生增强自信,勇于创新,树立正确的人生观和世界观。

3. 突出技能,任务驱动。强调实用性和技能性,通过动手完成任务,强化实践操作训练,从而达到掌握知识与提高技能的目的,实现"教、学、做"一体化。

4. 结构合理。紧密结合职业教育的特点,内容由浅入深,循序渐进,按照项目提出、项目分析、任务准备和任务实施的内容环节进行编写,体现了"做中学"的教学理念。

5. 任务设置灵活多样。本书共设置 47 个任务单,采用任务驱动的思路构建,任务单内容设置为活页的方式,方便读者进行优选或者二次开发。受本书篇幅所限,活页任务单采用电子版,可扫描前言末的二维码下载使用。

6. 任务单设置不同的难度系数,更好地实现分层教学。随着中职改革、高职扩招等政策的颁布,高职生源结构发生巨大变化,任务单区分难度能更好地实现因材施教。同时,每个任务都设置对应的评价量表,读者可扫码获取,方便实现自我评价,让评价有理有据。

7. 数字化资源丰富。本书提供了大量的图片、文档、视频、教学 PPT、素材、题库等教学资源,并应用虚拟现实技术让读者在学习计算机硬件知识的同时感受到科技的力量。读者可通过扫二维码的方式轻松获取数字化资源。其中 CPU 硬件的虚拟现实程序可以通过百度网盘下载安装体验，网址为 https://pan.baidu.com/s/1fVOQJVqrdiNj2hGpyCRt6w，提取码为 vrzy。

8. 本书配套开发了省级在线开放课程，可供读者开展线上学习或者实现混合式教学。网址为 https://mooc.icve.com.cn/course.html?cid=JSJXA430723。

本书由西安铁路职业技术学院的刘华担任主编，梁英、林岚、聂雪担任副主编，宋翔、刘晓云、薛静、朱金坛、杨楠参与编写。参加编写的人员均为长期从事职业教育的一线教师。全书由刘华统稿，董奇主审。具体编写分工为：模块1由梁英编写，模块2由宋翔编写，模块3的项目1和项目2由林岚编写，模块3的项目3由刘晓云编写，模块4由聂雪编写，模块5由刘华编写，模块6由薛静编写，模块7由朱金坛编写，模块8由杨楠编写。

编 者

活页任务清单

目 录

模块 1　信息技术基础知识　1

项目 1　信息素养概述 ··· 2
　任务 1　信息素养与信息技术 ······················· 2
　任务 2　信息安全与信息伦理 ······················· 4
项目 2　计算机基础与应用 ································· 7
　任务 1　认识计算机 ······································· 8
　任务 2　了解计算机硬件和软件 ················· 15
　任务 3　了解多媒体技术及其应用 ············· 20
模块总结 ·· 22

模块 2　Windows 10 操作系统　24

项目 1　Windows 10 基础及基本操作 ············· 25
　任务 1　Windows 10 基础知识 ··················· 25
　任务 2　设置 Windows 10 系统界面 ·········· 28
　任务 3　安装打印机 ····································· 38
项目 2　文件和资源管理器及系统优化 ·········· 42
　任务 1　文件和文件夹的相关概念 ············· 42
　任务 2　系统和数据的优化与修复 ············· 54
模块总结 ·· 59

模块 3　电子文档软件 Word 2016　60

项目 1　Word 创建文档与格式排版 ················ 61
　任务 1　创建大国工匠电子文稿 ················· 61
　任务 2　"一带一路"文档格式编排 ··········· 68
项目 2　Word 表格应用及图文混排 ················ 78
　任务 1　"高铁里程表"的制作 ··················· 79
　任务 2　"用图看懂十九大报告"图文混排制作 ·········· 87
项目 3　Word 高级应用 ···································· 96

任务1　"准考证"制作 ··· 97
  任务2　论文排版 ·· 106
 模块总结 ··· 117

模块 4　电子表格 Excel 2016　　　　　　　　　　　　　　　　　　　119

 项目1　创建党支部个人基本信息表 ·· 120
  任务1　创建数据清单 ·· 121
  任务2　工作表的格式化 ··· 132
  任务3　打印工作表 ·· 137
 项目2　制作课程成绩单 ·· 138
  任务1　计算综合成绩 ·· 139
  任务2　单科成绩统计分析 ··· 142
 项目3　数据的整理与汇总 ·· 155
  任务1　排序和筛选 ·· 155
  任务2　分类汇总和数据透视表 ··· 165
  任务3　图表 ··· 171
 模块总结 ··· 177

模块 5　演示文稿软件 PowerPoint 2016　　　　　　　　　　　　　　　178

 项目1　创建西迁精神电子相册 ·· 178
  任务1　制作电子相册封面幻灯片 ··· 179
  任务2　制作电子相册导航幻灯片 ··· 183
  任务3　制作电子相册内容幻灯片 ··· 186
 项目2　美化西迁精神电子相册 ·· 188
  任务1　设置幻灯片主题 ··· 189
  任务2　设置幻灯片背景 ··· 191
  任务3　制作幻灯片母版 ··· 193
 项目3　播放电子相册 ·· 196
  任务1　设置幻灯片交互效果 ··· 196
  任务2　设置幻灯片放映 ··· 199
  任务3　幻灯片输出 ·· 200
 模块总结 ··· 202

模块 6　计算机网络基础　　　　　　　　　　　　　　　　　　　　　203

 项目1　网络搭建 ··· 204
  任务1　设置IP地址 ·· 204
  任务2　家庭局域网的组建 ··· 207
  任务3　网上漫游 ··· 210
  任务4　网上购物 ··· 216
 项目2　信息检索 ··· 218
  任务1　跟我一起来检索 ··· 218
  任务2　CNKI文献检索 ··· 220
  任务3　专利文献信息检索 ··· 223
 模块总结 ··· 227

模块 7　走进神秘的前沿技术世界　228

项目 1　云计算技术揭秘 …… 228
　任务 1　初识云计算技术 …… 229
　任务 2　深入云计算技术 …… 230
项目 2　大数据技术揭秘 …… 232
　任务 1　初识大数据技术 …… 233
　任务 2　深入大数据技术 …… 234
项目 3　人工智能技术揭秘 …… 235
　任务 1　初识人工智能技术 …… 235
　任务 2　深入人工智能技术 …… 237
模块总结 …… 237

模块 8　NCRE 考试指南　238

项目 1　考试说明 …… 238
　任务 1　诚信考试 …… 239
　任务 2　考试大纲解读 …… 241
项目 2　考点分析 …… 243
　任务 1　计算机基础知识归纳 …… 243
　任务 2　Windows 7 基本操作 …… 247
　任务 3　Word 部分 …… 249
　任务 4　Excel 部分 …… 253
　任务 5　PPT 部分 …… 255
　任务 6　Internet 部分 …… 257
项目 3　试题与解析 …… 259
　任务 1　模拟试题 …… 259
　任务 2　试题解析 …… 262
模块总结 …… 272

模块 1 信息技术基础知识

模块导读

当前，以互联网、大数据、人工智能为代表的新一代信息技术日新月异，给各国经济社会发展、国家管理、社会治理、人民生活带来重大而深远的影响。现代信息技术的深入发展和广泛应用，深刻地改变着人类的生存方式和社会交往方式，甚至深刻地影响着人们的思维方式、价值观念和道德行为。

知识目标

- 了解信息素养的基本概念、主要要素。
- 了解信息技术的定义、发展史。
- 了解信息安全的定义、基本属性、面临的威胁。
- 了解信息伦理与自律。
- 了解计算机的发展历程、趋势、特点、分类及应用领域。
- 了解计算机的数制及其转换、存储单位及编码。
- 掌握计算机系统的组成、各部件的功能及计算机的主要性能指标。
- 掌握软件的分类。
- 了解多媒体技术的概念和应用。

技能目标

- 能知道信息素养的基本概念和主要要素。
- 能知道信息技术发展史及知名企业兴衰变换过程。
- 能知道信息安全的基础知识。
- 能知道信息伦理与自律。
- 能知道计算机的发展历程、趋势、特点、分类及应用领域。
- 会识别各数制数据，会数制转换。
- 能知道计算机硬件各部件功能、计算机的主要性能指标及软件的分类。
- 能知道多媒体技术的概念和应用。

素质目标

- 具有正确的人生观、价值观。
- 具有积极进取、刻苦钻研的精神。
- 培养基本的信息安全和信息伦理意识。

项目1　信息素养概述

1. 项目的提出

基本学习技能（指读、写、算）、信息素养、创新思维能力、人际交往与合作精神及实践能力并称为21世纪的能力素质。信息素养是高等学校学生的一项基础能力，它能促进问题解决、知识创新和终身学习等能力的形成。信息素养是当今信息时代的迫切要求，也是大学生自我发展的需要。

相关知识点：
①信息素养的基本概念、主要要素。
②信息技术的定义、发展史。
③信息安全的定义、基本属性、面临的威胁。
④信息伦理与自律。

2. 项目的分析

本项目将通过两个任务来学习信息素养与信息技术、信息安全与信息伦理的知识。

任务1　信息素养与信息技术

知识准备

1. 信息素养的基本概念

信息素养是全球信息化需要人们具备的一种基本能力。即能够判断什么时候需要信息，并且懂得如何去获取信息，如何去评价和有效利用所需的信息。

2. 信息素养的主要要素

信息素养包括四个要素：信息意识、信息知识、信息能力和信息道德。

（1）信息意识

信息意识，即人的信息敏感程度，是人们对自然界和社会的各种现象、行为、理论观点等从信息的角度理解、感受和评价。通俗地讲，就是面对不懂的东西，能积极主动地去寻找答案，并知道到哪里，用什么方法去寻求答案，这就是信息意识。

信息意识包括信息经济与价值意识、信息获取与传播意识、信息保密与安全意识、信息污染与守法意识、信息动态变化意识等内容。

信息意识是人们产生信息需求，形成信息动机，进而自觉寻求信息、利用信息、形成信息兴趣的动力和源泉。

（2）信息知识

信息知识是指人们在利用信息技术工具或信息传播途径提高信息交流效率过程中积累的认知和经验。

信息知识主要包括传统文化素养、信息的基本知识、现代信息技术知识等。

（3）信息能力

信息能力是指运用信息知识、技术和工具解决问题的能力。包括专业知识能力、信息检索能力、信息分析能力、信息评价能力、信息组织能力、信息利用能力和信息交流能力等。

（4）信息道德

信息道德指在信息的采集、加工、存储、传播和利用等信息活动各个环节中，用来规范其间产生的各种社会关系的道德意识、道德规范和道德行为的总和。它通过社会舆论、传统习俗等，使人们形成一定的信念、价值观和习惯，从而使人们自觉地通过自己的判断规范自己的信息行为。

信息道德以其巨大的约束力在潜移默化中规范人们的信息行为，是信息政策和信息法律建立和发挥作用的基础。

作为信息素养的基本构成，信息意识、信息知识、信息能力和信息道德四个要素相辅相成、不可分割。其中，信息意识是先导，信息知识是基础，信息能力是核心，信息道德是保障，四个要素共同构成了一个统一的整体。

3. 信息技术的定义

信息技术是研究信息如何产生、获取、表示、传输、变换、识别和应用的科学技术，主要是指利用计算机和现代通信手段实现获取信息、传递信息、存储信息、处理信息、显示信息、分配信息等的相关技术。

信息技术有代替、扩展和延伸人的信息的功能。

4. 现代信息技术

现代信息技术是以微电子技术为基础，以计算机技术为核心，以通信技术为支柱，以信息技术应用为目的的科学技术群。

（1）微电子技术

微电子技术是建立在以集成电路为核心的各种半导体器件基础上的高新电子技术，特点是体积小、质量小、可靠性高、工作速度快，微电子技术对信息时代具有巨大的影响。

（2）计算机技术

计算机技术是计算机领域中所运用的技术方法和技术手段。主要包括运算方法的基本原理与运算器设计、指令系统、中央处理器（CPU）设计、流水线原理及其在CPU设计中的应用、存储体系、总线与输入/输出。

计算机技术具有明显的综合特性，它与电子工程、应用物理、机械工程、现代通信技术、数学等紧密结合，发展很快。主要应用于数值计算、信息处理、实时控制、人工智能等领域。

（3）通信技术

通信技术是指用现代科学技术手段来实现信息传递的一门技术学科。现代通信技术的主要成果有程控交换、卫星通信、移动通信、光纤通信等。

（4）传感技术

传感技术是指高精度、高效率、高可靠性的采集各种形式信息的技术。传感技术是关于从自然信源获取信息，并对之进行处理（变换）和识别的一门多学科交叉的现代科学与工程技术，它涉及传感器、信息处理和识别的规划设计、开发、制/建造、测试、应用及评价改进等活动。

传感技术主要应用于医疗卫生、安全防卫、家用电器、冶金、汽车等领域。

传感技术是衡量一个国家信息化程度的重要标志。

5. 信息技术的发展史

古时候，我们的祖先用"结绳记事""烽火告急""飞鸽传书"等方法对信息进行存储和传递，而现代的我们拿着手机就可以办公、学习、购物、缴费等，是什么让我们的生活发生了如此巨大的变化？信息作为一种社会资源自古就有，人类也是自古以来就在利用信息资源，只是利用的能力和水平高低不同。从古至今，人类共经历了五次信息技术的重大发展历程。每次信息技术的变革都对人类社会的发展产生了巨大的推动力。

（1）第一次信息技术变革是语言的使用

距今35 000年~50 000年前，语言产生，信息在人脑中存储和加工，利用声波进行传递，是从猿进化到人的重要标志。语言自此成为人类进行思想交流和信息传播不可缺少的工具。

（2）第二次信息技术变革是文字的出现和使用

大约在公元前3500年出现了文字。文字的出现和使用，使人类对信息的保存和传播首次超越了时间和空间的局限。

（3）第三次信息技术变革是造纸术和印刷术的发明和使用

造纸术和印刷术的发明和使用，使书籍、报刊成为重要的信息存储和传播的媒体，为知识的传播和积累提供了更为可靠的保证。

汉朝以前使用竹木简或帛做书材料，直到东汉（公元105年）蔡伦改进造纸术，这种纸叫"蔡候纸"。从后唐到后周，封建政府雕版刊印了儒家经书，这是我国官府大规模印书的开始。北宋平民毕昇发明活字印刷。大约在公元1040年，我国开始使用活字印刷技术。

（4）第四次信息技术变革是电报、电话、广播、电视的发明和普及应用

19世纪中叶以后，随着电报、电话的发明，电磁波的发现，人类通信领域发生了根本性的变革，实现了利用电磁波来进行无线通信。电报、电话、广播、电视的发明和普及应用，使人类进入了利用电磁波传播信息的时代，进一步突破了时间和空间的限制。

1837年，美国人莫尔斯研制了世界上第一台有线电报机。1844年5月24日，人类历史上的第一份电报从美国国会大厦传送到了40英里①外的巴尔的摩城。1876年3月10日，美国人贝尔用自制的电话同他的助手通话。1895年，俄国人波波夫和意大利人马可尼分别成功地进行了无线电通信实验。1894年，电影问世。1925年，英国首次播映电视。

静电复印机、磁性录音机、雷达、激光器都是信息技术史上的重要发明。

（5）第四次信息技术变革是计算机技术与现代通信技术的普及应用

从20世纪60年代开始至今，计算机技术与现代通信技术普及应用，这是信息传播和处理手段的革命，将人类社会推到了数字化时代。目前以多媒体和网络技术为核心的信息技术掀起了新一轮的信息革命浪潮，如互联网、手机、QQ即时通信软件、电子地图、GPS导航等的广泛应用对社会的发展、科技进步及个人生活和学习产生了深刻的影响。

任务实施

1. 任务单——谈谈诺基亚兴衰史带给我们的启示（见活页）
2. 任务解析——谈谈诺基亚兴衰史带给我们的启示

任务2　信息安全与信息伦理

知识准备

1. 信息安全的定义

信息安全是指信息网络的硬件、软件及其系统中的数据受到保护，不受偶然的或者恶意的原因而遭到破坏、更改、泄露，保证信息系统能够连续、可靠、正常地运行，信息服务不中断，最终实现业务连续性。

2. 信息安全的基本属性

信息安全共有五个基本属性：保密性、完整性、可用性、可控性和不可否认性。

（1）保密性

指保证信息为授权者享用而不泄露给未经授权者。它是信息安全一诞生就具有的特性，也是信息安全主要的研究内容之一。对纸质文档信息，我们只需要保护好文件，不被非授权者接触即可。而对计算机及网络环境中的信息，不仅要制止非授权者对信息的阅读，还要阻止授权者将其访问的信息传递给非授权者，以致信息被泄露。

---

①　1英里＝1.609 km。

（2）完整性

指防止信息被未经授权者篡改。它保护信息保持原始的状态，使信息保持其真实性。如果这些信息被蓄意地修改、插入、删除等而形成虚假信息，将带来严重的后果。

（3）可用性

指授权者在需要信息时能及时得到服务的能力，确保授权者对信息及资源的正常使用不会被异常拒绝，允许其可靠而且及时地访问信息与资源。可用性是在信息安全保护阶段对信息安全提出的新要求，也是在网络化空间中必须满足的一项信息安全要求。

（4）可控性

指对信息和信息系统实施安全监控管理，防止非法利用信息和信息系统。

（5）不可否认性

指在网络环境中，信息交换的双方不能否认其在交换过程中发送信息或接收信息的行为。即人们要为自己的信息行为负责，提供保证社会依法管理需要的公证、仲裁信息证据。

信息安全的保密性、完整性和可用性主要强调对非授权者的控制。而对授权者的不正当行为如何控制呢？信息安全的可控性和不可否认性恰恰是通过对授权者的控制，实现对保密性、完整性和可用性的有效补充，主要强调授权者只能在授权范围内进行合法的访问，并对其行为进行监督和审查。

3. 信息安全相关概念

（1）计算机系统安全

计算机系统安全是为数据处理系统建立和采用的技术与管理的安全保护，保护计算机硬件、软件、数据不因偶然和恶意的原因遭到破坏、更改与泄露。其目标包括保护信息免受未经授权的访问、中断和修改，同时，为计算机系统的预期用户保持系统的可用性。

（2）网络安全

网络安全的研究对象是整个网络，研究领域比计算机系统安全更为广泛。网络安全的目标是要创造一个能保证整个网络安全的环境，包括网络内的计算机资源、网络中传输及存储的数据和计算机用户。通过采用各种技术和管理措施使网络系统正常运行，从而确保网络数据的可用性、完整性和保密性。

（3）信息安全

信息安全作为一个更大的研究领域，对应信息化的发展。信息安全包含了信息环境、信息网络和通信基础设施、媒体、数据、信息内容、信息应用等多个方面的安全需要。信息安全是信息化社会的需要，是对应于信息不安全的状态，也是对应于人们努力的结果。信息安全是为防止意外事故和恶意攻击而对信息基础设施、应用服务和信息内容的保密性、完整性、可用性、可控性和不可否认性进行的安全保护。

4. 信息安全面临的威胁

（1）基础信息网络和重要信息系统安全防护能力不强

国家重要的信息系统和信息基础网络是我们信息安全防护的重点，是社会发展的基础。我国的基础网络主要包括互联网、电信网、广播电视网，重要的信息系统包括铁路、政府、银行、证券、电力、民航、石油等关系国计民生的国家关键基础设施所依赖的信息系统。虽然在这些领域我们的信息安全防护工作取得了一定的成绩，但是安全防护能力仍然不强，主要表现在：

①重视不够，投入不足。

②安全体系不完善，整体安全还十分脆弱。

③关键领域缺乏自主产品，高端产品严重依赖国外，无形中埋下了安全隐患。

（2）失密、泄密隐患严重

随着计算机用户规模的扩大，当前许多国家的重要基础设施都连接在全球的网络中，同时，由于互联网的开放性，以及网络操作系统和网络协议等存在漏洞、计算机病毒等，数据失密、泄密所造成的损失已经无法计量。保密性、完整性和可用性均可能随时受到威胁，这对个人利益、企业利益和国家防御都构成极大威胁。

（3）人为恶意攻击

相对物理实体和硬件系统及自然灾害而言，精心设计的人为攻击威胁最大。人为恶意攻击可以分为主动攻击和被动攻击。主动攻击的目的在于篡改系统中信息的内容，以各种方式破坏信息的有效性和完整性。被动攻击的目的是在不影响网络正常使用的情况下，进行信息的截获和窃取。不管是主动攻击还是被动攻击，都给信息安全带来了巨大损失。攻击者常用的攻击手段有木马、黑客后门、网页脚本、垃圾邮件等。

（4）信息安全管理薄弱

信息安全管理已经被越来越多的国家所重视。面对复杂、严峻的信息安全管理形势，根据信息安全风险的来源和层次，有针对性地采取技术、管理和法律等措施，谋求构建立体的、全面的信息安全管理体系，已逐渐成为共识。

与发达国家相比，我国的信息安全管理研究起步比较晚，基础性研究较为薄弱。现已发布的有关信息安全的法律法规有《中华人民共和国保守国家秘密法》《中华人民共和国国家安全法》《中华人民共和国电子签名法》《中华人民共和国计算机信息系统安全保护条例》《计算机信息网络国际联网安全保护管理办法》《互联网信息服务管理办法》《非经营性互联网信息服务备案管理办法》《信息安全等级保护管理办法》等。

5. 信息伦理

（1）信息伦理与信息法律

①信息伦理。

信息伦理是指涉及信息开发、信息传播、信息管理和利用等方面的伦理要求、伦理准则、伦理规约，以及在此基础上形成的新型的伦理关系。

合法传播信息，崇尚科学理论，弘扬民族精神，塑造美好心灵，为信息空间提供有品位、高格调、高质量的信息和服务，是每一个在信息社会生活的人应该树立的基本信息伦理标准。

②信息法律。

信息法律简称信息法，是调整人类在信息的采集、加工、存储、传播和利用等活动中发生的各种社会关系的法律规范的总称。

信息法主要有《知识产权法》《著作权法》《专利法》《商标法》《中华人民共和国计算机软件保护条例》《关于制作数字化制品的著作权规定》《中华人民共和国政府信息公开条例》《中华人民共和国电子签名法》《信息网络传播权保护条例》《保守国家秘密法》等。

公民依法享有信息自由权（信息知情与获取权、信息传播权、个人信息保护与隐私权），同时，要保护国家机密、商业秘密和个人隐私，信息传播中不传播违法信息和侮辱、诽谤他人信息，信息利用要遵循知识产权和学术规范、必要时要提供个人信息与数据的义务等。

（2）信息伦理问题

信息社会中出现的信息伦理问题主要包括侵犯个人隐私权、侵犯知识产权、非法存取信息、信息责任归属、信息技术的非法使用、信息的授权等。具体表现主要有以下几种：

①信息欺诈。

信息欺诈又称网络欺诈。如：黑客通过网络病毒方式盗取别人的虚拟财产（如盗取QQ号及QQ币等）；网友欺骗，通过QQ等工具交友诈骗，盗取QQ号等，假冒好友再行诈骗；"网络钓鱼"诈骗；电信诈骗变种；发布中奖信息等。

②信息污染。

信息污染指信息垃圾（冗余信息、盗版信息、虚假信息、过时老化信息、污秽信息）和计算机病毒等。

③信息侵权。

网上侵犯人格权：网上侵犯名誉权、肖像权、姓名权、隐私权。

网上侵犯著作权：数字化作品、信息网络传播权、复制权、网络服务提供者侵权。

④网络犯罪。

网络犯罪指行为人运用计算机技术，借助于网络对其系统或信息进行攻击，破坏或利用网络进行其他犯罪的总称。具体情况见表1-1-1。

表1-1-1 网络犯罪常见形态

序号	分类依据	常见形态
1	以网络空间为犯罪场所	网络色情
		网络诽谤
		贩卖违章物品
2	以网络为犯罪工具	网络恐吓
		网络欺诈
		篡改电脑记录
3	以计算机为攻击目标	散播网络病毒

（3）信息伦理需要自律

"信息伦理"作为一种伦理，主要还是要依赖于社会个体的自律。在信息与网络时代，由于信息网络具有虚拟性、开放性、隐匿性和自由性等特点，人与人之间的关系凸显出间接的性质，信息活动表现为数字流，信息活动主体具有很强的匿名性，这使得信息舆论的承受对象变得极为模糊，直面的道德评价与抨击难以进行，对不道德行为的监督、约束及制裁都比较困难。在这种情况下，道德的放纵和肆意妄为在所难免，甚至会出现违法犯罪。此时，最能有效制约这些失范行为的道德因素就是个人的道德良心和道德选择。所以，道德自律成为维系信息伦理的中流砥柱。所谓自律，就是按照道德规范、法律规范，对自己行为进行自我约束和自我调整的心理活动过程。

在信息技术快速发展的今天，我们应通过道德教育和自我道德修养来加强信息伦理自律精神的培养，在内心世界建立以"真、善、美"为准则的内在价值取向体系，充分发挥自律在信息网络领域独特的调控作用，对信息伦理的负面影响进行真正有效的抵制和杜绝。

任务实施

1. 任务单——信息伦理案例分析，学会行为自律（见活页）。
2. 任务解析——信息伦理案例分析，学会行为自律。

项目2 计算机基础与应用

1. 项目的提出

随着经济和信息技术的飞速发展，计算机的应用在我国越来越普及，计算机用户数量不断攀升，应用水平不断提高，计算机在人们的日常生活中占据着越来越重要的地位，掌握计算机的使用方法已成为当代大学生不可或缺的重要能力。了解计算机是学习计算机的必备基础。

相关知识点：

①计算机的发展历程、趋势、特点、分类及应用。
②计算机中的数据单位。
③计算机中的常用编码。
④数制之间的转换。
⑤多媒体技术及其应用。

任务解析
（难度等级★★★）

2. 项目的分析

了解计算机基础与应用有助于日后更好地使用计算机。本项目将通过三个任务来认识计算机，了解计算机的硬件和软件，以及多媒体技术及其应用。

任务1　认识计算机

1. 计算机的发展历程

（1）世界上第一台计算机

1946年2月14日，世界上第一台计算机"埃尼阿克"（英文缩写ENIAC，即Electronic Numerical Integrator and Calculator，电子数字积分计算机）在美国宾夕法尼亚大学诞生。该机采用电子管作为基本元件，使用了18 800只电子管，占地170 m^2，质量30吨，耗电140~150 kW，每秒可进行5 000次加减运算，如图1-2-1所示。

在ENIAC研制过程中，美籍匈牙利数学家冯·诺依曼参与进来，他最新提出"存储程序控制"的思想，这一卓越的思想为电子计算机的逻辑结构设计奠定了基础，已成为计算机设计的基本原则。世界上首次实现存储程序思想的计算机"埃德沙克"（英文缩写EDSAC）于1949年在英国问世，世界上首次设计的存储程序计算机"埃德瓦克"（英文缩写EDVAC）于1952年投入运行，其

图1-2-1　第一台计算机ENIAC

速度比ENIAC提高了240倍，这是第一台现代意义的通用计算机。ENIAC的问世标志着计算机时代的到来，之后的计算机技术发展异常迅速。

（2）冯·诺依曼计算机工作原理

由于冯·诺依曼在计算机逻辑结构设计上的伟大贡献，他被誉为"计算机之父"。根据冯·诺依曼原理设计制造的计算机被称为冯·诺依曼结构计算机，现代计算机仍然是基于这一原理设计的，也是冯·诺依曼机。冯·诺依曼计算机工作原理的主要内容如下：

①计算机的数制采用二进制。

将ENIAC采用的十进制改成二进制，因为计算机是由数字电路组成的，数字电路中只有0和1两种状态。将计算机中的指令和数据均以二进制形式存储，这可以充分发挥电子元件高速运算的优越性。

②"存储程序"和"程序控制"结合。

程序和数据都放在内存中，这样，不仅可以使计算机的结构大大简化，而且为实现运算控制自动化提供了良好的条件，计算机在程序的控制下自动完成操作。

③采用控制器、运算器、存储器、输入设备和输出设备五个基本部件的结构。

（3）计算机历经四个阶段

根据计算机所采用的主要元器件的不同，将计算机的发展分为四个阶段：

第一代（1946—1957年），以电子管为主要元器件，内存储器采用汞延迟线、磁芯和磁鼓等，外存储器采用磁带。软件上采用机器语言，后期采用汇编语言，这个时期计算机的特点是：体积庞大、

运算速度低、成本高、可靠性差、内存容量小。

第二代（1958—1964年），以晶体管为主要元器件，内存储器用磁芯，外存储器用磁带和磁盘。软件上广泛采用高级语言，并出现了早期的操作系统，这个时期计算机的应用扩展到数据处理、自动控制等方面。计算机的体积已大大减小，可靠性和内存容量也有了较大的提高。

第三代（1965—1970年），以中小规模集成电路为主要元器件，用中小规模集成电路代替了分立元件，用半导体存储器代替了磁芯存储器，外存储器使用磁盘。软件上广泛使用操作系统，产生了分时、实时等操作系统和计算机网络。计算机的可靠性和存储容量进一步提高，外部设备种类繁多。计算机和通信密切结合起来，广泛地应用到科学计算、数据处理、事务管理、工业控制等领域。

第四代（1971年至今），以大规模、超大规模集成电路为主要元器件。内存储器采用半导体存储器，外存储器采用大容量的软、硬磁盘，并开始引入光盘。软件方面，操作系统不断发展和完善，在软件方法上产生了结构化程序设计和面向对象程序设计的思想。计算机的发展进入了以计算机网络为特征的时代。这个时期计算机的类型除小型、中型、大型机外，开始向巨型机和微型机（个人计算机）两个方面发展。计算机的存储容量和可靠性又有了很大提高，功能更加完备，而价格大幅度降低，这使计算机开始进入人类社会各个领域。

📖 **温馨提示**

第五代计算机是具有人工智能的新一代计算机，它具体推理、联想、判断、决策、学习等功能，计算机的发展将在什么时候进入第五代，什么是第五代计算机，让我们在今后的学习中慢慢探索。

（4）计算机的发展趋势

计算机的发展趋势是巨型化、微型化、网络化和智能化。

①巨型化。

巨型化是指发展高速运算、大存储容量和强功能的巨型计算机。这是诸如天文、气象、地质、核反应堆等尖端科学的需要，也是记忆巨量的知识信息，以及使计算机具有类似人脑的学习和复杂推理的功能所必需的。巨型机的发展集中体现了计算机科学技术的发展水平。

②微型化。

微型化就是进一步提高集成度，利用高性能的超大规模集成电路研制质量更加可靠、性能更加优良、价格更加低廉、整机更加小巧的微型计算机。

③网络化。

网络化能够充分利用计算机的宝贵资源并扩大计算机的使用范围，为用户提供方便、及时、可靠、广泛、灵活的信息服务。

④智能化。

智能化是指让计算机具有模拟人的感觉和思维过程的能力。智能计算机具有解决问题和逻辑推理的功能、知识处理和知识库管理的功能等。

2. 计算机的特点

①运算速度快、精度高。现代计算机每秒钟可运行几百万条指令，数据处理的速度相当快，是其他任何工具无法比拟的。

②具有存储与记忆能力。计算机的存储器类似于人的大脑，可以"记忆"（存储）大量的数据和计算机程序。

③具有逻辑判断能力。具有可靠逻辑判断能力是计算机能实现信息处理自动化的重要原因。能进行逻辑判断，使计算机不仅能对数值数据进行计算，也能对非数值数据进行处理，使计算机能广泛应用于非数值数据处理领域，如信息检索、图形识别及各种多媒体应用等。

④自动化程度高。利用计算机解决问题时，人们启动计算机输入编制好的程序以后，计算机可以自动执行，一般不需要人直接干预运算、处理和控制过程。

3. 计算机的分类

现在的计算机种类繁多，并表现出各自不同的特点。要对其分类，可以从不同的角度进行，分类依据不同，分类结果也不同。

按计算机的用途不同，分为通用计算机和专用计算机。通用计算机广泛适用于一般科学运算、学术研究、工程设计和数据处理等，市场上销售的计算机多属于通用计算机。专用计算机是为适应某种特殊需要而设计的计算机。

按计算机信息的表示形式和对信息的处理方式不同，分为数字计算机、模拟计算机和混合计算机。

按计算机的性能，分为巨型机、大型机、小型机、微型机、工作站等。

4. 计算机的应用

（1）科学计算（或数值计算）

科学计算是计算机最早的应用领域。同人工计算相比，计算机不仅速度快，而且精度高。在现代科学技术工作中，科学计算问题是大量的和复杂的。利用计算机的高速计算、大存储容量和连续运算的能力，可以实现人工无法解决的各种科学计算问题。

（2）数据处理（或信息处理）

数据处理是指对各种数据进行收集、存储、整理、分类、统计、加工、利用、传播等一系列活动的统称。据统计，80%以上的计算机主要用于数据处理，这类工作量大、涉及面宽，决定了计算机应用的主导方向。目前，数据处理已广泛地应用于办公自动化、企事业计算机辅助管理与决策、情报检索、图书管理、电影电视动画设计、会计电算化等各行各业。

（3）计算机辅助技术

计算机辅助技术主要包括：

CAD：计算机辅助设计（Computer Aided Design）。

CAM：计算机辅助制造（Computer Aided Manufacturing）。

CAI：计算机辅助教学（Computer Aided Instruction）。

CAT：计算机辅助测试（Computer Aided Test）。

CAE：计算机辅助工程（Computer Aided Engineering）。

（4）自动控制

采用计算机进行自动控制，不仅可以大大提高控制的自动化水平，而且可以提高控制的及时性和准确性，从而改善劳动条件、提高产品质量及合格率。因此，计算机过程控制已在机械、冶金、石油、化工、纺织、水电、航天等部门得到广泛的应用。例如，在汽车工业方面，利用计算机控制机床、控制整个装配流水线，不仅可以实现精度要求高、形状复杂的零件加工自动化，而且可以使整个车间或工厂实现自动化。

（5）人工智能

人工智能是计算机模拟人类的智能活动，诸如感知、判断、理解、学习、问题求解和图像识别等。现在人工智能的研究已取得不少成果，有些已开始走向实用阶段。例如，能模拟高水平医学专家进行疾病诊疗的专家系统，具有一定思维能力的智能机器人等。

（6）多媒体应用

多媒体技术使得计算机除了能处理文字信息外，还能处理声音、视频、图像等多媒体信息，在医疗、银行、商业等领域应用发展很快。多媒体计算机的出现大大提高了计算机的应用水平，扩大了计算机技术的应用领域。

（7）计算机网络

计算机网络的主要功能是资源共享，计算机在网络方面的应用使得人与人之间的交流可以不受时间和空间的限制，给人们的工作和生活带来极大的便利。如网上银行、网上售票、网上购物等。

5. 了解数制相关概念

数制是用一组固定的数字和一套统一的规则来表示数的方法。在数值计算中，一般采用的是进位计数。按照进位的规则进行计数的数制，称为进位计数制。不管是哪种数制，都有以下三个要素：

数码：每一进制都有固定数目的记数符号。如十进制有0~9共10个数码。

基数：在进制中允许选用基本数码的个数称为基数。如十进制的基数为10。

位权：以基数为底，以某一数字所在位置的序号为指数的幂，称为该数字在该位置的位权。数字所在位置的序号从小数点开始，整数部分向左从0编号，小数部分向右从-1编号。如20.3，这里十位上的2的位权是（10^1），使用位权表示法将十位上的2表示为$2×10^1$。

常用的进位计数制有二进制（用B表示）、八进制（用O或Q表示）、十进制（用D表示或不用任何标识）、十六进制（用H表示）。如（10）B，表示二进制的2。

（1）二进制

基数：2。

数码：只有0和1两个数码。

（2）八进制

基数：8。

数码：0~7共8个数码。

（3）十六进制

基数：16。

数码：共16个数码，包括0~9、A、B、C、D、E、F。

6. 各种数制之间的转换

这里主要学习整数部分的数制之间的转换。

（1）二进制、八进制、十六进制转换成十进制

方法：采用位权展开法，求和时，以十进制累加。

例如：

$(110)B = 1×2^2+1×2^1+0×2^0 = (6)_{10}$

$(374)O = 3×8^2+7×8^1+4×8^0 = (252)D$

$(1A)H = 1×16^1+A×16^0 = 26$

（2）十进制转换成其他进制

以十进制转换成二进制为例：

①用2除十进制的整数部分，取其余数；

②再用2去除所得的商，取其余数；

③重复前两步，直到商为0，结束转换。

将各步取得的余数逆序写出，得到的就是整数部分的转换结果。

例如：6=（　　）$_2$，整数部分转换过程如下：

```
2 | 6        余数
2 | 3        0
2 | 1        1
    0        1
```

把每一步所得余数逆序（从下向上）写出，即转换后的结果为（110）$_2$。

📖 **温馨提示**

十进制转换成八进制、十六进制的方法同二进制，唯一不同的是基数2相应地要换成基数8或者16。

（3）二进制与八进制转换

二进制与八进制的关系见表1-2-1，八进制的数码为0~7，最多由三位二进制位表示，如（7）$_8$=

$(111)_2$。

表1-2-1 各进制编码值

二进制	十进制	八进制	十六进制
0	0	0	0
1	1	1	1
10	2	2	2
11	3	3	3
100	4	4	4
101	5	5	5
110	6	6	6
111	7	7	7
1000	8	10	8
1001	9	11	9
1010	10	12	A
1011	11	13	B
1100	12	14	C
1101	13	15	D
1110	14	16	E
1111	15	17	F
10000	16	20	10

因此得出转换规律：由低位向高位每3位一组，高位不足3位的，用0补足3位，然后每组分别按权展开求和。

例如：(10110)B = (　　)O
　　　 010　110
　　　 2　　6

最终：(10110)B = (26)O

(4) 二进制与十六进制转换

二进制与十六进制的关系见表1-2-1，十六进制的数码为0~F，最多由四位二进制位表示，如(A)H = (1010)₂。

因此得出转换规律：由低位向高位每4位一组，高位不足4位的，用0补足4位，然后每组分别按权展开求和。

例如：(1011011)B = (　　)H
　　　1011011 = 0101　1011
　　　　　　　　 5　　 B

最终：(1011011)B = (5B)H

十六进制转换成二进制：(A4)H = (10100100)B

📖 温馨提示

如果要将八进制与十六进制进行转换，可以将二进制作为中间工具。

例如：(26)O = (010110)B，(0001 0110)B = (16)H

7. 数据与编码

（1）计算机的数据单位

计算机中数据的常用单位有位、字节和字。位（bit）是度量数据的最小单位，计算机技术中采用二进制，代码只有 0 和 1。一个字节（Byte）由 8 个二进制数位组成。字节是计算机中用来表示存储空间大小的基本容量单位。计算机各种存储器的存储容量都是以字节为单位表示的。表示存储容量的单位还有千字节（KB）、兆字节（MB）及十亿字节（GB）。两个字节称为一个字（word）。它们之间的换算关系如下：

1 B = 8 bit

1 KB = 1 024 B

1 MB = 1 024 KB

1 GB = 1 024 MB

1 TB = 1 024 GB

📖 温馨提示

要注意位和字节的区别：位是计算机中的最小数据单位，字节是计算机中的基本数据单位。

（2）ASCII

ASCII（American Standard Code for Information Interchange，美国信息交换标准码）是目前国际上使用最广泛的字符编码。ASCII 有 7 位和 8 位两种形式，见表 1-2-2。

表 1-2-2 ASCII 表

低四位	高三位							
	000	001	010	011	100	101	110	111
0000	Null	Dle	sp	0	@	P	`	p
0001	Soh	Dc1	!	1	A	Q	a	q
0010	Stx	Dc2	"	2	B	R	b	r
0011	Etx	Dc3	#	3	C	S	c	s
0100	Eot	Dc4	$	4	D	T	d	t
0101	enq	nak	%	5	E	U	e	u
0110	ack	syn	&	6	F	V	f	v
0111	bel	etb	'	7	G	W	g	w
1000	bs	can	(	8	H	X	h	x
1001	ht	em	)	9	I	Y	i	y
1010	nl	sub	*	:	J	Z	j	z
1011	vt	esc	+	;	H	[	k	{
1100	ff	fs	,	<	L	\	l	|
1101	er	gs	-	=	M	]	m	}
1110	so	re	.	>	N	^	n	~
1111	si	us	/	?	O	_	o	del

7 位 ASCII 共 128 个，包括 52 个英文大小写字母、10 个阿拉伯数字、英文标点及一些控制符，每个字符都对应一个数值，称为该字符的 ASCII 值。因为计算机只能识别二进制代码，为了方便人们记

忆，又将二进制代码转换为相应的十进制数0~127，用来实现人与计算机的交流。

如表中"0"字符的ASCII为0110000，对应的十进制数是48。

如表中"A"字符的ASCII为1000001，对应的十进制数是65。

如表中"a"字符的ASCII为1100001，对应的十进制数是97。

温馨提示

ASCII表中26个小写字母、大写字母，10个阿拉伯数字的ASCII值分别是连续的，这三类字符之间都有一定的间隔，ASCII值在同类中依次是加1的。如表1-2-2中"A"字符的ASCII是65，则"B"字符的ASCII是66。

（3）汉字编码

①国标码。

ASCII只对英文字母、数字、标点符号及控制符等做了编码，为了使计算机能够处理汉字，同样需要对汉字进行编码。国标码是指1980年中国制定的用于不同的具有汉字处理功能的计算机系统间交换汉字信息时使用的编码。目前国标码收入6 763个汉字，其中一级汉字（最常用）3 755个，二级汉字3 008个。

国标码中一个汉字需要用两个字节表示，每个字节只用前7位，最高位均未做定义。

②内码和外码。

由于国标码占用的两个字节最高位均为0，这与ASCII容易发生冲突，汉字在计算机内部实际存储采用的是机内码（即内码）。它是将国标码进行变形，即两个字节的最高位都由0变成1，其余7位不变。

在汉字输入时，用户是按自己熟悉的输入法输入汉字的，汉字通过键盘输入的是其输入码（即外码），同一个汉字使用的输入法不同，其输入码也不同，但其在计算机内部都是采用同一个机内码存储的。

③汉字的点阵码。

汉字的显示和输出普遍采用点阵方法。在汉字的点阵中，每个汉字都是由一个矩形的点阵组成，每个字节的每个位都代表汉字的一个点，0代表没有点，1代表有点，将0和1分别用不同的颜色画出，就形成了一个汉字。供计算机输出汉字所用的二进制信息称为字模。

常用的点阵有16×16、24×24或更高。对于16×16的矩阵来说，它所需要的位数共是16×16=256位，每个字节为8位，因此，每个汉字都需要用256/8=32字节来表示。即每两个字节代表一行的16个点，共需要16行，显示汉字时，只需一次性读取32个字节，并将每两个字节为一行打印出来，即可形成一个汉字，如图1-2-2所示。

在相同点阵中，不管笔画多少，每个汉字所占字节数相等。点阵规模越大，字形越清晰美观，所占存储空间就越大，但字形放大后会产生锯齿现象。

④汉字区位码。

区位码是把汉字排列在94行×94列的方阵中，在此正方形矩阵中，每一行称为"区"，每一列称为"位"，

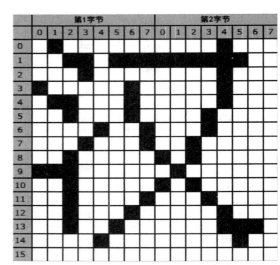

图1-2-2　16×16汉字点阵

这样组成了一个共有94区，每个区有94位的字符集。区位码是以四位十进制采用两个字节表示的，一个汉字所在区号和位号组合在一起就构成了该汉字的"区位码"。在区位码中，高二位是区号，低

二位是位号。如汉字"母"字的区位码是3624，说明它在方阵的36区24位。

各种汉字编码的关系如图1-2-3所示。

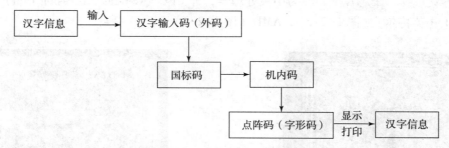

图1-2-3　汉字编码之间的关系

任务实施

1. **任务单**——完成不同数制之间转换的表格（见活页）
2. **任务解析**——完成不同数制之间转换的表格

任务2　了解计算机硬件和软件

知识准备

1. 计算机的硬件系统

计算机硬件系统是计算机硬件设备的总称，一般由控制器、运算器、存储器、输入设备和输出设备五大部分组成，这五部分都在控制器的控制下协调、统一地工作。其结构示意图如图1-2-4所示。

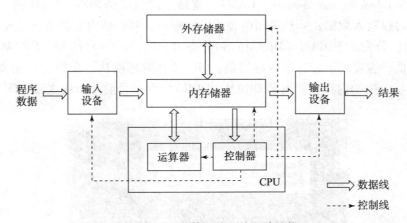

图1-2-4　计算机的硬件系统结构

（1）控制器

控制器是计算机的指挥中心，主要由指令寄存器、译码器、程序计数器和操作控制器等组成。主要负责从存储器中取出指令并对其进行译码；根据指令要求，按时间顺序负责向其他部件发出控制信号；控制计算机各部件协调、一致地工作。

（2）运算器

运算器是计算机的核心部件，主要完成对数据的算术运算和逻辑运算，并将运算的中间结果暂存在运算器中。主要由加法器、寄存器、累加器等逻辑电路组成。

控制器和运算器之间在结构上有密切的关系，到了第四代计算机，由于半导体的工艺的进步，将运算器和控制器集成在一个芯片上，称为中央处理器，即 CPU（Central Processing Unit）。目前 CPU 厂商主要有 INTEL（英特尔）（图 1-2-5）、AMD（图 1-2-6）。

图 1-2-5　INTEL CPU

图 1-2-6　AMD CPU

（3）存储器

存储器具有记忆功能，主要功能是存放程序和数据。它根据控制器指定的位置存入和取出信息。计算机中的全部信息，包括输入的原始数据、计算机程序、中间运行结果和最终运行结果都保存在存储器中。按存储器的作用，将其分为主存储器（内存）和辅助存储器（外存）。

①主存储器。

简称主存，又称作内存，是主板上的存储部件，它的物理实质就是一组或多组具备数据输入/输出和数据存储功能的集成电路，用来存放当前正在使用（即执行中）的程序和数据。按存取方式，将主存又分为随机存储器和只读存储器。

随机存储器（Random Access Memory，RAM），就是平时所说的内存。RAM 的主要特点是既可以从中读出数据，又可以写入数据；一旦关闭电源或发生断电，其存储内容将全部丢失。

RAM 按其结构，分为动态 RAM（DRAM）和静态 RAM（SRAM）两种。DRAM 比 SRAM 集成度高、功耗低、成本低，主要用于大容量内存储器；SRAM 存取速度快，更稳定，主要用于高速缓冲存储器（Cache）。主板上插的内存条就属于 DRAM，DDR3 内存条目前是市场主流（图 1-2-7）。

图 1-2-7　DDR3 内存条

只读存储器（Read Only Memory，ROM），是一种只能读出事先所存数据的固态半导体存储器，其数据是厂家在生产芯片时以特殊方式固化在上面的，在其正常工作的情况下，数据将永久保存且不能修改。ROM 的主要特点是只能读出原有内容，不能由用户再写入内容，数据在断电后不会丢失。如计算机启动的引导程序、主板上的 BIOS 程序。

📖 温馨提示

我们把对存储器的操作称作访问存储器。访问存储器的方法有两种：一种是往存储器中存入数据，称为"写"操作；另一种是从存储器中取出数据，称为"读"操作。

②辅助存储器。

辅助存储器简称辅存，又称作外存，属于外部设备，是内存的扩充，主要用于存放长期保存的程序和数据。主要特点是存储量大，关机或断电情况下都不会丢失数据，因此又称作永久性存储器。

主要的外存设备有硬盘、光盘、U盘等。硬盘可分为固态硬盘（SSD）和机械硬盘（HDD）；SSD采用闪存颗粒来存储，HDD采用磁性碟片来存储（图1-2-8）。

（a） （b）

图 1-2-8 硬盘（机械硬盘与固态硬盘打开对比图）
（a）固态硬盘（SSD），2.5英寸[①]；（b）机械硬盘（HDD），3.5英寸

综上所述，内存用来存放立即要处理的程序和数据，外存用来存放暂时不用的程序和数据；内存的特点是直接与CPU交换信息，存取速度快，存储容量小，价格高；外存的特点是不能与CPU直接交换信息，存取速度慢，存储容量大，价格低。内存和外存之间经常交换信息，外存中的信息只有被调入内存，才能被CPU处理。

（4）输入设备

输入设备的主要功能是把待输入的信息转换成能为计算机处理的数据形式。

常用的输入设备有键盘、鼠标、扫描仪、话筒等。

（5）输出设备

输出设备的主要功能是将计算机的处理结果转换成人们所需要的或其他设备能接收和识别的信息形式。常用的输出设备有显示器、打印机、绘图仪、耳机等。

📖 温馨提示

通常我们将计算机的输入设备和输出设备统称为I/O设备（Input/Output）。

2. 计算机的主要性能指标

计算机功能的强弱或性能的好坏，不是由某项指标决定的，而是由它的系统结构、指令系统、硬

---

① 1英寸=2.54 cm。

件组成、软件配置等多方面的因素综合决定的。对于大多数普通用户来说，可以从以下几个指标来大体评价计算机的性能。

（1）字长

字长是指计算机能直接处理的二进制信息的位数。它是计算机的一个重要性能指标。在其他指标相同时，字长越大，计算机处理数据的速度就越快。早期的微型计算机的字长一般是8位和16位，目前市场上的计算机的处理器已达到64位。

（2）运算速度

运算速度是衡量计算机性能的一项重要指标。通常所说的计算机运算速度（平均运算速度），是指每秒钟所能执行的指令条数，一般用"百万条指令/秒"（Million Instruction Per Second，MIPS）来描述。

（3）时钟频率

时钟频率也称为主频，指CPU运算时的工作频率（1 s内发生的同步脉冲数）的简称，它决定计算机的运行速度。随着计算机的发展，主频由过去MHz发展到了现在的GHz（1 GB＝1 024 MB）。通常来讲，对于同系列微处理器（CPU），主频越高，就代表计算机的速度也越快，但对于不同类型的处理器，它就只能作为一个参数来参考。如计算机配置清单中注明CPU：Intel I5-9400F 2.90 GHz，这里2.90 GHz就是CPU的主频。

（4）内存容量

内存容量是指内存储器可存储信息的字节数。内存即主存，是CPU可以直接访问的存储器，需要执行的程序与需要处理的数据就是存放在主存中的。内存储器容量的大小反映了计算机即时存储信息的能力，是购买内存条的关键性参数。内存容量越大，存储的数据量就越大，计算机运行的速度也就越快。目前，内存容量以GB为单位，常见的有2 GB、4 GB及8 GB等。

温馨提示

存储器容量并不是可以无限制地加大的，其最大容量由CPU的地址总线的位数确定，例如CPU的地址总线为32根，则可以寻址2^{32} B＝4 GB的存储空间，如果超出这一范围的存储空间，CPU是访问不到的。

（5）存取速度

存取速度是反映存储器性能的一个重要参数，内存的存取速度通常用存取时间、存取周期来衡量。内存储器完成一次读（取）或写（存）操作所需的时间称为存储器的存取时间或者访问时间，而连续两次读（或写）所需的最短时间称为存储周期。存储周期越短，存取速度越快。目前，计算机的存取时间都是以纳秒（ns）为单位的，一般为几纳秒；对于半导体存储器来说，存取周期约为几十到几百纳秒（1 ns＝10^{-9} s）。

（6）磁盘容量

通常是指硬盘容量（包括内置硬盘和移动硬盘）。磁盘容量越大，可存储的信息就越多，可安装的应用软件就越丰富。目前，硬盘容量一般为几百GB。

（7）高速缓冲存储器（Cache）

近年来，CPU的时钟频率的发展速度远远超过了内存存取速度的发展。内存和CPU之间的速度差，使得CPU在存储器存取周期中必须插入等待周期，由于CPU与内存频繁交换数据，这极大地影响了整个系统的性能。当前解决这个问题的最佳方案是采用Cache技术。

高速缓冲存储器是位于CPU和主存之间的规模小、速度快的存储器，通常由SRAM组成。Cache的工作原理是保存CPU最常用数据；当Cache中保存着CPU要读写的数据时，CPU直接访问Cache。由于Cache的速度与CPU的相当，CPU就能在零等待状态下迅速地实现数据存取。只有在Cache中不含有CPU所需的数据时，CPU才去访问主存。Cache在CPU的读取期间依照优化命中原则淘汰和更新数据，可以把 Cache 看成是主存与 CPU 之间的缓冲适配器，借助于 Cache，可以高效地完成内存和 CPU 之间的速度匹配。

3. 计算机软件的概念和分类

计算机软件系统是计算机系统重要的组成部分，这里的软件就是运行在计算机硬件上的各种程序、数据和相关文档的总称。程序是用于指挥计算机执行各种功能而编制的各种指令的集合；数据是各种信息的集合，包括数值与非数值的；文档是为了便于程序运行而做的解释和说明。其中，程序是软件的主体。

软件按其用途，可划分为系统软件和应用软件两大类。

（1）系统软件

系统软件泛指那些为了有效地使用计算机系统，给应用软件开发与运行提供支持，或者能为用户管理与使用计算机提供方便的一类软件。最常用的系统软件主要包括操作系统、计算机语言处理程序、数据库管理系统等。

①操作系统（Operating System，OS）。

操作系统是一个庞大的管理控制程序，能管理和协调计算机硬件和软件资源的运行，最大限度地提高资源利用率。主要包括五个方面的功能：进程管理、作业管理、存储管理、设备管理及文件管理。

操作系统是每个计算机必不可少的软件，是用户与计算机之间的接口，现代计算机甚至可以具备几个不同的操作系统。操作系统的性能在很大程度上决定了计算机系统工作的优劣。常见的操作系统有 DOS、Windows、UNIX、Linux 等。

②计算机语言处理程序。

计算机语言分为机器语言、汇编语言和高级语言。其中，机器语言和汇编语言属于低级语言。机器语言是由二进制数码"0"和"1"组成的代码指令，是唯一能被计算机直接识别和执行的语言。汇编语言又称为符号化语言，是一种面向机器的程序设计语言。高级语言编写的程序（称为"源程序"）翻译成机器语言程序（称为"目的程序"），然后计算机才能执行。这种翻译过程一般有两种方式：解释方式和编译方式，对应的语言处理程序是解释程序和编译程序。

解释程序：对高级语言程序逐句解释执行。这种方法的特点是程序设计灵活，但运行效率低。

编译程序：把高级语言所写的程序作为一个整体进行处理，编译后与子程序库链接，形成一个完整的可执行程序。这种方法的特点是编译和链接费时，但可执行程序运行速度快。

③数据库管理系统。

数据库管理系统是对计算机中所存放的大量数据进行组织、管理、查询并提供一定处理功能的大型系统软件。目前，常用的数据库管理系统有 Visual FoxPro、SQL Server 和 Oracle 等。

（2）应用软件

应用软件泛指那些专门用于解决各种具体应用问题的软件。由于计算机的通用性和应用的广泛性，应用软件比系统软件更丰富多样。按照应用软件的开发方式和适用范围，应用软件可再分成通用应用软件和定制应用软件两大类。

①通用应用软件。

通用应用软件易学易用，多数用户几乎不经培训就能使用。在普及计算机应用的进程中，它们起到了很大的作用。如文字处理软件、游戏软件、媒体播放软件、网络通信软件等。

②定制应用软件。

定制应用软件是按照不同领域用户的特定应用要求而专门设计开发的软件。如超市的销售管理和市场预测系统、汽车制造厂的集成制造系统、大学教务管理系统、医院挂号计费系统、酒店客房管理系统等。这类软件专用性强，设计和开发成本相对较高，只有一些机构用户需要购买，因此价格比通用应用软件贵得多。

综上所述，计算机系统是由硬件系统和软件系统组成的。硬件系统是根本，软件系统是灵魂，二者缺一不可。计算机硬件和计算机软件相互依存、相互影响。一方面，硬件的快速发展为软件的发展提供了支持，是软件存在的依托；另一方面，计算机软件的发展对硬件又提出了更多、更高的要求，这就促进着硬件的更新和发展。

📖 **温馨提示**

1. 没有安装任何软件的计算机称为"裸机"，"裸机"是无法工作的。
2. 计算机硬件系统和软件系统合称计算机系统。

任务实施

1. 任务单——识别计算机硬件并说出其功能（见活页）
2. 任务解析——识别计算机硬件并说出其功能

任务3 了解多媒体技术及其应用

知识准备

1. 多媒体与多媒体技术

媒体（Media）一词本有两重含义，一是指存储信息的实体，如磁盘、光盘、磁带、半导体存储器等，中文常译作媒质；二是指传递信息的载体，如文字、声音、图形等，中文译作媒介。

"多媒体"一词译自英文"Multimedia"，是融合两种或两种以上媒体的一种人机交互式信息交流和传播媒体，使用的媒体包括文本、图形、图像、声音、动画和视频。

多媒体技术是指以计算机为平台综合处理多媒体信息（如文本、声音、图形和图像等），在这些媒体信息之间建立起逻辑连接，并具有人机交互功能的集成系统。

国际电话电报咨询委员会CCITT将媒体分为五类：

（1）感觉媒体

指人类通过感官直接感知的信息，即用户接触信息的感觉形式，如听觉、视觉等。感觉媒体包括人类的各种语言、文字、音乐、自然界的其他声音、静止的或活动的图像、图形和动画等信息。

（2）表示媒体

指为了传送和表达感觉媒体而人为研究出来的媒体，即信息的表现形式，如图像编码（JPEG、MPEG）、文本编码（ASCII码、GB2312）和声音编码等。感觉媒体转换成表示媒体后，能够在计算机中进行处理和传输。

（3）表现媒体

指输入或输出信息的媒体，如键盘、鼠标、扫描仪、话筒、数码相机、摄像机均为输入表现媒体，显示器、打印机、喇叭、投影仪均为输出表现媒体。

（4）存储媒体

指用于存储表示媒体的物理实体，如硬盘、U盘、光盘等。

（5）传输媒体

指用来传输信息的媒体，如电缆、光纤、无线电波等。

这五种媒体之间的关系如图1-2-9所示。

2. 多媒体技术的特征

与传统媒体相比，多媒体技术主要有以下几个特征：

（1）多样性

多样性是多媒体最主要的特征。多媒体技术可以综合处理文本、声音、图形、图像等多种信息，

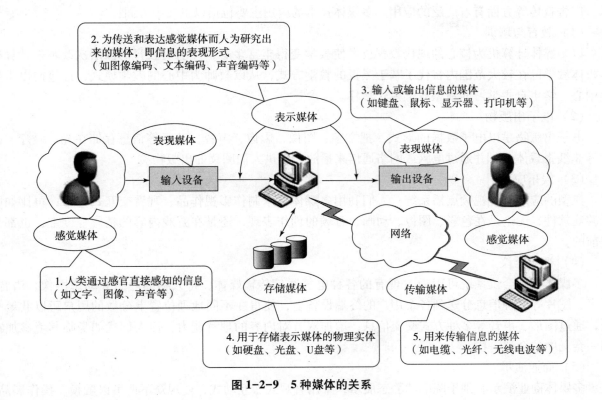

图 1-2-9　5 种媒体的关系

并将这些不同类型的信息有机地结合在一起。

（2）集成性

多媒体技术不仅集成了多种媒体，而且集成了多种技术，如计算机技术、通信技术、音频视频处理技术等，因此多媒体技术的集成性主要指两个方面：一是多媒体信息媒体的集成，二是传输、存储、处理和呈现这些媒体的设备的集成。

（3）交互性

指的是人机交互功能，它可以形成人与机器、人与人及机器间的互动，以及互相交流的操作环境及身临其境的场景，人们根据需要进行控制。这是多媒体技术有别于传统媒体的主要特点之一。传统媒体只能单向地、被动地传播信息，而多媒体技术则可以实现人对信息的主动选择和控制。如计算机机房安装的多媒体教学软件，教师可以选择全体学生进行广播教学或指定某个学生演示教学内容，学生也可以通过学生端提交作业等。

（4）控制性

多媒体技术是以计算机为中心，综合处理和控制多媒体信息，并按人的要求以多种媒体形式表现出来，同时作用于人的多种感官。

（5）实时性

在多媒体系统中，多种媒体间无论在时间上还是空间上，都存在着紧密的联系，是具有同步性和协调性的群体。当用户给出操作命令时，相应的多媒体信息都能够得到实时控制。当人与系统进行多媒体交互时，就好像面对面一样，如视频点播系统。

（6）方便性

用户可以按照自己的需要、兴趣、任务要求、偏爱和认知特点来使用信息，任取图、文、声等信息表现形式。

3. 多媒体技术的基本应用

多媒体技术是一种实用性和综合性都很强的技术，其社会影响和经济影响都很大。目前，多媒体技术几乎覆盖了计算机应用的绝大多数领域，已进入社会生活的各个方面，尤其在信息查询、产品展示、广告宣传等方面有着广泛的应用。多媒体技术的应用主要包括以下几个方面：

（1）教育与培训

以多媒体计算机为核心的现代教育技术使教学变得丰富多彩，并引发教育的深层次改革。计算机多媒体教学已在较大范围内替代了基于黑板的教学方式，从以教师为中心的教学模式，逐步向以学生为中心、学生自主学习的新型教学模式转移。

（2）电子出版物

电子出版物是以电子数据的形式，把文字、图像、影像、声音、动画等信息存储在光、磁疗、硅片等非纸张载体上，并通过电脑或网络通信来播放，以供人们阅读的出版物。

（3）娱乐应用

典型的应用就是视频点播系统；人们利用多媒体技术制作影视作品、观看交互式电影；再比如电子游戏软件，无论是在色彩、图像、动画、音频的创作表现，还是在游戏内容的精彩程度上，也都是空前的。

（4）视频会议

多媒体视频会议系统可以通过现有的各种电气通信传输媒体，将人物的静态和动态图像、语音、文字、图片等多种信息分送到各个用户的终端设备上，使得在不同地理位置上分散的用户可以共聚一处，通过图形、声音等多种方式交流信息，增加双方对内容的理解能力，使人们犹如身临其境参加在同一会场中的会议一样。

（5）商业演示

多媒体商业演示有别于陈旧的静态展示，采用直观式、互动式，使观众不但可以触摸、操作展品，更是可以和展品互动，能调动参观者的积极参与意识，使展示更丰富，效果更好。

（6）虚拟现实

虚拟现实技术就是借助计算机技术、传感器技术、仿真技术等仿造或创造人工媒体空间，它通过多种传感设备，模仿人的听觉、视觉等，使用户沉浸在此环境中并且能与环境自然交互，使人具有一种虚拟的、身临其境的感觉。如医生可以利用虚拟现实技术通过虚拟人体来练习一些重大手术的操作，以保证以后现实的手术准确无误。再比如在军事和航天领域，可利用虚拟现实技术模拟训练驾驶、操作、特技，对海洋、宇宙、地层深处进行探索、考察等。

虚拟现实技术是多媒体技术中一项较新的技术，是未来多媒体技术的发展方向。

 任务实施

1. 任务单——准备多媒体技术发展新动态材料（见活页）
2. 任务解析——准备多媒体技术发展新动态材料

模块总结

本模块主要介绍了信息素养的基本概念和主要要素、信息技术的定义和发展史、信息安全的基础知识、信息伦理问题与自律、计算机的发展相关知识、计算机中数据的存储、计算机系统的组成、多媒体技术及应用。

信息素养包括四个要素：信息意识、信息知识、信息能力和信息道德。

信息技术经历了语言的使用，文字的出现和使用，印刷术和造纸术的发明和使用，电报、电话、广播、电视的发明和普及应用，计算机技术与现代通信技术的普及应用五次信息技术变革。

信息安全有五个基本属性：保密性、完整性、可用性、可控性和不可否认性。

信息伦理是指涉及信息开发、信息传播、信息管理和利用等方面的伦理要求、伦理准则、伦理规约，以及在此基础上形成的新型的伦理关系。信息法是调整人类在信息的采集、加工、存储、传播和利用等活动中发生的各种社会关系的法律规范的总称。信息伦理需要自律。

  计算机的发展按采用的主要元器件的不同，划分为四个阶段，第1代采用电子管，第2代采用晶体管，第3代采用中小规模集成电路，第4代采用大规模、超大规模集成电路。冯·诺依曼计算机采用二进制，将"存储程序"和"程序控制"相结合，由控制器、运算器、存储器、输入设备和输出设备五个基本部件组成。

  计算机中数据的常用单位有位、字节、字。其中，位是数据的最小单位，字节是数据的基本单位。存储容量以字节为基本单位。计算机中是以二进制形式存储数据的。二进制、十进制、八进制及十六进制之间相互可以转换。

  ASCII是对英文字母、数字、标点符号及控制符等的编码，一般采用7位/8位ASCII值进行存储。汉字在计算机内部是以两个字节的机内码存储的，虽然同一个汉字因为输入法不同而输入的外码不同，但因同一个汉字国标码是一样的，所以，其在计算机内部存储的机内码是相同的。

  一个完整的计算机系统是由硬件系统和软件系统两大部分组成的。硬件和软件相互结合才能充分发挥计算机系统的性能。硬件系统一般由控制器、运算器、存储器、输入设备和输出设备五大部分组成。软件系统主要分为系统软件和应用两大类，其中，操作系统是系统软件的重要组成部分。

  多媒体（文本、图形、图像、声音、动画和视频等）技术的主要特征是多样性、集成性、交互性、控制性、实时性、方便性等，它正以强大的渗透力和其他技术相结合，广泛应用于教育与培训、电子出版物、娱乐、视频会议等方面。

模块 2 Windows 10 操作系统

模块导读

Microsoft Windows 是一个为个人计算机和服务器用户设计的操作系统,它有时也被称为"视窗操作系统"。微软自 1985 年推出 Windows 1.0 以来,历经 30 多年风风雨雨,从最初运行在 DOS 下的 3.x,到 Windows 9x、Windows 2000、Windows XP、Windows 2003、Windows 7,到 2015 年 7 月 29 日发布 Windows 10。Windows 10 是一套新一代跨平台及设备应用的操作系统,与以往的操作系统相比,Windows 10 具备更完善的硬件支持、更完美的跨平台操作体验和更安全的系统保护措施。Windows 10 共有 7 个发型版本,分为桌面版本和移动版本两大类,分别面向不同用户和设备。Windows 10 桌面版包括 4 个版本,分别是 Windows 10 Home、Windows 10 Professional、Windows 10 Enterprise 和 Windows 10 Education;Windows 10 移动版包括 3 个版本,分别是 Windows 10 Mobile、Windows 10 Mobile Enterprise 和 Windows 10 IoT Core。

知识目标

➢ 了解 Windows 10 的基础知识。
➢ 了解 Windows 10 的系统界面。
➢ 了解 Windows 10 的系统设置方法。
➢ 了解文件及文件夹的基本概念。

技能目标

➢ 掌握 Windows 10 操作系统的基本操作方法。
➢ 掌握 Windows 10 桌面的设置方法。
➢ 掌握资源管理器的使用方法。
➢ 掌握控制面板的功能及使用方法。
➢ 掌握文件和文件夹的基本操作方法。

素质目标

➢ 树立正确的人生观和世界观。
➢ 培养学生爱党、爱国、爱校的思想。
➢ 认真学习专业知识,树立远大的理想和目标并为之努力奋斗。

项目1 Windows 10基础及基本操作

1. 项目提出

随着计算机的飞速发展，绝大多数的公司和企事业单位都在逐步实现无纸化办公，这样就要求公司和企事业单位的管理人员工能够熟练掌握计算机的基本操作方法，能对计算机中的大量信息进行有效的管理，以便提高工作效率。

在这个大数据时代，只有熟悉操作系统基本知识，才有可能使计算机在未来的学习中发挥事半功倍的作用。操作系统是计算机体系中的一个非常重要的组成部分，它位于硬件和用户之间，管理着计算机的所有资源。因此，要熟练使用计算机为学习、工作和生活服务，提高学习和工作效率，就必须掌握操作系统的基本知识。

相关知识点：
①系统的启动和关闭。
②鼠标的个性化设置。
③认识和设置"开始"菜单、桌面和任务栏的基本方法。
④控制面板的使用。
⑤添加/删除程序。
⑥窗口的概念和功能。
⑦安装打印机。

2. 项目分析

操作系统是最重要的系统软件，是管理和控制计算机的软/硬件资源，合理组织计算机的工作流程，以便有效地利用这些资源为用户提供功能强大、使用方便和可扩展的工作环境。

操作系统位于硬件和用户之间，一方面，向用户提供接口，方便用户使用计算机；另一方面，方便管理计算机的软/硬件资源，以便充分、合理地利用它们。

任务1 Windows 10基础知识

知识准备

1. 系统启动与关闭系统

打开Windows 10系统至少涉及两个开关：主机箱的电源开关和显示器的电源开关。启动系统的一般步骤如下：
①顺序打开外部设备的电源开关、显示器开关和主机电源开关。
②计算机自动执行硬件测试，测试无误后，即开始引导系统。
③根据使用该计算机的用户账户数目，界面分单用户和多用户登录两种。单击要登录的用户名，输入用户名及密码，单击"确定"按钮或按Enter键后启动完成，出现Windows 10主界面（也称桌面），如图2-1-1所示。

Windows 10关闭计算机必须遵照正确的步骤，而不能在Windows 10仍运行时直接关闭计算机电源。Windows 10系统运行时，需将重要的数据存储在内存中，如果不按照正确的步骤关机，系统会来不及将数据写入硬盘中，可能造成程序数据和信息的丢失，严重时可能会造成系统的损坏。正常退出Windows 10并关闭计算机的步骤如下：

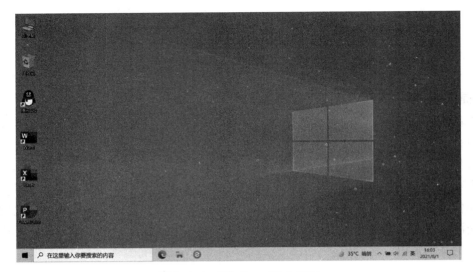

图 2-1-1 Windows 10 主界面

①保存所有应用程序中处理的结果，关闭所有运行的程序。

②单击"开始"按钮，选择"电源"。若单击 Windows 10 中的"电源"，会出现"睡眠""关机""重启"等选项，如图 2-1-2 所示。

③关闭显示器的开关和连接到计算机上的任何设备。

2. 使用鼠标和鼠标的个性化设置

鼠标是一台计算机中必不可少的输入设备，Windows 10 中的许多操作都可以通过鼠标的操作来完成，利用鼠标可以方便快捷地代替键盘完成一些操作。

图 2-1-2 Windows 10 关闭设备

鼠标分为左、右两键，左键又称为主按键，大多数的鼠标操作是通过主按键的单击或者双击操作完成的。右键又称为辅助按键，主要用于完成一些专用的快捷操作。

鼠标的一些基本操作如下：

①指向：指只移动鼠标，将鼠标指针移动到操作对象上。

②单击：指快速按下并释放左键，一般用于选定一个操作对象。

③双击：指连续两次快速按下并释放鼠标左键，一般用于打开窗口、启动应用程序。

④拖动：指按下鼠标左键，移动鼠标到指定位置，再释放按键的操作。一般用于选择多个操作对象、复制或者移动对象。

⑤右击：快速按下并释放鼠标右键。右击一般用于打开一个操作相关的菜单。

通过对鼠标按键的设置，可以修改其主按键、滚轮行数、双击速度等属性，具体操作方法如下：

①在桌面空白处右击，弹出快捷菜单，选择"个性化"命令，在打开的"设置"窗体的左侧选项栏中单击"主页"选项，返回"Windows 设置"窗体的主页，如图 2-1-3 所示。

②在"Windows 设置"窗体的主页中，单击"设备"，在图 2-1-4 所示的设备列表中选择"鼠标"选项，此时将显示可以对鼠标进行设置的相关参数，在"选择主按钮"下拉列表框中可以设置使用哪个鼠标按键进行单击操作（通常选择"左"）；要设置鼠标滚轮一次滚动的行数，可以在"滚动鼠标滚轮即可滚动"下拉列表框中选择"一次多行"选项，在"设置每次要滚动的行数"选项中设置滚动行数；开启"当我悬停在非活动窗口上方时对其进行滚动"选项，是为了方便在多个窗口中工作时对非活动窗口中的滚动条进行滚动操作。

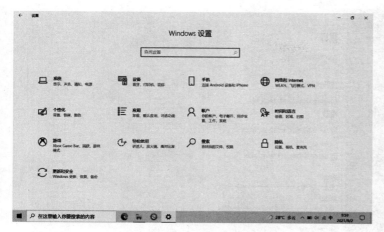

图 2-1-3 "设置"窗体　　　　　　　　　图 2-1-4 "鼠标"选项

③如果要对鼠标进行更多的设置，可以单击"其他鼠标选项"，打开"鼠标 属性"对话框，如图 2-1-5 所示。在该对话框中选择"鼠标键"选项卡，可以对鼠标左、右键的功能进行设置。如果希望切换左、右键的功能，选中"切换主要和次要的按钮"复选框即可；如果拖动"速度"滑轨中的滑块，可以改变双击速度，速度越快，双击鼠标左键时两次击键之间的时间间隔越短。

④在"鼠标 属性"对话框中还可以选择"指针选项"选项卡等对鼠标进行个性化设置，如图 2-1-6 所示。

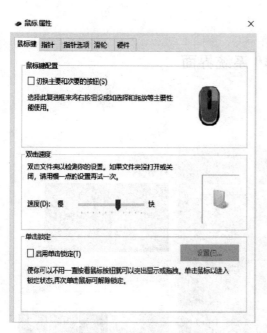
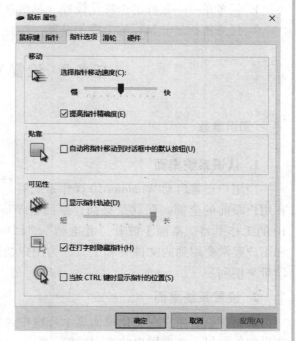

图 2-1-5 "鼠标 属性"对话框　　　　　　图 2-1-6 "指针选项"选项卡

⑤在日常使用计算机的过程中，可能会遇到鼠标因为某种原因而无法使用的情况，此时可启动数字小键盘来代替鼠标操作，只需打开"设置"窗体，选择"轻松使用"选项，如图 2-1-7 所示，然后在窗体右侧开启"打开鼠标键以使用数字小键盘移动鼠标指针"，并选择"按住 Ctrl 键可加速，按下 Shift 键可减速"复选框，此时便可使用键盘代替鼠标功能。

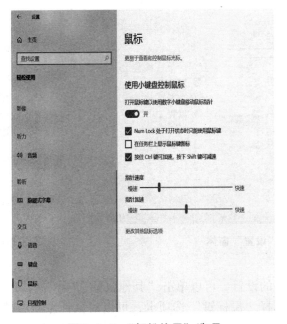

图 2-1-7 "轻松使用"选项

 任务实施

1. 任务单——鼠标的个性化设置（见活页）
2. 任务解析——鼠标的个性化设置

任务 2　设置 Windows 10 系统界面

知识准备

1. 认识系统桌面

当用户正常启动 Windows 10 操作系统后，呈现在用户眼前的全部画面就是桌面，桌面是 Windows 10 的工作平台。桌面上放着"此电脑""回收站"和用户经常要用到的文件夹和工具，为用户快速启动带来便利。

2. 设置系统桌面

桌面背景是用户在美化桌面显示环境中经常需要设置的项目。根据用户的喜好，Windows 10 提供了 3 种个性化的桌面背景设置效果，分别以单张图片、多张图片及纯色背景为桌面背景。

将单张图片设为桌面背景，操作方法如下：

①右击桌面空白处，弹出快捷菜单，选择"个性化"命令。

②在打开的"设置"窗口的左侧选项栏中选择"背景"选项，如图 2-1-8 所示，然后在右侧的

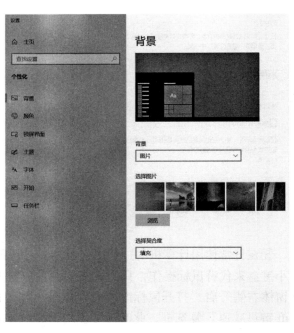

图 2-1-8 "设置"窗体

"背景"下拉列表框中选择"图片"选项。如果选择系统自带的图片，就在"选择图片"选项中任选一张图片即可，如图 2-1-9 所示。

图 2-1-9 自定义桌面

将多张图片设置为桌面背景，并以幻灯片自动播放的形式循环显示，具体操作方法如下：

① 右击桌面空白处，弹出快捷菜单，选择"个性化"命令。

② 在打开的"设置"窗口的左侧选项栏中选择"背景"选项，如图 2-1-10 所示，单击"为幻灯片选择相册"选项下方的"浏览"按钮，在打开的对话框中选择要作为桌面背景的图片所在的文件夹，单击"选择此文件夹"按钮完成设置。在"图片切换频率"下拉列表框中选择图片切换时间间隔即可。

将桌面背景设置为纯色背景，具体操作方法如下：

① 右击桌面空白处，弹出快捷菜单，选择"个性化"命令。

② 在打开的"设置"窗口的左侧选项栏中选择"背景"选项，然后在右侧的"背景"下拉列表框中选择"纯色"选项，如图 2-1-11 所示，单击"选择你的背景色"下方的颜色块来完成设置；如果单击"自定义颜色"按钮，可在弹出的颜色面板中选择更多的背景颜色或自定义颜色。

图 2-1-10 "幻灯片放映"选项

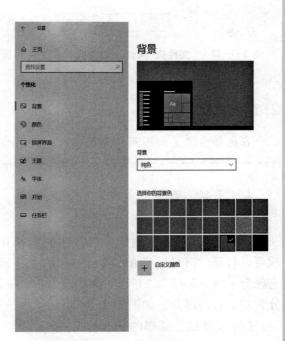

图 2-1-11 "纯色"选项

3. 更改图标样式

图标是文件、程序或者快捷方式的图形化表示。用户可以根据自己的爱好对图标样式进行更改，方法如下：

①右击需要更改的图标的对象（例如文件夹），选择"属性"选项，在打开的"文件夹 属性"对话框中选择"自定义"选项卡，然后单击"更改图标"按钮，如图2-1-12所示。

②在弹出的"为文件夹 文件夹 更改图标"对话框中，可以在"从以下列表中选择一个图标"中选择系统自带的图片样式，作为新的文件夹图标，也可以单击"浏览"按钮，根据自己的喜好选择自定义的样式进行更改，如图2-1-13所示。

图2-1-12 "文件夹 属性"对话框"自定义"选项卡

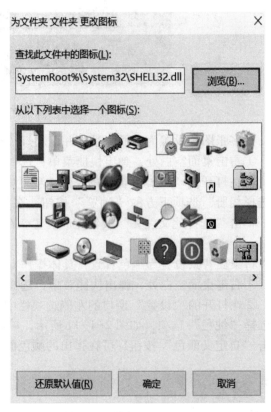

图2-1-13 "为文件 文件夹 更改图标"对话框

温馨提示

在选择自定义的图形作为图标时，必须选择.ico格式的图标文件。

4. "开始"菜单

（1）"开始"菜单概述

"开始"屏幕左下角的方形按钮就是"开始"菜单，单击"开始"按钮或者按Ctrl+Esc组合键，就可以打开"开始"菜单。Windows的"开始"菜单较之前的系统"开始"菜单有了非常大的变化，它融合了Windows 7"开始"菜单及Windows 8/Windows 8.1"开始"屏幕的特点。"开始"菜单主要分为左、右两部分，如图2-1-14所示。

（2）"开始"菜单的基本组成

"开始"菜单中左侧为最常用项目和最近添加项目区域，另外，还用于显示所有应用列表。其中，最常用项目是指系统启动某些常用程序的快捷菜单选项，用户可以利用这个命令直接打开相应的程序，

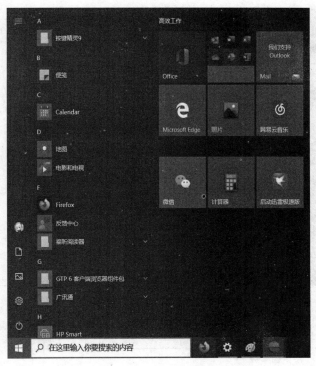

图 2-1-14 "开始"菜单

而不用在所有的应用列表中打开；所有应用列表显示本机安装的所有程序。

在"开始"菜单的左侧还有用户名、文档、图片、设置和电源等选项。选择"设置"选项可以打开"Windows 设置"对话框进行系统的相关设置，如图 2-1-15 所示。

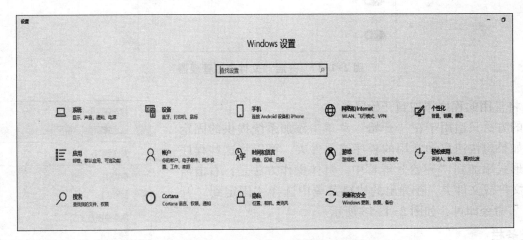

图 2-1-15 "Windows 设置"对话框

（3）在"开始"菜单中添加常用的文件

为了加快访问速度，用户可以将常用的文件夹添加到"开始"菜单。下面以添加资源管理器为例介绍具体操作方法：

在桌面空白处右击，在弹出的快捷菜单中选择"个性化"命令，在打开的"设置"窗体的左侧选项中选择"开始"选项，然后在右侧单击"选择哪些文件夹在'开始'菜单上"链接，如图 2-1-16 所示。

在打开的链接界面中，将"文件资源管理器"的状态设置为"开"，如图 2-1-17 所示，此时在"开始"菜单中将会看到添加的文件资源管理器。

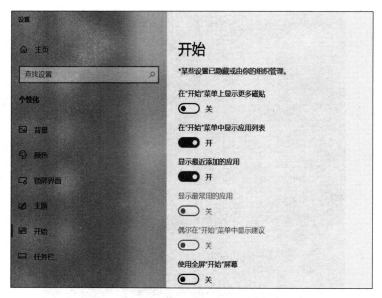

图 2-1-16 "设置"窗体

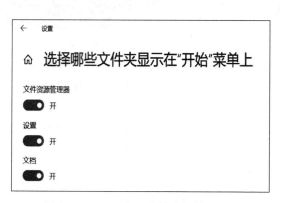

图 2-1-17 开启"文件资源管理器"

（4）将常用的程序添加到开始屏幕

上面的方法只适用于在"开始"菜单中添加系统提供的固定文件夹。如果想快速启动常用的程序或文件夹，可以将这些程序以磁贴的形式添加到"开始"屏幕中。具体操作方法是：右击需要添加的文件或文件夹，在弹出的快捷菜单中选择"固定到'开始'屏幕"命令即可，如图 2-1-18 所示。

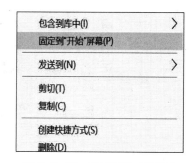

图 2-1-18 "固定到'开始'屏幕"命令

5. 任务栏

（1）任务栏概述

任务栏通常是位于桌面下方的一个水平长条，如图 2-1-19 所示。与 Windows 7 相比，Windows 10 任务栏没有太大的变化。

图 2-1-19 Windows 10 任务栏

在任务栏中，有的图标下方有"一条线"或者形成了"按钮"的效果，这类图标表示已经启动或者正在运行的应用程序，单击此类图标，可以将后台运行的程序放在前段。没有这种效果的图标就属于普通的快捷方式，单击即可启动相应的程序。

（2）通知区域

在 Windows 10 任务栏的右侧依然是系统的通知区域，用于显示在后台运行的程序和其他通知。不同之处在于，老版本的通知区域会显示所有图标，只有在长时间不活动时，才会被隐藏。而 Windows 10 在默认情况下，只会显示几个系统图标，分别代表"日期和时间""音量""输入法""网络"及"通知信息"等。其他的图标都会隐藏起来，需要单击向上的三角箭头才能看到，如图 2-1-20 所示。

图 2-1-20　显示通知区域的隐藏图标

这一特性虽然可以方便使用，但也可能造成一些不便，因此可以根据实际情况决定是否显示通知区域图标。在控制面板中打开"外观和个性化"窗口，如图 2-1-21 所示，选择任务栏和导航，打开任务栏和导航窗口，如图 2-1-22 所示。在打开的任务栏和导航窗口中自定义任务栏，确定要显示的项目类型及显示方式。

图 2-1-21　"外观和个性化"窗口

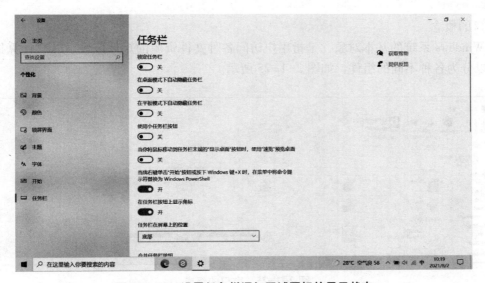

图 2-1-22　设置任务栏通知区域图标的显示状态

（3）日期和时间

在任务栏通知区域的右侧显示了当前系统的时间和日期，单击后，系统会弹出系统日历和时间数字，如图 2-1-23 所示。

图 2-1-23 系统时间

（4）系统通知按钮

在任务栏时钟区的右侧是"通知"按钮，如图 2-1-24 所示。当鼠标指针指向该按钮时，会显示是否有新的通知信息，以及存在几条新的通知信息。若单击该按钮，会弹出对应的通知信息小窗口。

图 2-1-24 "通知"按钮

6. 窗口

（1）窗口的概念

窗口是 Windows 系统的基本对象，是指用户访问各种文件资源的矩形区域。以"计算机"窗口为例，窗口可以分为各种不同的组件，如图 2-1-25 所示。

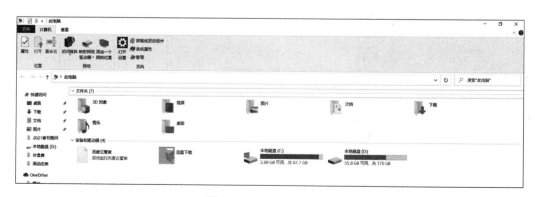

图 2-1-25 窗口的组成

（2）窗口的组成

地址栏：用于输入文件地址，也可以使用下拉菜单选择地址，同时，也可以直接在窗口的地址栏中输入网址，直接访问互联网。

工具栏：工具栏中存放着常用的操作命令和按钮。在 Windows 10 中，菜单栏以工具栏的形式显示。不同窗口下的工具栏会随窗口主题不同而变化，但一般包含"文件"和"查看"工具栏。

搜索框：在地址栏的右边是搜索框，在这里是对当前位置的内容进行搜索，不仅可以针对文件名进行搜索，还可以针对文件内容来搜索。当使用者输入关键字的时候，搜索就已经开始了，使用者不需要输入完整的关键字就可以找到相关的内容。

（3）窗口的切换

Windows 10 中可以同时打开多个窗口，用户可以根据需要快捷地切换窗口，方法如下：

按下 Alt+Tab 组合键，屏幕上会出现一个矩形区域，显示所有打开的程序和文件图标。按住 Alt 键不放，重复按下 Tab 键，这些图标就会依次突出显示。当要切换的窗口突出显示时，松开组合键，该窗口就成了活动窗口。如图 2-1-26 所示。

图 2-1-26　按 Alt+Tab 组合键进行窗口切换

按下 Alt+Esc 组合键，不显示矩形区域，而是直接进行窗口间的切换。

按下 Windows+Tab 组合键，方法同上，区别是切换效果更美观，如图 2-1-27 所示。

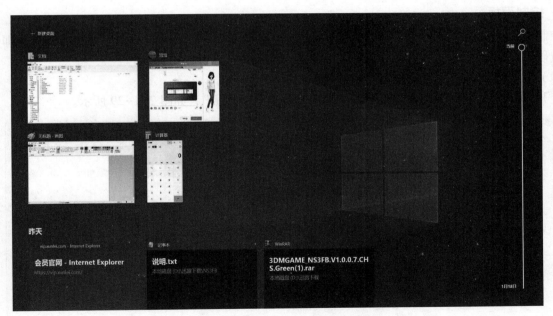

图 2-1-27　Windows+Tab 组合键窗口切换

7. Aero 界面

Windows 10 中的 Aero 提供了非常多的实用功能，可以大幅度提高工作效率。

（1）Aero 吸附

使用 Aero 窗口的吸附功能可以让使用者并排显示两个及多个窗口，以便同时操作其中的内容。Aero 窗口内容不用手动调整窗口的大小，只需要使用鼠标左键单击一个窗口的标题栏不放，然后将其拖动到屏幕的最左侧，此时屏幕上会出现该窗口的虚拟边框，并自动占据屏幕一半的位置，如图 2-1-28 所示。

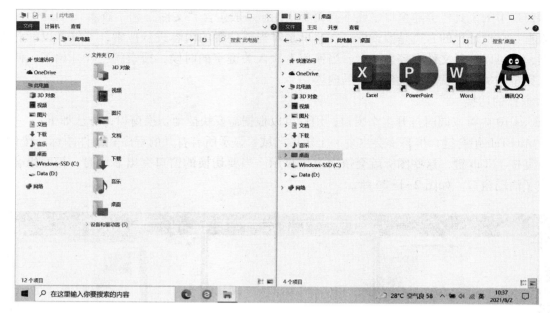

图 2-1-28　Aero 吸附

（2）Aero 晃动

有时用户只需要使用一个窗口，同时希望将其他窗口都隐藏或者最小化。Windows 10 中只要在目标窗口的标题栏上按下鼠标左键不放，同时左右晃动鼠标若干次，其他窗口就会被立刻隐藏起来。如果希望将窗口恢复到原来的状态，只需再次晃动即可。

8. 控制面板

控制面板主要是用来进行系统设置的，允许用户查看并操作基本的系统设置和控制，如添加/删除程序或硬件、管理用户账户、更改辅助功能等。

（1）打开控制面板

打开"所有程序应用列表"→"Windows 系统"→"控制面板"，如图 2-1-29 所示。

图 2-1-29　"控制面板"窗口

（2）控制面板的常用功能

系统和安全：包含为系统管理员提供的多种工具，包括安全、性能服务配置等，可以查看计算机状态，可以通过文件历史记录保存文件，可以备份副本，可以备份和还原系统等。

网络和 Internet：允许使用者更改 Internet 安全设置、隐私设置和定义主页等浏览器选项。

硬件和声音：可以查看并解决硬件设备问题，包括查看设备和打印机、添加设备及调整常用移动设置等。

程序：允许使用者从系统添加或者卸载程序。

用户账户：允许使用者控制系统中的用户账户，如添加账户、删除账户、设置账户密码等操作。

外观和个性化：可以更改桌面项目的外观，可以将主题或者屏幕保护程序应用于计算机，可以更改任务栏设置等。

时钟和区域：允许用户修改计算机本地时间、更改时区。

（3）应用程序的卸载

当安装在计算机中的程序不再需要时，就可以将其卸载。打开"控制面板"，选择"程序"选项，在打开的窗口中会显示在此计算机中安装的所有程序的信息，如图2-1-30所示，双击想要卸载的应用程序，单击"卸载/更改"按钮，在弹出的对话框中单击"是"按钮即可。

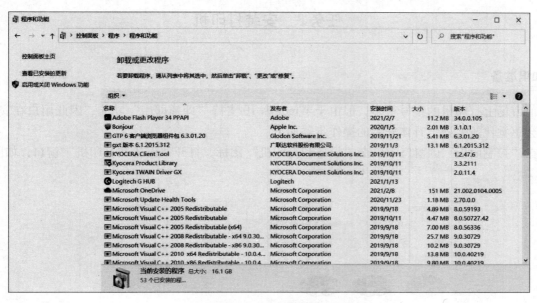

图 2-1-30　"程序和功能"窗口

（4）控制硬件设备

打开"控制面板"，选择"硬件和声音"选项，在打开的窗口中选择"设备和打印机"分类下的设备管理器，打开对应的"设备管理器"对话框。在默认情况下，控制面板中的设备管理器将按照类型显示所有设备，如图2-1-31所示。单击每一个类型前的"〉"图标就可以展开该类型的设备，并

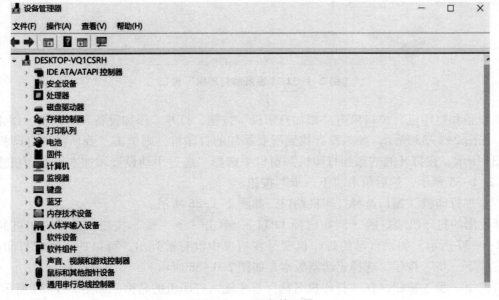

图 2-1-31　设备管理器

查看属于该类型的具体设备，双击设备就可以打开这个设备的"属性"对话框。在具体设备上右击，可以在弹出的快捷菜单中选择执行一些命令。

有时可能因为某种原因，原本正常工作的硬件设备突然不能正常工作了，这时就可以在设备管理器中查看硬件设备的状态。

任务实施

1. 任务单——设置桌面背景（见活页）
2. 任务解析——设置桌面背景

任务3 安装打印机

知识准备

目前市场上打印机的型号很多，但由于 Windows 10 支持"即插即用"功能，因此用户在安装打印机时就会感觉比较轻松，具体安装的操作步骤如下：

①在"控制面板"的窗口中单击"设备和打印机"图标，打开"设备和打印机"窗口，如图 2-1-32 所示。

图 2-1-32 "设备和打印机"窗口

②在"设备和打印机"窗口单击"添加打印机"按钮，打开"添加设备"对话框，搜索需要添加的打印机，如图 2-1-33 所示。如果没有找到所要添加的打印机，则单击"我所需的打印机未列出"，如图 2-1-34 所示，在打开的"添加打印机"窗口中选择"通过手动设置添加本地打印机或网络打印机"，如图 2-1-35 所示，然后单击"下一步"按钮。

③在"添加打印机"窗口选择打印机端口，如图 2-1-36 所示。

④选择使用的打印机端口后（例如选择 LPT1），单击"下一步"按钮，选择打印机的厂商和型号，如图 2-1-37 所示。如果自己的打印机型号在清单中没有被列出，可以选择兼容打印机的型号，选择后单击"下一步"按钮，选择驱动器版本，如图 2-1-38 所示。

⑤单击"下一步"按钮，在"打印机名称"框中输入打印机的名称，如图 2-1-39 所示。

课堂笔记

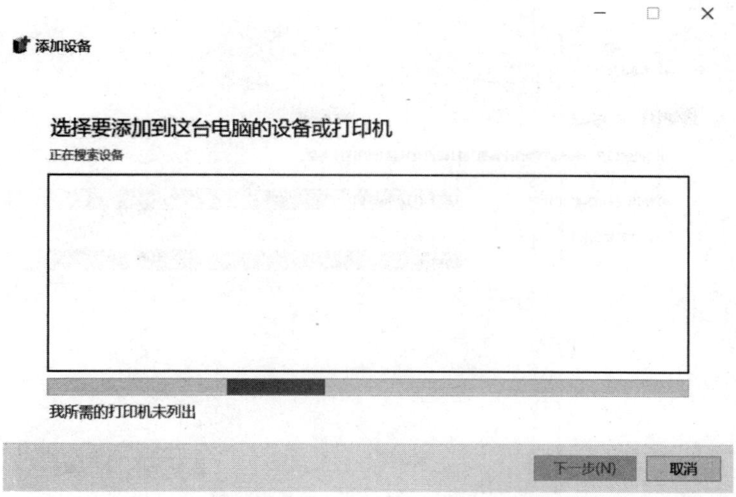

图 2-1-33　搜索打印机

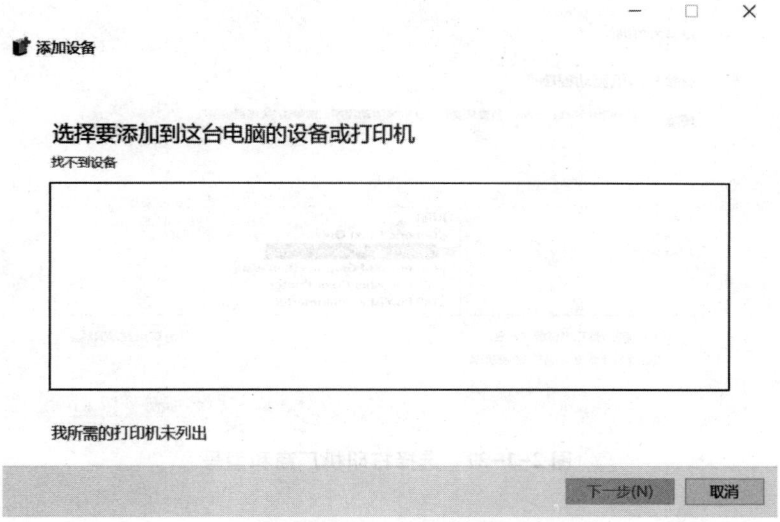

图 2-1-34　搜索完成窗口

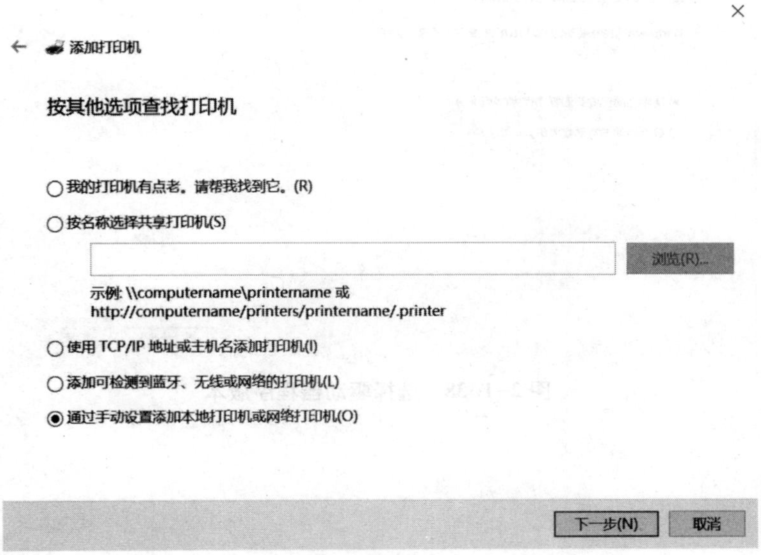

图 2-1-35　手动添加打印机

课堂笔记

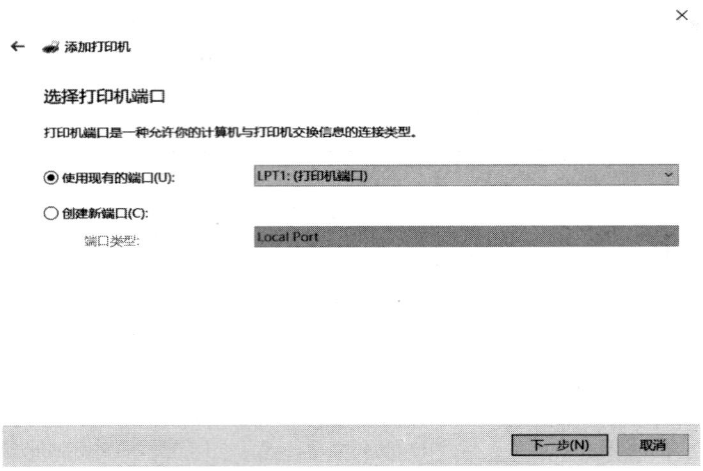

图 2-1-36　选择打印机端口窗口

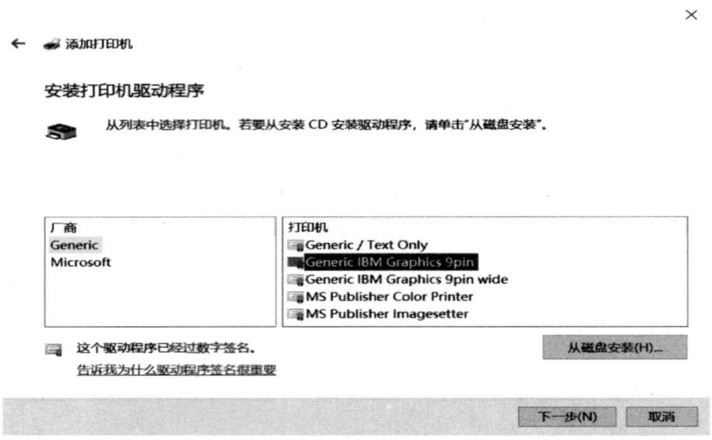

图 2-1-37　选择打印机厂商和型号

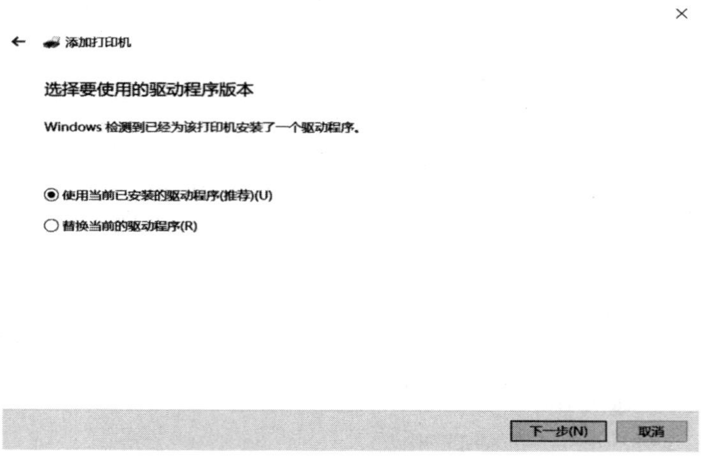

图 2-1-38　选择驱动器程序版本

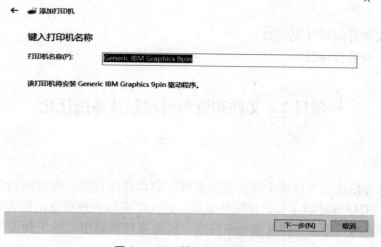

图 2-1-39　输入打印及名称

⑥单击"下一步"按钮，显示正在安装打印机。如果前面选择的是本地打印机，则在出现的窗口中选择是否与网络上的用户共享，然后单击"下一步"按钮，如图 2-1-40 所示。

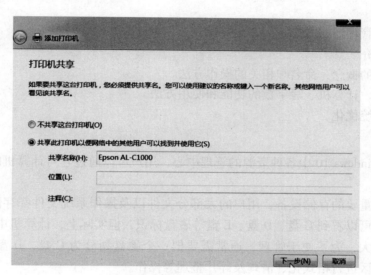

图 2-1-40　打印机共享

⑦最后单击"打印测试页"按钮，Windows 10 会打印一份测试页，以验证打印机安装是否正确完成，再单击"完成"按钮，完成添加打印机的全部操作，如图 2-1-41 所示。

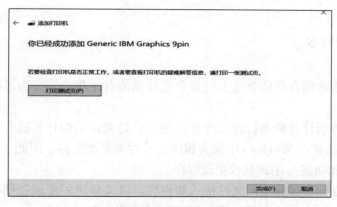

图 2-1-41　单击"完成"按钮

任务实施

1. 任务单——安装打印机（见活页）
2. 任务解析——安装打印机

项目2　文件和资源管理器及系统优化

1. 项目提出

在计算机中如何方便地完成移动文件、复制文件、启动应用程序、连接网络驱动器、打印文档和维护磁盘等工作呢？在 DOS 环境下要记忆那些复杂、格式严格的各种命令，那么如何利用鼠标来完成所有的操作呢？这些都可以通过资源管理器来实现。资源管理器是用来组织和操作文件和文件夹（目录）的工具软件。

计算机在使用一段时间后，由于进行了大量的读写操作，磁盘上会留下很多临时文件和无用的程序，这些残留的文件和程序不但占用磁盘空间，还会影响系统的正常运行，优化磁盘主要包括磁盘检查、垃圾文件清理、磁盘碎片清理等，以便释放磁盘空间。

相关知识点：
① 几种打开资源管理器的方法。
② 资源管理器简介。
③ 文件、文件夹的概念、命名和相关的操作方法。
④ 记事本、画图、计算机、写字板的功能和使用方法。
⑤ 磁盘清理和系统优化。

2. 项目分析

资源管理器是 Windows 10 中各种资源的管理中心，用户可以通过它对计算机的相关资源进行管理和操作。

磁盘是计算机最重要的存储设备，用户的大部分文件以及操作系统文件都存储在磁盘中。在资源管理器窗口中，一般可以看到 C 盘、D 盘、E 盘等磁盘标识，但实际上，计算机中通常只有一个硬盘。由于硬盘容量越来越大，为了便于管理，通常需要把一个硬盘划分为 C 盘、D 盘、E 盘等几个分区。用户可对每个硬盘分区进行格式化、清理及碎片整理等操作。

任务1　文件和文件夹的相关概念

1. 文件和文件夹的概念

（1）文件

计算机中的文件是指存储在存储介质上的指令或数据的有序集合。分为可执行文件和数据文件两部分。

可执行文件包含了控制计算机执行特定任务的指令，是编译后的计算机程序，通常文件的扩展名为 .exe、.dll 等。可执行文件在 Windows 中称为程序，又称为系统文件，因此，要删除可执行文件，应该从控制面板的"程序和功能"中卸载或更改程序。

数据文件是程序建立的，按照不同文件格式和内容，以文件名的形式存储在磁盘上的一个或一组文件。数据文件在 Windows 中称为文档，例如 Word 文档、Excel 文档等。

（2）文件名

为了识别不同的文件，就要给文件命名，计算机是按照文件名来对文件进行存取操作的。文件名由主文件名和扩展名两部分组成，中间用英文圆点（.）隔开。文件名一般用来表示文件的名称，扩展名表示文件的类型。主文件名由英文字符、汉字、数字及一些符号组成，长度不超过 255 个字符（一般只识别前 8 个字符）。例如，sx.docx 表示文字处理 Word 编辑的文件的文件名，abc.xlsx 是电子表格处理软件 Excel 编辑的文件的文件名，在这里就不列举过多的例子。

（3）文件夹

Windows 中的文件夹是用来存储程序、文件等的一个容器。文件夹中还可以包含文件夹，称为子文件夹。文件夹分为标准文件夹和特殊文件夹两种。

当用户打开一个文件夹时，它是以窗口的形式呈现在屏幕上的，关闭时则收缩为一个图标，如图 2-2-1 所示。

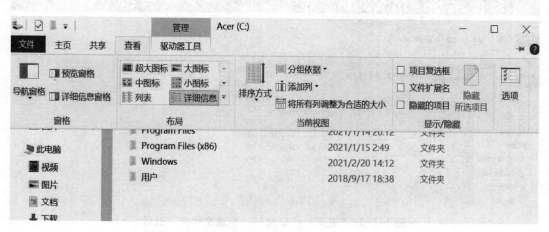

图 2-2-1　文件夹

（4）盘符的概念

用户在使用计算机时，一般会将一块硬盘分为几个逻辑区，在 Windows 中表现 C 盘、D 盘和 E 盘等。每一个盘符下可以包含多个文件和文件夹，每个文件夹下又有文件夹或文件，形成树状结构。

（5）路径

在对文件或文件夹进行操作时，为了确定文件或文件夹的位置，需要按照文件夹的一定的层次顺序查找，这种确定文件或文件夹位置的一组连续的、由路径分隔符"\"分割的文件名叫路径。也就是说，路径就是找到指定文件或文件夹所要走的路线。路径分为绝对路径和相对路径两种。

绝对路径是指从目标文件或文件夹所在根文件夹开始，到其所在文件夹为止的路径上所有的子文件夹名。绝对路径以"\"开始。例如 C:\Program Files\Command Files\Lenovo\sx.txt。相对路径是指从当前文件夹开始，到目标文件或文件夹所在的文件夹的路径上所有的子文件夹名。

（6）通配符

当查找文件或文件夹时，可以用通配符代表一个或多个真正的字符。通配符有两个："*"和"?"，前者代表 0 个或多个字符；后者代表一个任意的字符。例如，文件名 s?x.docx 代表文件名第一个字符是 s，第二个字符是符合规定的任意字符，第三个是 x，扩展名为 .docx 的若干个文件的文件名，可以是 sax.docx、scx.docx 等。

2. 文件或文件夹的操作

（1）新建文件

在 C 盘根目录下创建一个名为"记录"的文本文档。

打开"此电脑",打开 C 盘驱动器窗口,选择"主页"→"新建"→"新建项目"→"文本文档"选项,或在窗口空白处右击,在弹出的快捷菜单中选择"新建"→"文本文档"选项,输入一个新文件名称"记录",按 Enter 键或者在窗口其他任意处单击即可。

（2）创建文件夹

用户可以创建新的文件夹来存放具有相同类型或相近形式的文件。在 C 盘根文件下创建一个名为"ZWH"的文件夹的操作方法如下：

打开"此电脑",打开 C 盘驱动器窗口,选择"主页"→"新建"→"新建文件夹"选项,如图 2-2-2 所示,或在窗口空白处右击,在弹出的快捷菜单中选择"新建"→"文件夹"选项,如图 2-2-3 所示,输入一个新文件夹名称"ZWH",按 Enter 键或者在窗口其他任意处单击即可。

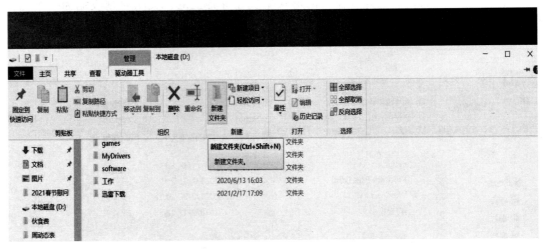

图 2-2-2 "主页"→"新建"→"新建文件夹"选项

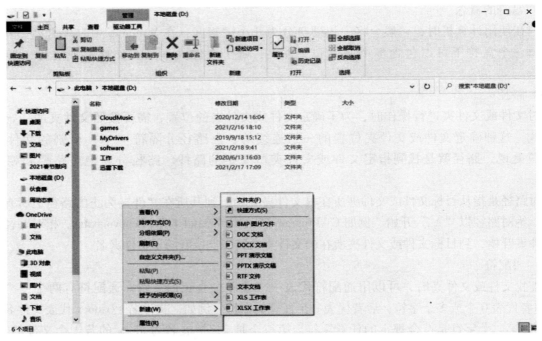

图 2-2-3 "新建"→"文件夹"选项

（3）选中文件或者文件夹

操作文件或者文件夹之前,必须先选中它们,具体操作方法如下：

选择一个文件或者文件夹:移动鼠标至待选的文件上,然后单击。

全部选择:选择"主页"→"选择"→"全部选择"选项,或按 Ctrl+A 组合键,可以实现选择视图中的所有项目。

选择连续若干文件或文件夹:在待选定的文件或文件夹中的任意一个文件或文件夹名上单击,按住 Shift 键,移动鼠标到最后一个文件或文件夹后单击鼠标,如图 2-2-4 所示。

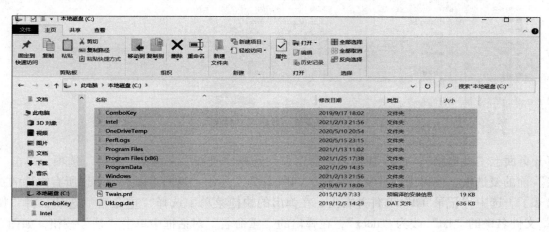

图 2-2-4　选中连续的文件

选定不连续的文件或者文件夹:在待选定的文件或文件夹中的任意一个文件或文件夹名上单击鼠标,按 Ctrl 键,移动鼠标到第二个文件或文件夹后单击。同理,可以选中其他文件或者文件夹,如图 2-2-5 所示。

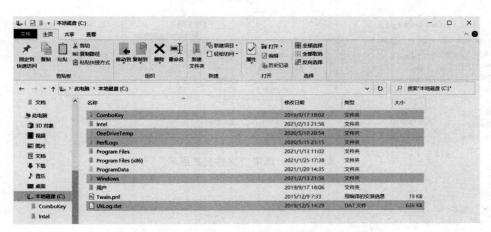

图 2-2-5　选中不连续的文件

取消全部选定:移动鼠标到窗口空白处单击即可。

取消部分选定:移动鼠标至窗口中要取消选定的文件或者文件夹上,按住 Ctrl 键并单击即可。

反向选定:首先将不要选定的文件或文件夹选定,然后选择"主页"→"选择"→"反向选择"选项,则可以选定除选定项外的其他文件或文件夹。

(4)重命名文件或文件夹

将 D 盘下"记录"文本文档重命名为"使用记录",操作方法如下:

选定需要重新命名的文件"记录.txt",选择"主页"→"组织"→"重命名"选项,这时选定的文件或文件夹的名称被加上了方框,原文件名呈反色显示,输入新的文件名"使用记录"后按 Enter 键即可,如图 2-2-6 所示。

(5)更改文件的扩展名

将 D 盘下"使用记录.txt"文本文档的扩展名改为".docx",操作方法如下:

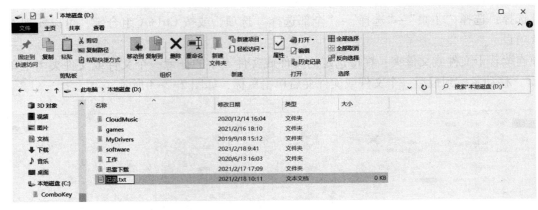

图 2-2-6 重命名文件夹

打开桌面上"此电脑",打开 D 盘驱动器窗口,选择"查看"→"显示/隐藏"选项,单击"文件扩展名"前的复选框,使得出现"√"标记,如图 2-2-7 所示。返回桌面,会发现所有文件的扩展名显示出来了。选中"记录.txt"文件并右击,在弹出的快捷菜单中选择"重命名"选项,将"使用记录.txt"文件名中的"txt"改为"docx",在弹出的"重命名"对话框中单击"是"按钮,如图 2-2-8 所示。

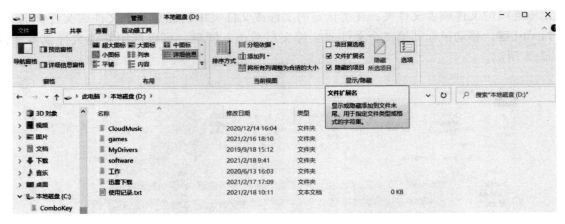

图 2-2-7 选中"文件夹扩展名"

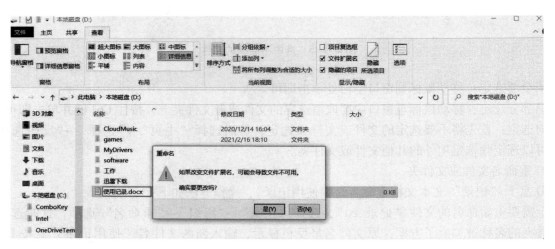

图 2-2-8 更改扩展名

(6) 移动与复制文件或者文件夹

使用"此电脑"或"文件资源管理器"窗口均能进行文件或文件夹的移动与复制操作。将 D 盘下的文件复制到 C 盘，操作方法如下：

双击"此电脑"，打开 D 盘，找到文件"使用记录.docx"并右击，在弹出的快捷菜单中选择"复制"选项，如图 2-2-9 所示，打开 C 盘，选择"主页"→"组织"→"粘贴"选项，如图 2-2-10 所示，即完成复制工作。

如果要将 D 盘下的"使用记录.docx"移动到 C 盘，则双击"此电脑"，打开 D 盘，找到文件"使用记录.docx"并右击，在弹出的快捷菜单中选择"剪切"选项，打开 C 盘并在空白处右击，在弹出的快捷菜单中选择"粘贴"选项即可。

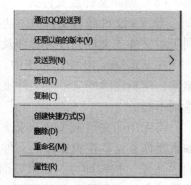

图 2-2-9　选择"复制"选项

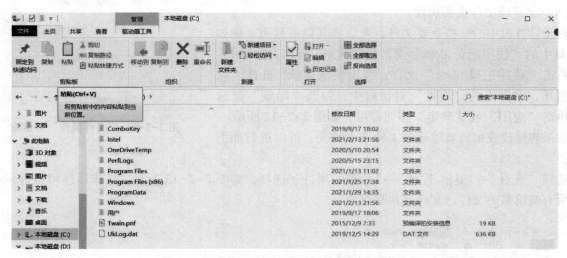

图 2-2-10　选择"粘贴"选项

(7) 使用鼠标拖动文件

用鼠标拖动文件是一种快速、方便的移动或复制文件的方法。

打开"文件资源管理器"，选择文件图标并拖动，将图标拖动到目标位置上释放鼠标，如图 2-2-11 所示。

图 2-2-11　使用"文件资源管理器"移动或复制

如果原文件与目标文件在同一盘符下，则拖动默认为移动文件；否则，默认为复制文件。

在 Windows 10 的"文件资源管理器"下，单击某文件或文件夹并拖动操作时，配合键盘上的 Ctrl 键是进行复制操作，配合键盘上的 Alt 键是进行创建连接操作，配合键盘上的 Shift 键是进行移动操作。

（8）删除文件或文件夹

当一个文件或者文件夹不再需要时，可以将其删除掉，以利于对文件或文件夹进行管理及节省空间。

在 Windows 10 操作系统中，删除操作分为逻辑删除和物理删除，逻辑删除的文件或文件夹是可以重新恢复的，而物理删除则不能。

将无用的文件或文件夹拖放到回收站中，这叫逻辑删除。如果要恢复这些逻辑删除的文件或文件夹，只要单击回收站中的"还原"按钮即可。如果要彻底删除文件或文件夹，则单击回收站中的"删除"按钮即可，这种操作叫作物理删除，所删除内容将不可恢复。

（9）文件或文件夹的属性

对于计算机中的一些重要文件，可以将其隐藏起来。例如将 D 盘中的"使用记录.docx"文件隐藏起来，操作方法如下：

右击"使用记录.docx"文件，弹出快捷菜单，选择"属性"选项，在弹出的"属性"对话框中，勾选"隐藏"复选框，单击"应用"或"确定"按钮即可，如图 2-2-12 所示。

如果想修改或编辑被隐藏的文件或文件夹，可以进行如下操作：

选择"查看"→"显示/隐藏"→"隐藏的项目"选项，如图 2-2-13 所示。操作后还可以显示计算机中所有被隐藏的文件、文件夹和驱动器。

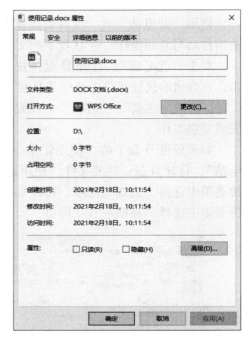

图 2-2-12 "文件属性"对话框

图 2-2-13 "文件夹"选项

3. 计算机和资源管理器

在 Windows 10 中可以使用"计算机"或者"资源管理器"来实现文件或文件夹的创建、删除、复制、粘贴、重命名和打开操作。

（1）"计算机"窗口

使用者可以通过"计算机"窗口操作整个计算机内的文件和文件夹，可以完成打开、删除、复制、查找、创建新文件夹或者新文件等操作，管理本地资源。

打开"计算机"窗口的方法一般有两种：

方法1：双击桌面上的"此电脑"图标，打开"此电脑"窗口，如图 2-2-14 所示。

方法2：单击"开始"按钮，在右侧的磁贴或者图标区域选择"此电脑"，打开"此电脑"窗口。如果要查看单个文件或文件夹的内容，使用"此电脑"是很有用的。在"此电脑"窗口中显示有效的分区，双击分区盘符，窗口将显示分区上包含的文件或者文件夹。

Windows 10操作系统　模块2

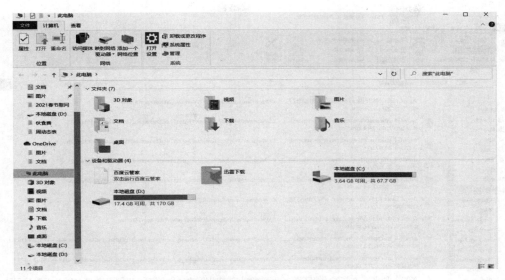

图 2-2-14 "计算机"窗口

（2）"资源管理器"窗口

资源管理器以分层的方式展示计算机文件的详细图表。使用文件管理器可以方便地实现文件的浏览、查看、移动、复制等操作。使用者不必打开多个窗口，在一个窗口中可以浏览所有的逻辑分区和文件夹，操作方法如下：

右击"开始"按钮，弹出快捷菜单，选择"文件资源管理器"选项，如图 2-2-15 所示。

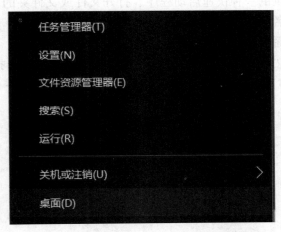

图 2-2-15 "开始"菜单中的"文件资源管理器"选项

单击 Windows 10 任务栏中的"文件资源管理器"按钮，如图 2-2-16 所示，也可打开资源管理器。

图 2-2-16 快速打开"文件资源管理器"

（3）使用搜索

在 Windows 10 的"此电脑"或"资源管理器"窗口的右侧有一个"搜索"输入框，使用者可以直接进行搜索。

例如，搜索 C 盘下所有的 .exe 文件，操作方法如下：

使用"此电脑"打开 C 盘，在窗口的右侧搜索框内输入"＊.exe"后按 Enter 键，会立即在当前位置开始搜索，同时会出现一个搜索工具栏，如图 2-2-17 所示。

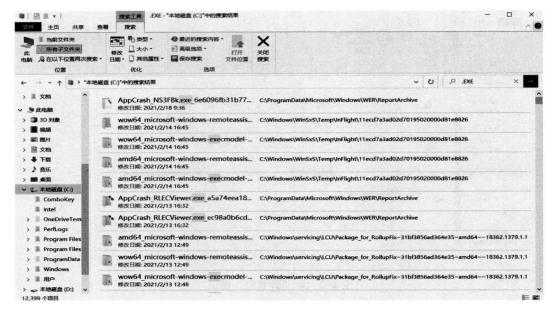

图 2-2-17 使用"搜索"功能

4. Windows 10 自动工具的使用

（1）快捷方式

在桌面上有一些图标的左下角有一个非常小的箭头，这个箭头就是用来表明该图标是一个快捷方式。快捷方式是 Windows 提供的一种快速启动程序、打开文件或文件夹的方法。它是应用程序的快速连接。快捷方式文件的扩展名一般为 *.lnk。

通过以下方式可以在桌面上建立快捷方式：

选定要创建快捷方式的文件或文件夹并右击，在弹出的快捷菜单中选择"发送到"→"桌面快捷方式"选项即可，如图 2-2-18 所示。

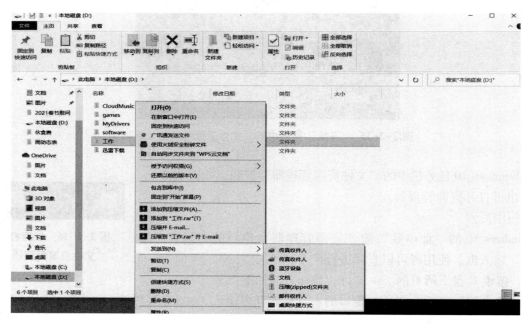

图 2-2-18 创建桌面快捷方式

如果该文件在"开始"菜单中，则直接选中该文件并拖动到桌面即可。

（2）图标的排列

当桌面上的图标太多时，如果不进行有序的排列，桌面就会显得非常凌乱，不但影响操作，而且会影响视觉效果，因此要进行有效的管理。用户可在桌面的空白处右击，在弹出的快捷菜单中选择"排序方式"选项，如图 2-2-19 所示。

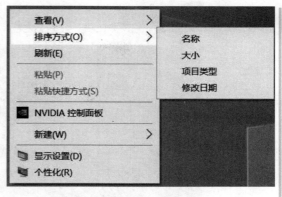

名称：按图标开头的字母或拼音顺序排列。

大小：按图标所代表的文件大小的顺序来排列。

项目类型：按图标所代表文件的类型来排列。

修改日期：按图标所代表文件的最后一次修改时间来排列。

图 2-2-19　排列"桌面"图标

（3）记事本

记事本是一个用于编辑纯文本文件的编辑器。除了可以设置字体格式外，它几乎没有格式处理功能，但因为它运行速度快，用它编辑产生的文件占用空间小，所以在不要求文本格式的情况下，记事本是一个很实用的程序。通过单击"开始"→"所有应用程序列表"→"Windows 附件"→"记事本"可以打开一个名为"无标题"的记事本文件，用户可以直接在光标闪烁处输入和编辑文字，如图 2-2-20 所示。

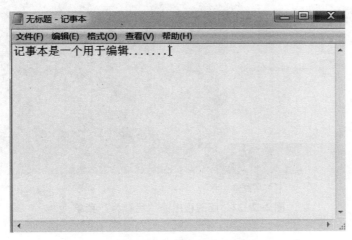

图 2-2-20　"记事本"窗口

（4）画图

"画图"程序是一个位图绘制程序，用户可以通过单击"开始"→"所有应用程序列表"→"Windows 附件"→"画图"进入画图窗口，创建简单的图画，然后将其作为桌面的背景，或者粘贴到另外一个文档中，还可以对屏幕的复制进行编辑。也可以使用"画图"查看和编辑已有的图片并打印出来。

"画图"窗口上方是画图所需的工具箱，还有颜色框，使用它可以选择绘图所需的前景色和背景色。

例如，将当前屏幕上的内容以图片的形式保存到 D 盘根目录下，文件名为练习.jpg，操作方法如下：

选定想截屏的内容，按键盘上的 PrtSc/SysRrq 键，打开画图程序，使用"粘贴"操作的 Ctrl+V 组合键将刚才屏幕上的图像内容粘贴进画图程序，如图 2-2-21 所示。单击画图程序的菜单，在下拉菜单中选择"另存为"选项，选择"JPEG 图片"格式，如图 2-2-22 所示，在弹出的"保存为"窗口中选定保存位置和修改文件名，单击"保存"按钮即可，如图 2-2-23 所示。

（5）写字板

写字板是 Windows 10 附件中提供的文字处理类的应用程序，在功能上较一些专业的文字处理软件来说相对简单。

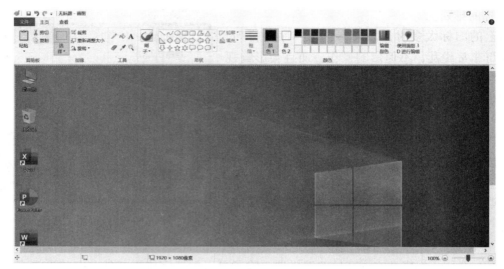

图 2-2-21 执行"粘贴"操作后的画图版

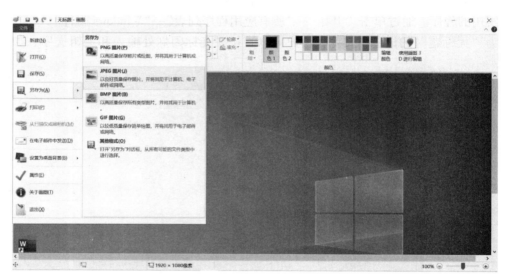

图 2-2-22 画图程序的"另存为"菜单

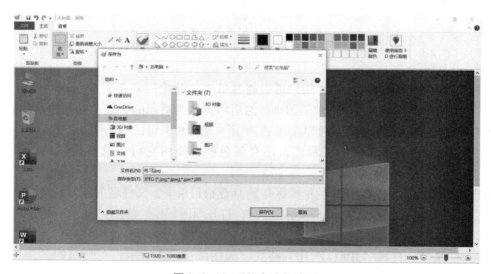

图 2-2-23 "保存为"窗口

用户通过"开始"→"所有应用程序列表"→"Windows 附件"→"写字板"可以打开写字板，利用写字板可以完成大部分的文字处理工作，例如字体、字形、字号、字体颜色等的设置，还可以对图形进行简单的编辑排版，并且与微软的其他软件兼容，它是一个能够进行简单图文混排的文字处理软件，如图 2-2-24 所示。写字板的默认文件格式为 .RTF，但是可以读取纯文本文件（.TXT）。

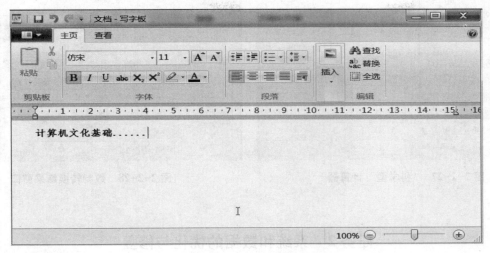

图 2-2-24 "写字板"窗口

（6）计算器

"计算器"可以完成所有手持计算器能够完成的操作。

在"开始"→"所有应用程序列表"→"Windows 附件"→"计算器"中打开计算器，如图 2-2-25 所示。单击"查看"菜单，可以选择"标准型""科学型""程序员"或"统计信息"计算器，如图 2-2-26 所示。

图 2-2-25 "标准型"计算器

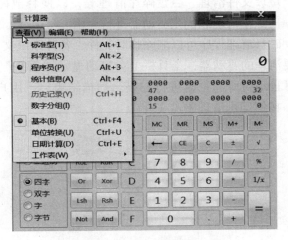

图 2-2-26 计算器"查看"窗口

"标准型"执行的是基本的加、减、乘、除计算。"科学型"可以进行对数、三角函数等计算，"程序员"可以进行不同数制之间的转换。例如，如果要将十进制 296 转换为十六进制，可单击"查看"→"程序员"，输入"296"，如图 2-2-27 所示。然后单击左侧的"十六进制"前的单选按钮，数字框中会显示出等值的十六进制数"128"，如图 2-2-28 所示。

任务实施

1. 任务单——文件和文件夹的操作（见活页）
2. 任务解析——文件和文件夹的操作

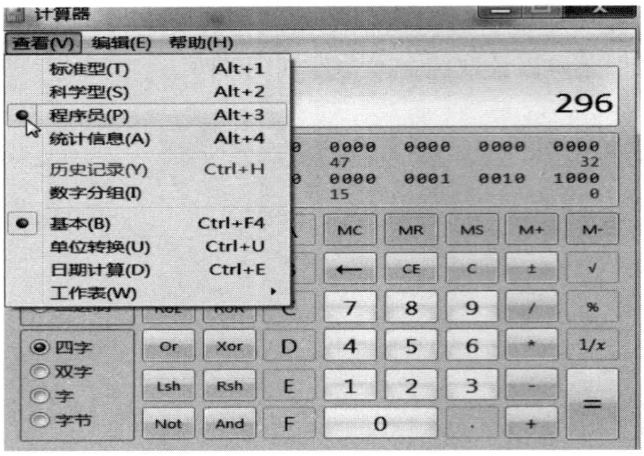

图 2-2-27 "科学型"计算器 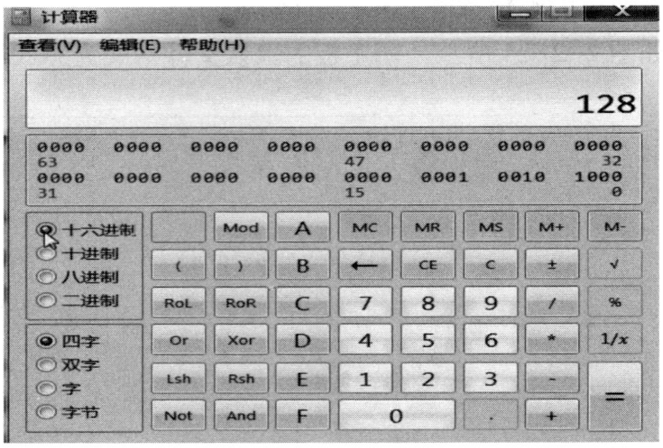　　　图 2-2-28 数制转换结果窗口

任务 2　系统和数据的优化与修复

 知识准备

1. 清理和优化磁盘

计算机在使用一段时间后，由于进行了大量的读写操作，磁盘上会留下很多临时文件和无用的程序，这些残留的文件和程序不但占用磁盘空间，还会影响系统的正常运行，优化磁盘主要包括磁盘检查、垃圾文件清理、磁盘碎片清理等，以便释放磁盘空间。下面就 Windows 自带的常用磁盘优化软件——磁盘清理和优化驱动器进行介绍。

磁盘清理程序可以删除临时文件、各种系统文件和其他不需要的项目，操作方法简单且快捷。选择要清理的驱动器，工具栏上会自动显示"管理"选项卡，单击"清理"按钮，如图 2-2-29 所示，即可自动对所选磁盘进行扫描。扫描结束后，用户根据情况选择要删除的文件，单击"清理系统文件"按钮即可清理磁盘文件。

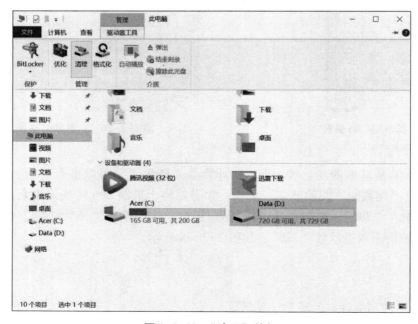

图 2-2-29　"清理"按钮

"优化驱动器"工具可以重新排列并优化磁盘碎片数据，使磁盘能够更有效、顺畅地工作。其操作方法与磁盘清理程序的类似，打开"此电脑"窗口，选择要优化的驱动器，在自动出现的"管理"选项卡中单击"优化"按钮，在弹出的"优化驱动器"对话框中，选择要优化的驱动器，单击"分析"按钮进行磁盘分析。分析完成后，单击"优化"按钮进行磁盘碎片整理，如图2-2-30所示。

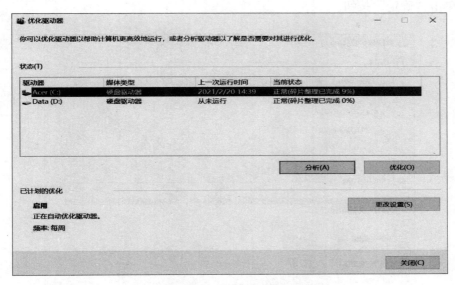

图 2-2-30 "优化驱动器"对话框

2. 恢复系统

在日常使用计算机的过程中，经常会遇到由于安装某个应用程序、设备驱动程序等操作导致系统无法正常运行或者无法启动的情况。要想使系统恢复到出问题之前的正常状态，最简单的方法就是使用 Windows 自带的系统还原功能，该功能的关键操作是在系统正常时创建还原点。还原点表示的是系统文件和系统设置的存储状态，系统还原功能正是基于还原点将系统文件和系统设置恢复到以前某个正常的系统状态。具体操作方法如下：

①右击"开始"按钮，在弹出的快捷菜单中选择"系统命令"，在打开的"系统"窗体中单击左侧列表中的"系统保护"超链接。

②在打开的"系统属性"对话框中选择"系统保护"选项卡，如图2-2-31所示。"保护设置"

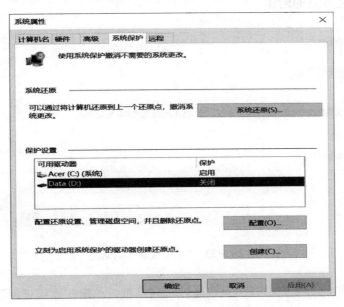

图 2-2-31 "系统属性"对话框

列表框中显示了计算机所有磁盘分区是否开启了系统还原功能。选择未开启系统还原功能的磁盘分区，然后单击"配置"按钮。

③在打开的"系统保护"对话框中，如图 2-2-32 所示，选择"启用系统保护"单选按钮，然后拖动"磁盘空间使用量"右侧的滑块，为系统还原功能预留磁盘空间，此空间用于保存系统还原点。设置完成后，单击"确定"按钮。

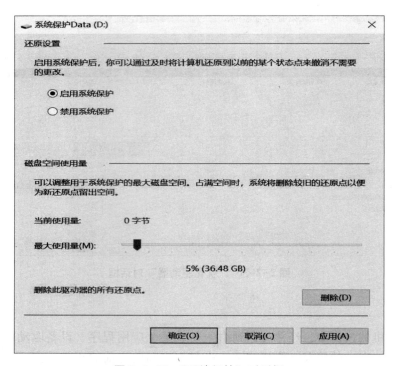

图 2-2-32 "系统保护"对话框

④开启系统还原功能后，系统会自动定期创建还原点；当系统还原程序监测到系统发生更改时，也会自动创建还原点。如果要手动创建系统还原点，则打开"系统属性"对话框，单击"创建"按钮，将弹出"系统保护"对话框，如图 2-2-33 所示。在文本框中输入还原点名称，最好使用能够清晰描述还原点状态或时间的文字，以便在以后还原系统时确定要使用的还原点。设置完成后，单击"创建"按钮即可开始还原点的创建。

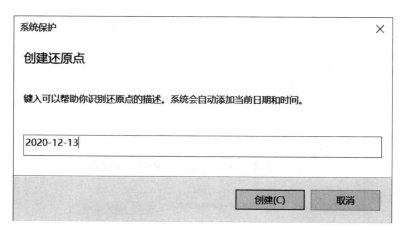

图 2-2-33 "系统保护"对话框

⑤要用系统还原功能时，要先打开"系统属性"对话框，单击"系统还原"按钮，在弹出的"系统还原"对话框中选择要恢复到的还原点，然后按照系统还原向导进行操作即可。

3. 重置系统

当计算机无法正常运行或遇到些其他无法解决的问题时，可以使用 Windows 提供的重置功能将计算机恢复到安装 Windows 10 后的初始状态。重置系统与还原系统虽然都能使系统恢复正常状态，但两者有本质区别：系统还原是基于特定的还原点将系统恢复到还原点所处的状态，不会影响用户的个人文件和数据；重置系统是自动重新安装 Windows 10，将删除在系统中安装的所有驱动程序和应用程序及用户对系统进行的各种设置，而用户的个人文件和数据需要手动选择保留才行。具体操作方法如下：

①右击"开始"按钮，在弹出的快捷菜单中选择"设置"命令。

②在打开的"设置"窗口中选择"更新和安全"选项，在下面的列表中选择"恢复"选项，如图 2-2-34 所示。在右侧单击"重置此电脑"下的"开始"按钮。

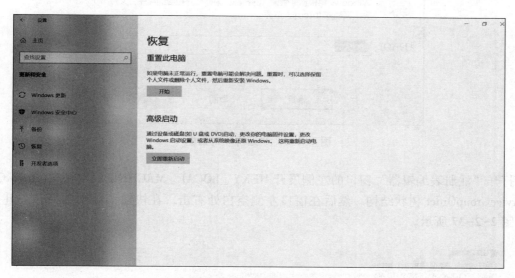

图 2-2-34 "恢复"选项

③在弹出的对话框中选择是否保留个人文件、应用和设置，如图 2-2-35 所示。选择"保留为我的文件"，则会删除用户安装的各种应用程序和对系统的各种设置，保留个人文件；选择"删除所有内容"，如果计算机包含多个磁盘分区，系统将会询问用户是仅删除 Windows 分区中的数据还是所有分区中的数据，用户可以根据自己的需要按照向导进行操作。

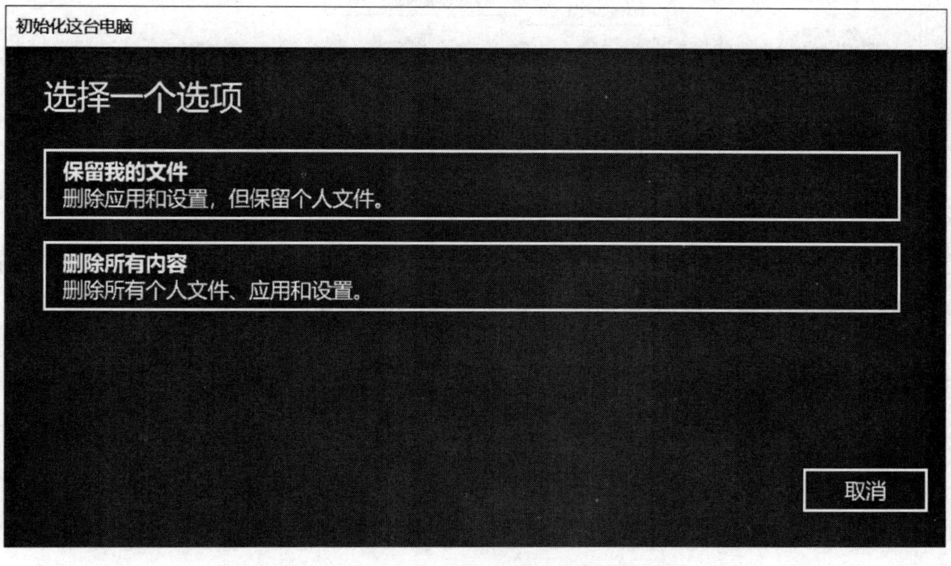

图 2-2-35 "初始化这台电脑"对话框

④以上选择完成后，单击"初始化"按钮即可开始重置 Windows 10 操作系统。重置完成后的计算机将恢复到安装 Windows 10 后的初始状态。

4. 恢复误删除的文件

在计算机使用过程中，有可能出现用户将回收站清空后发现某一个文件非常重要，需要将其恢复的情况。使用注册表可以帮助用户恢复误删除的文件，具体操作步骤如下：

①单击"开始"菜单，选择"Windows 系统"中的"运行"命令，在打开的"运行"对话框中输入注册表命令"regedit"，单击"确定"按钮，如图 2-2-36 所示。

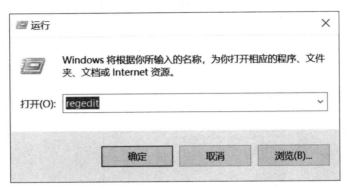

图 2-2-36 "运行"对话框

②在打开"注册表编辑器"窗口的左侧展开 HEKY_LOCAL_MACHINE\SYSITEM\CurrentControlSet\Control\ServiceGroupOrder 树状结构，然后在窗口左侧空白处右击，在快捷菜单中选择"新建"→"项"命令，如图 2-2-37 所示。

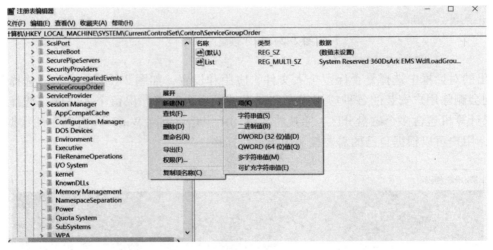

图 2-2-37 "注册表编辑"窗口

③将新建项命名为 645FF040-5081-101B-9F08-00AA002F954E，在窗口右侧选中系统默认项并右击，在弹出的快捷菜单中选择"修改"命令，如图 2-2-38 所示。

④打开"编辑字符串"对话框，如图 2-2-39 所示，将"数值数据"设置为"回收站"，单击"确定"按钮。重启计算机后，清空的文件将恢复到回收站中。最后打开回收站，将文件还原到原来的位置即可。

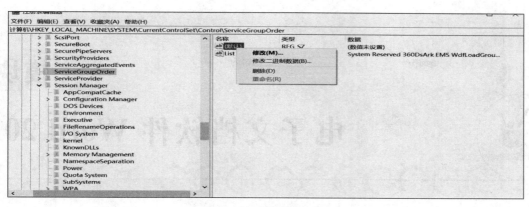

图 2-2-38 修改默认项

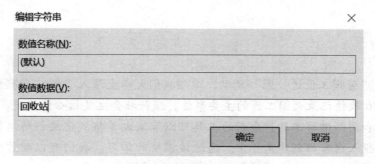

图 2-2-39 "编辑字符串"对话框

任务实施

1. 任务单——Windows 10 系统优化（见活页）
2. 任务解析——Windows 10 系统优化

模块总结

本模块主要介绍了 Windows 10 操作系统，包括 Windows 的基本操作、文件和文件夹及资源管理器的使用和磁盘优化管理，主要掌握以下内容：

1. Windows 10 的基本知识和操作。
2. 设置系统桌面。
3. 控制面板的基本操作。
4. 磁盘的清理和优化。
5. 程序的安装和卸载的方法。
6. Windows 10 自动工具的使用。
7. 打印机的添加方法。
8. 资源管理器的操作方法。
9. 文件和文件夹的概念和相关操作。

模块 3 电子文档软件 Word 2016

模块导读

近期，学校组织"劳模工匠进校园"活动，带领我们大学生深入了解"劳模精神""工匠精神"。同学们借助 Word 2016 软件记录大国工匠的主要事迹，践行社会主义核心价值观。Word 2016 还提供了功能更为全面的文本和图形编辑工具，全新的工具可以节省大量格式化文档所消耗的时间，从而使我们能够将更多的精力投入内容的创建工作中。通过该模块的学习，我们可以制作学校各种活动宣传稿件，还可以完成个人简历及毕业论文的排版。

知识目标

- Word 的基本功能和操作方法。
- 文档的建立、编辑、格式化、保存、输出的基本操作。
- 文本框、艺术字、图片、SmartArt、图形等对象的编辑和应用。
- 图文混排操作。
- 表格的制作与编辑。
- 表格中公式的使用。
- 分栏、页码、页眉页脚的操作。
- 邮件合并操作。
- 自动生成目录操作。
- 分节符、域的设置与使用。

技能目标

- 能够使用 Word 进行文档的编辑、保存及格式设置。
- 能够使用 Word 绘制、编辑、排序表格，对表格中的数据使用公式进行计算。
- 能够使用 Word 进行图文混排。
- 会使用邮件合并功能批量制作与处理文档。
- 熟练自动生成目录操作。
- 能够设置与使用分节符及域的操作。

素质目标

- 具备独立学习的能力。
- 具备获取新知识和技能的能力。

- 具备善于总结与应用实践经验的能力。
- 具有积极进取、刻苦钻研的精神。

项目 1　Word 创建文档与格式排版

1. 项目提出

一份专注，淬炼出时光的品质；一份坚守，琢磨出情怀的精致。他们的手，有毫厘千钧之力；他们的眼，有秋毫不放之工。他们兢兢业业，让平凡有了梦想的温度——他们精益求精，用执着追上灵魂的脚步。他们是大国工匠，是"中国制造"的时代精神。一种精神——"工匠精神"，正在神州激荡。精于工、匠于心、品于行，人们从未像今天这样热切地呼唤"工匠精神"。这是"中国制造"向新高地冲锋时高高举起的旗帜，是中国工商业文明向新境界进发时必不可少的引擎。长期倡导的"劳模精神"与工匠精神在内核上是相通的：爱岗敬业、争创一流、精益求精、诚信踏实、艰苦奋斗、勇于创新、甘于奉献，都是其必备的气质与品质。今天，我们呼唤并弘扬"工匠精神"，首先就要向这些在平凡中铸就伟大的优秀劳动者致敬。

相关知识点：
① 文档的建立与保存。
② 汉字输入法。
③ 字块操作方法。
④ 文档的基本编辑方法。
⑤ 掌握文档的字符格式的设置。
⑥ 掌握文档的段落格式的设置。
⑦ 掌握文档的页面格式的设置。
⑧ 掌握文档的分栏、页码和页眉页脚的设置。
⑨ 掌握图片的插入及其格式设置。
⑩ 掌握文本框的使用。
⑪ 掌握艺术字的制作。

2. 项目分析

Word 2016 主要用于创建电子文稿，本项目共有两个任务，首先通过"任务 1 创建大国工匠电子文稿"，掌握在 Word 文档中输入文本的方法，然后输入文档"大国工匠"的内容。在文档中输入文本后，对其进行各种编辑操作，如选择文本、移动和复制文本、查找和替换文本等操作。Word 中有三种格式设计：字符格式、段落格式和样式。样式是一组已命名的字符和段落格式的组合。需要注意的是，格式的修改要遵循"先选定，后操作"的原则，即先将要编辑的内容选定后再进行操作。"任务 2 '一带一路'文档格式编排"主要学习如何设置文档，进一步美化文档中的内容，通过文档的分栏设置、图片的设置、绘图工具的使用、艺术字的制作等美化文档。

任务 1　创建大国工匠电子文稿

 知识准备

录入"大国工匠"以下内容（只需录入内容，后面会进行格式编排）：

大国工匠

李峰心细如发，以柔克刚，他在高倍显微镜下"磨刀"。

"创建大国工匠电子文稿"效果演示

2016年6月25日20点，长征七号火箭在海南文昌航天发射中心首次升空。长征七号火箭是中国载人航天工程为发射货运飞船而研制的新一代运载火箭。一飞冲天，创造了中国航天史的多项第一。2016年5月，在长征七号火箭的总装车间里，数以万计的火箭零部件来自全国各地，它们在这里集结。经过严格的组合测试，然后被运送到海南文昌发射场组装。但有一个部件被特别处理，这就是长征七号火箭的惯性导航组合。

在航天科技集团九院的车间里，铣工李峰正在工作，尽管此刻属于加班加点赶工，但他的每一个动作依然是从容不迫的。李峰加工的部件是火箭"惯组"中的加速度计。如果说"惯组"是长征七号的重中之重，那么，加速度计就是"惯组"的重中之重。在他的工作模式里，速度不来自表面的急促紧迫，而源于每一个工作行为的准确有效。在他心里，精益求精、追求完美已经成为一种信仰。

"惯导"器件中每减少1微米的变形，就能缩小火箭在太空中几千米的轨道误差。1微米大约是头发丝直径的七十分之一，那是目前人类机械加工技术都难以靠近的精度。在高倍显微镜下手工精磨刀具是李峰的绝活。李峰磨制刀具时心细如发，探手轻柔，这时他所有的功力都汇聚在手上。看李峰借助200倍的放大镜手工磨刀才会让人明白，为什么在中文里工匠的技能被称为"手艺"。磨刀具的李峰，就用他那一双看似慢条斯理却又精巧灵动的手，一面拨轮，一面按刀，以无穷的耐心磨下去。与金刚石同等硬度的刀具逐渐呈现出李峰所需要的锐度和角度，这是真正的以柔克刚。

李峰20岁时一进厂就被分配为洗工，26年里只干过这一个工种，显然，铣工将是他坚守一辈子的行当了。李峰的父亲李发祥也在这个厂里干了一辈子，30多年的磨工让他成为厂里成品率最高、返工率最少的冠军。儿子后来从父亲手里接过了那个无形的"冠军"奖杯。如今年逾八旬的老父亲腰腿都不那么劲道了。李峰在家里会时常给老父亲做做按摩，那双手此刻会变得轻重有节，张弛有律。

工匠们的手上积淀着他们的技艺磨砺、心智淬炼和人生阅历，如同参天大树的年轮记载着大树所承接的日月风霜。

1. 打开 Microsoft Word 2016

单击"开始"→"程序"→"Microsoft Office"→"Microsoft Word 2010"，或在桌面直接双击 Word 图标 ，启动 Word 2016。

2. 文档的建立

单击功能区"文件"→"新建"→"空白文档"，或者单击功能区"文件"→"开始"→"空白文档"。

3. 文档的保存

①退出 Word 应用程序，单击"保存"按钮，如图 3-1-1 所示。

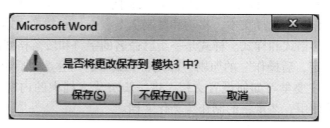

图 3-1-1 保存文档

②单击"保存"按钮，只保存文件，不关闭窗口。（注：输入文字时，要养成随时保存的好习惯，输入长篇文档时，最好每隔 5~10 分钟保存一次。）

③单击"文件"→"另存为"，另存为文件，如图 3-1-2 所示。

4. 录入特殊符号

①在"大国工匠"文字中，输入"、"":""——"";"等标点符号。

②"、"的输入：在搜狗输入法下，选择搜狗输入法，此时输入法为英文状态，按 Shift 键进行中

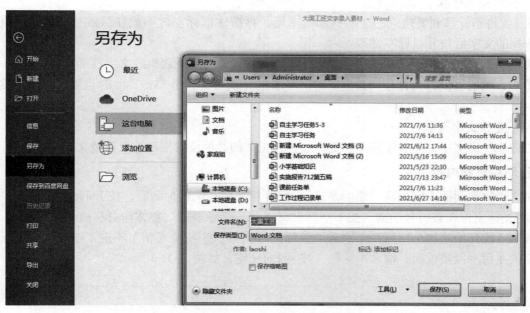

图 3-1-2 "另存为"对话框

英文的切换,确定输入法为中文状态,敲击顿号键 ,就可以打出顿号。

③"["或"]"的输入:单击"插入"→"符号"→"其他符号"进行选择。

5. 修改文档中的错误

下面针对文档中可能出现的错误介绍几种常用的操作,以便修改文档中的错误。

①后向删除:将鼠标移到要删除的内容前面,按 Delete 键即可。每按动一次 Delete 键,就删除一个字。

②前向删除:将鼠标移到要删除的内容后面,使用 Backspace 键(又称退格键),每按动一次退格键,就删除一个字。

③选定删除:选定一些内容后,将所选内容删除。操作时,将鼠标指针移到要删除的字前面,然后按住鼠标左键进行拖动,直到拖过所有要删除的字(拖动过的文字变为黑底白字),然后按 Delete 键或 Backspace 键即可。

6. 打开文档

方法1:单击"文件"→"打开"命令,在弹出的"打开"对话框中选中要打开的多个文档。若文档顺序相连,可以选中第一个文档后按住 Shift 键,再用鼠标单击最后一个文档;若文档的顺序不相连,可以先按住 Ctrl 键,再用鼠标依次选定文档;单击"打开"按钮即可。

方法2:鼠标双击录入好的"大国工匠"Word 文档。

7. 文档内容的选择

(1)选取全文

方法1:按下键盘上的 Ctrl+A 组合键完成对整篇文章的选择。

方法2:三击左页边空白处。

方法3:菜单操作:"开始"→"编辑"→"选择"→"全选"。

方法4:鼠标拖选。

方法5:将光标定位在开头处,然后滚动到末尾页,按住 Shift 键选取末尾处。

(2)字或词的选取

将指针移到要选取的字或词后,双击鼠标左键即可选定。

课堂笔记

(3) 连续文字选取

方法 1：将指针移到要选取的文字首部或末尾，再按住鼠标左键不放往后或往前拖动，直至选中全部要选择的文字后松开鼠标左键即可。

方法 2：键盘上 Shift 键配合鼠标左键进行选择：将光标移到要选取的文字首部（或末尾），再按住 Shift 键不放，然后将鼠标指针移到要选取的文字末尾（或首部）并单击，此时也可快速选中这段连续的文字。

(4) 不连续文字选取

首先选取一组文字，然后按住 Ctrl 键不放，在正文的其他位置拖动选取其他文字即可。

8. 移动和复制内容

①在文档的前面插入副标题“李峰事迹”。将光标定位在文档标题后，按 Enter 键，输入“--李峰事迹”，将光标定位在破折号前面，按下空格键将“——李峰事迹”整体向右移动。

②从第二段开始添加小标题，分别是“长征七号火箭”“精益求精”“铣工李峰”“工匠精神”。将光标定位在每一段最前面，输入小标题，按下 Enter 键，如图 3-1-3 所示。

大国工匠

——李峰事迹

李峰 心细如发，以柔克刚，他在高倍显微镜下“磨刀”。

长征七号火箭

2016 年 6 月 25 日 20 点，长征七号火箭在海南文昌航天发射中心首次升空。长征七号火箭是中国载人航天工程为发射货运飞船而研制的新一代运载火箭。一飞冲天，创造了中国航天史的多项第一。2016 年 5 月，在长征七号火箭的总装车间里，数以万计的火箭零部件来自全国各地，它们在这里集结。经过严格的组合测试，然后被运送到海南文昌发射场组装。但有一个部件被特别处理，这就是长征七号火箭的惯性导航组合。

精益求精

在[航天科技集团]九院的车间里，铣工李峰正在工作，尽管此刻属于加班加点赶工，但他的每一个动作依然是从容不迫的。李峰加工的部件是火箭“惯组”中的加速度计。如果说“惯组”是长征七号的重中之重。那么，加速度计就是“惯组”的重中之重。在他的工作模式里，速度不来自表面的急促紧迫，而源于每一个工作行为的准确有效。在他心里，精益求精、追求完美已经成为一种信仰。

“惯导”器件中每减少 1 微米的变形，就能缩小火箭在太空中几公里的轨道误差。1 微米大约是头发丝直径的七十分之一，那是目前人类机械加工技术都难以靠近的精度。在高倍显微镜下手工精磨刀具是李峰的绝活。李峰磨制刀具时心细如发，探手轻柔，这时他所有的功力都汇聚在手上。看李峰借助 200 倍的放大镜手工磨刀才会让人明白，为什么在中文里工匠的技能被称为“手艺”。磨刀具的李峰，就用他那一双看似慢条斯理却又精巧灵动的手，一面拨轮，一面按刀，以无穷的耐心磨下去。与金刚石同等硬度的刀具逐渐呈现出李峰所需要的锐度和角度，这是真正的以柔克刚。

铣工李峰

李峰 20 岁时一进厂就被分配为洗工，26 年里只干过这一个工种，显然，铣工将是他坚守一辈子的行当了。李峰的父亲李发祥也在这个厂里干了一辈子，30 多年的磨工让他成为厂里成品率最高返工率最少的冠军。儿子后来从父亲手里接过了那个无形的“冠军”奖杯。如今年逾八旬的老父亲腰腿都不那么劲道了。李峰在家里会时常给老父亲做做按摩，那双手此刻会变得轻重有节，张弛有律。

工匠精神

工匠们的手上积淀着他们的技艺磨砺，心智淬炼和人生阅历。如同参天大树的年轮记载着大树所承接的日月风霜。

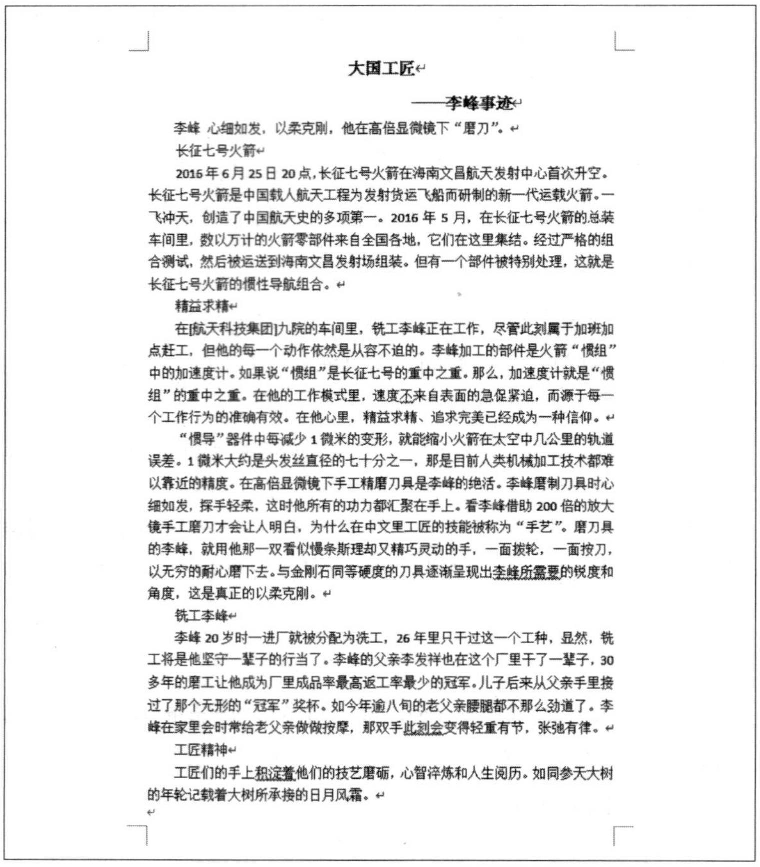

图 3-1-3　输入小标题

③将正文的第八段第一行中的两个“洗工”的“洗”字更正。选择“洗”字，输入“铣”字。

④将正文中有错误的字词更正过来。选择功能区中的“审阅”→“拼写和语法”，如图 3-1-4 所示。拼写和语法会检测出在录入文字时可能出现的错误，以波浪线的形式提醒，文中两处被提醒：“此刻会”“积淀着”，“此刻会”将“会”字删除，波浪线自动消除；“积淀着”在这里使用比较合适，选择“忽略”，波浪线自动消除。

⑤选择第八段“李峰 20 岁时一进厂就被分配为铣工，……张弛有律。”及小标题“铣工李锋”，单击鼠标右键，选择“剪切”。之后将光标定位在正文开头，单击鼠标右键，选择“粘贴选项”→“保

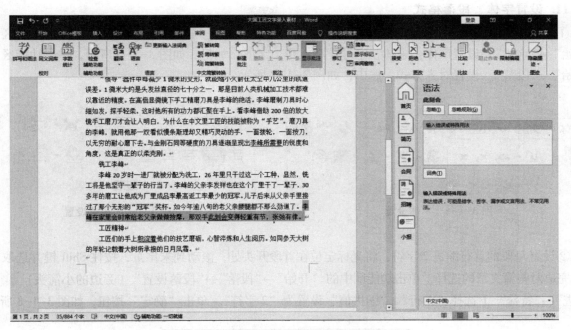

图 3-1-4 拼写和语法

留源格式"。

9. 查找和替换内容

①将文中所有的"工匠"替换为"大国工匠"。选择功能区"开始"→"编辑"→"替换",在"查找内容"里输入"工匠",在"替换为"里输入"大国工匠",之后单击"全部替换"按钮,如图3-1-5所示。

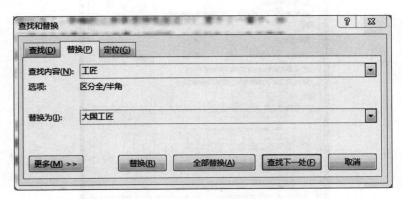

图 3-1-5 查找和替换

②将大标题中多余的"大国"两字删除。

10. 撤销与恢复

①在编辑 Word 2016 文档的时候,如果所做的操作不合适,而想返回到当前结果前面的状态,则可以通过"撤销"或"恢复"功能实现。"撤销"功能可以保留最近执行的操作记录,用户可以按照从后到前的顺序撤销若干步骤,但不能有选择地撤销不连续的操作。用户可以按下 Ctrl+Z 组合键执行撤销操作,也可以单击"快速访问工具栏"中的"撤销"按钮 。

②执行撤销操作后,还可以将 Word 2016 文档恢复到最新编辑的状态。当用户执行一次"撤销"操作后,用户可以按下 Ctrl+Y 组合键执行恢复操作,也可以单击"快速访问工具栏"中已经变成可用状态的"恢复"按钮 。

11. 设置字体、段落格式

①设置大标题"大国工匠"：宋体、小三号字、加粗、居中。选中"大国工匠"，单击功能区中的"开始"→"字体"，设置字体：宋体，字号：小三号，字形：加粗。如图3-1-6所示，单击功能区中的"开始"→"段落"，设置对齐方式：居中，如图3-1-7所示。

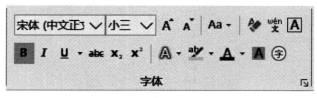

图3-1-6 字体设置

图3-1-7 段落设置

②设置每段的首行缩进2字符：将光标定位在首段开头处，滚动到末尾页，按住Shift键并选取末尾处，完成对整篇文章的选择。单击功能区中的"开始"→"段落"→"段落设置"（旁边的小箭头），在"缩进"→"特殊"下选择"首行"，"缩进值"设置为"2字符"，单击"确定"按钮，如图3-1-8所示。

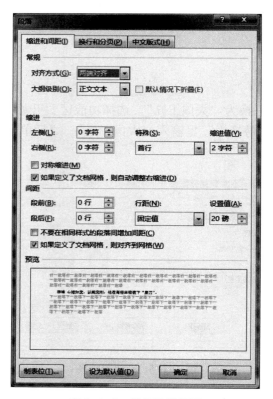

图3-1-8 首行缩进设置

温馨提示

在Word中进行首行缩进2字符操作时，不要按空格键缩进，而是在将文字全部输入完成后，选择"段落"，设置首行缩进2字符。

12. 保存文档

将文档保存为名为"大国工匠"的文件，并保存在桌面上。选择功能区"文件"→"另存为"，在"保存位置"中选择"桌面"，在"文件名"中输入"大国工匠"。完成效果如图3-1-9所示。

图 3-1-9　完成效果图

 技能训练

录入《大国工匠》并保存文件，制作要求如下：
① 设置输入法。
② 录入文字内容。
③ 录入特殊符号。
④ 修改文档中的错误。
⑤ 移动和复制文档中的内容。
⑥ 查找和替换文档中的内容。
⑦ 设置字体及段落格式。
⑧ 保存文档。

任务实施

1. 任务单——制作"大国工匠"文档（见活页）
2. 任务解析——制作"大国工匠"文档

任务2 "一带一路"文档格式编排

"一带一路"开启建构国家形象的新阶段。党的十九大报告指出,中国特色社会主义进入新时代,作为新时代中国联结世界的重要纽带,"一带一路"助推国家形象建构步入了互联互通的新阶段。近年来,中国在参与共建"一带一路"的过程中,主动设置全球议题,积极发起全球性、区域性倡议,在一定程度上,推动国家形象建构转被动为主动、变单向为统筹、化双边为多边,展现出全新姿态。作为推动构建人类命运共同体的重要举措,"一带一路"在国家形象建构中既包括"和平合作、开放包容、互学互鉴、互利共赢"的价值理念,也包括"经济走廊、基础设施、融资平台、人文交流"的务实合作;既注重唤醒沿线各民族、地区和国家的历史记忆和文化基因,又统合、对接已有的"光明之路""两廊一圈""琥珀之路"等,形成"六廊六路多国多港"的互联互通架构。通过有效对接、优势互补、协同并进,"一带一路"给中国国家形象的建构注入新动力,带来新机遇,全面开启国家形象建构的新阶段。

知识准备

任务2样张如图3-1-10所示。

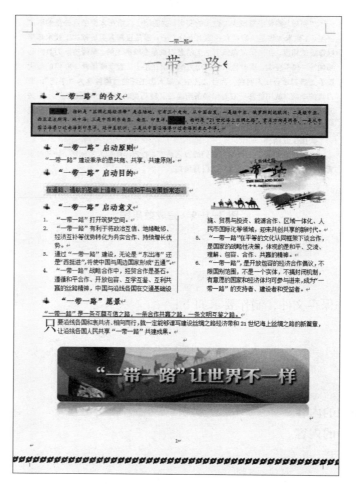

图3-1-10 "一带一路"样张

1. 打开文档

打开提供的素材文件"一带一路",按下列的要求进行排版,排版结果请参看样张,如图3-1-1

所示。

2. 设置纸张大小

纸张选择 A4 规格，上、下、左、右页边距均设定为 1.2 厘米，纸张方向为纵向。操作方法如下：

单击功能区"布局"→"页面设置"→"纸张大小"，选择 A4。单击功能区"布局"→"页面设置"→"页边距"→"自定义边距"，将上、下、左、右页边距均设定为 1.2 厘米。纸张方向为纵向，单击"确定"按钮。如图 3-1-11 所示。

3. 设置字体、段落格式

①全文设定：行距为单倍行距、段落首行缩进 2 字符。

按下键盘上的 Ctrl+A 组合键完成对整篇文章的选择。单击功能区"开始"→"段落"→"段落设置"，在"缩进"→"特殊"下选择"首行"，设置"缩进值"为"2 字符"，单击"确定"按钮。

②设置大标题"一带一路"：楷体、二号字、加粗、紫色、首行无缩进、段后距 0.5 行、居中。

选中"一带一路"，单击功能区"开始"→"字体"→"字体设置"，设置"中文字体"为楷体、"字形"为加粗、"字号"为二号、"字体颜色"为紫色，如图 3-1-12 所示。单击功能区"开始"→"段落"→"段落设置"，在"常规"→"对齐方式"下选择"居中"；在"缩进"→"特殊"下选择"首行"，设置缩进值为"0 字符"，选择"间距"→"段后"→"0.5 行"，单击"确定"按钮，如图 3-1-13 所示。

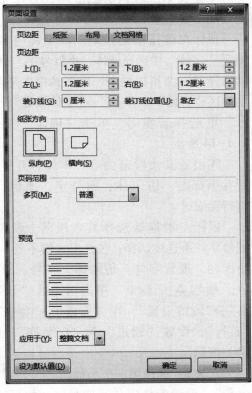

图 3-1-11 页面设置

图 3-1-12 字体设置

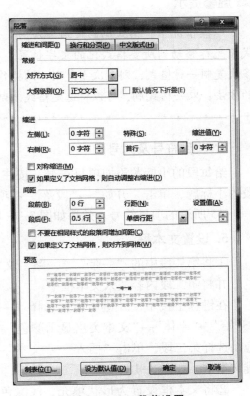

图 3-1-13 段落设置

③设置第二段内容：楷体、小五号字，最后一句加上着重号。

鼠标左键拖动选择第二段全部内容，在"开始"→"字体"中选择楷体、小五号字。鼠标左键拖动选择"一路指的是……南海到南太平洋"，单击功能区"开始"→"字体"→"字体设置"，在"着重号"里选择着重号，单击"确定"按钮，如图3-1-14所示。

④设置其余段落内容：宋体、五号字。设置所有小标题：仿宋体、四号字、加粗、深蓝色、首行无缩进。

鼠标左键拖动选择其余段落，设置为宋体、五号字。不连续选择：按住 Ctrl 键不放，选择所有小标题，设置字体：仿宋体，字号：四号，加粗 B，颜色 A：深蓝。单击功能区"开始"→"段落"→"段落设置"，在"缩进"→"特殊"下选择"首行"，设置"缩进"为"0字符"，单击"确定"按钮。

方法2：选择第一个小标题"'一带一路'的含义"，设置为仿宋体、四号字、加粗、深蓝色、首行无缩进。之后单击"开始"→"剪贴板"→"格式刷" 格式刷 ，当鼠标变成刷子的样式时，选择下一个小标题。按照此方法依次进行。

图3-1-14　字体、着重号设置

温馨提示

一般情况下，格式刷的使用方法为：选中需要复制的文字格式，单击"格式刷"按钮，然后将格式刷光标移动到所要格式化的文字位置，按鼠标左键拖曳所选范围，放开左键，实现了格式复制。要多次复制一种格式，则多次重复刚才的操作。这样的操作非常麻烦，其实 Word 提供了一种批量复制格式的方法：双击格式刷，可以将选定格式复制到多个位置，再次单击格式刷或按 Esc 键即可关闭格式刷。

4. 项目符号及编号

给每段的小标题添加项目符号：按住 Ctrl 键不放，选择每段的小标题，单击"开始"→"段落"→"项目符号"，选择如图3-1-15所示的项目符号。效果如图3-1-16所示。

5. 设置文本框

①将第二段中的"一带""一路"文本突出显示颜色为绿色，并将第二段内容放入文本框中。

在键盘上按下 Ctrl 键不放，选择"一带""一路"，单击"开始"→"字体"→"文本突出显示颜色"→"绿色"。鼠标左键拖动选择第二段，单击"插入"→"文本"→"文本框"，绘制横排文本框，如图3-1-17所示。

②将文本框设置为形状填充、浅绿色，形状轮廓深蓝色，粗细3磅；形状效果设置为棱台-圆形。

选中文本框，单击"绘图工具"→"格式"→"形状样式"→

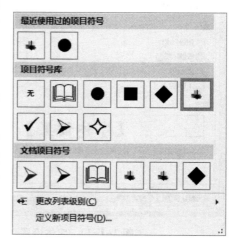

图3-1-15　项目符号

课堂笔记

一带一路

“一带一路”的含义

“一带”，指的是“丝绸之路经济带”是在陆地。它有三个走向，从中国出发，一是经中亚、俄罗斯到达欧洲；二是经中亚、西亚至波斯湾、地中海；三是中国到东南亚、南亚、印度洋。“一路”，指的是“21 世纪海上丝绸之路”，重点方向是两条，一是从中国沿海港口过南海到印度洋，延伸至欧洲；二是从 中国沿海港口过南海到南太平洋。

“一带一路”启动原则

“一带一路”建设秉承的是共商、共享、共建原则。

“一带一路”启动目的

在通路、通航的基础上通商，形成和平与发展新常态。

“一带一路”启动意义

“一带一路”打开筑梦空间。

“一带一路”有利于将政治互信、地缘毗邻、经济互补等优势转化为务实合作、持续增长优势。

通过“一带一路”建设，无论是“东出海”还是“西挺进”，将使中国与周边国家形成“五通”。

“一带一路”战略合作中，经贸合作是基石。遵循和平合作、开放包容、互学互鉴、互利共赢的丝路精神，中国与沿线各国在交通基础设施、贸易与投资、能源合作、区域一体化、人民币国际化等领域，迎来共创共享的新时代。

“一带一路”在平等的文化认同框架下谈合作，是国家的战略性决策，体现的是和平、交流、理解、包容、合作、共赢的精神。

“一带一路”，是开放包容的经济合作倡议，不限国别范围，不是一个实体，不搞封闭机制，有意愿的国家和经济体均可参与进来，成为“一带一路”的支持者、建设者和受益者。

“一带一路”愿景

“一带一路”是一条互尊互信之路，一条合作共赢之路，一条文明互鉴之路。

只要沿线各国和衷共济、相向而行，就一定能够谱写建设丝绸之路经济带和 21 世纪海上丝绸之路的新篇章，让沿线各国人民共享“一带一路”共建成果。

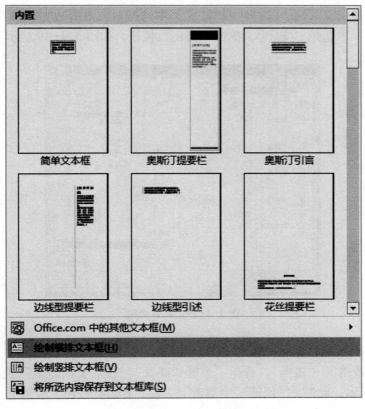

图 3-1-16　完成效果

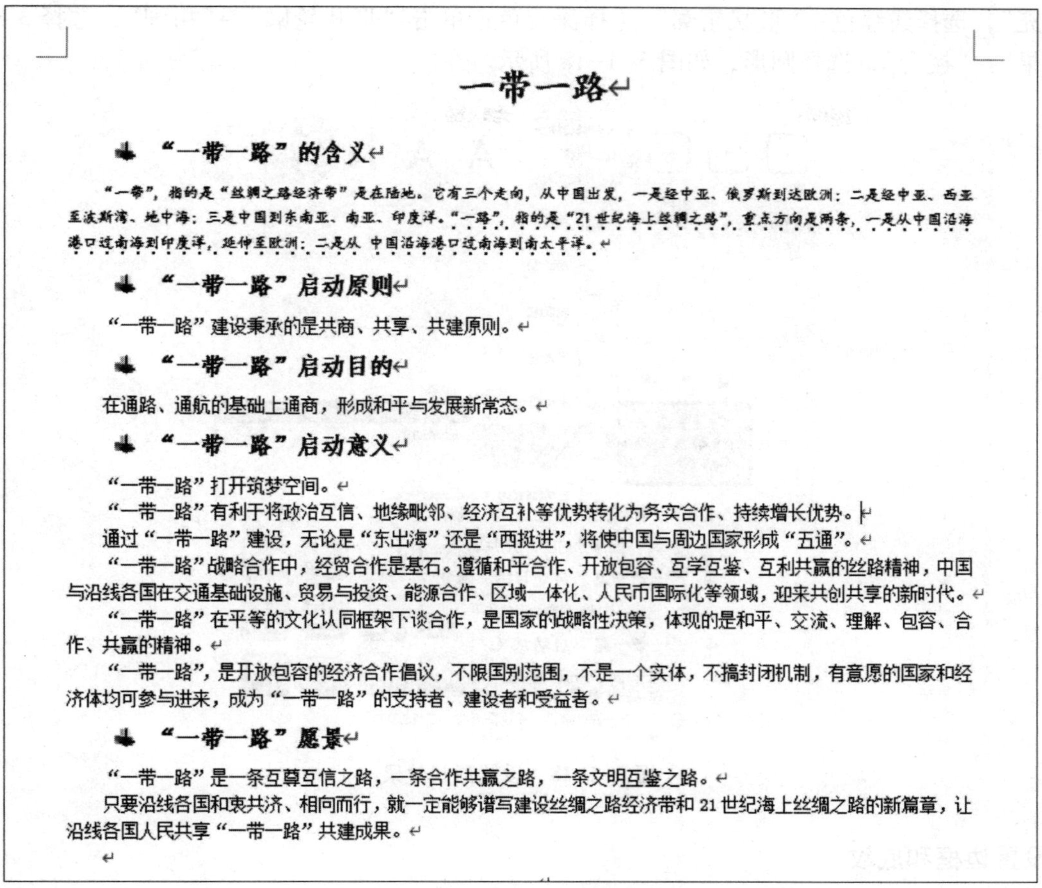

图 3-1-17　绘制文本框

"形状填充",选择浅绿色;"形状轮廓"选择深蓝色;单击"形状轮廓"→"粗细",选择3磅;单击"形状效果"→"棱台",选择圆形,如图3-1-18所示。

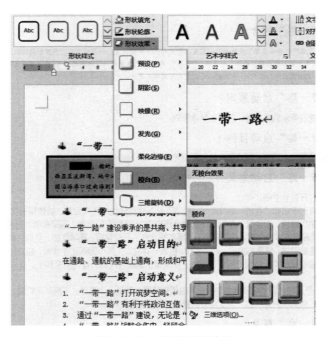

图3-1-18 设置形状效果

6. 设置边框和底纹

①将第6段设置黄色双波浪线边框,橙色底纹。

选择第6段,单击"开始"→"段落"→"底纹",在标准色中选择橙色;单击"开始"→"段落"→"边框",选择"边框和底纹",在"边框"→"样式"中选择双波浪线边框,在"颜色"中选择黄色,在"预览"→"应用于"中选择"文字",单击"确定"按钮,如图3-1-19所示。

图3-1-19 设置边框

②页面边框。

单击"开始"→"段落"→"边框",选择"边框和底纹",在"页面边框"选项卡中选择艺术型的类型,如图3-1-20所示。此时,"预览"中单击上、左、右边框按钮,取消上、左、右的页面边框,如图3-1-21所示。

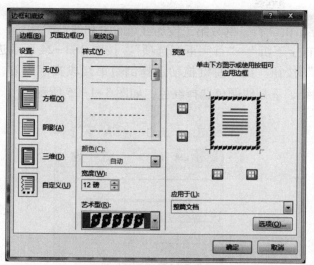

图 3-1-20 设置页面

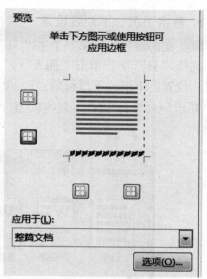

图 3-1-21 边框按钮

7. 分栏和编号

①将正文的第 8~12 段内容分栏：两栏、栏宽取默认值、中间加分隔线。

选择第 8~12 段内容，单击"布局"→"页面设置"→"栏"→"更多栏"，按图 3-1-22 所示进行设置，单击"确定"按钮。

📖 **温馨提示**

分栏时不要选择到下一行的回车符，仅选择所需分栏的段内全部内容即可。

②将第 8~12 段添加编号。

鼠标左键拖动选择第 8~12 段文字内容，单击"开始"→"段落"→"编号"，选择编号，如图 3-1-23 所示。

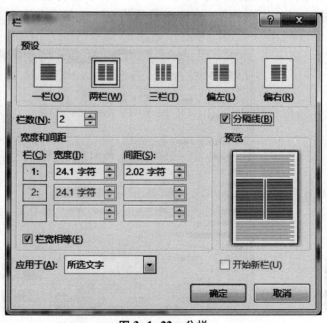

图 3-1-22 分栏

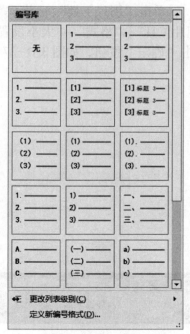

图 3-1-23 编号

8. 首字下沉、下划线设置

将正文的最后一段第一个字"只"设为首字下沉2行，倒数第二段加红色粗下划线。

选择"只"字，单击"插入"→"文本"→"首字下沉"→"首字下沉选项"，按图3-1-24所示进行设置。位置：下沉，下沉行数：2，单击"确定"按钮。鼠标左键拖动选择倒数第二段文字内容，单击"开始"→"字体"→"下划线" U ▼ ，选择粗线，下划线颜色选择红色，如图3-1-25所示。

图3-1-24 首字下沉

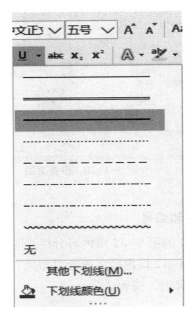

图3-1-25 下划线

9. 图片设置

①在文章末尾定位鼠标，单击"插入"→"插图"→"图片"，打开素材文件项目1任务2中的"一带一路"底图；单击"开始"→"段落"→"居中"，使图片居中显示。

②裁剪图片，图片大小设置为3.5厘米×16厘米。

③单击"图片工具"→"格式"→"大小"→"裁剪"，图片大小按图3-1-26所示进行设置。单击"图片工具"→"格式"→"大小设置"，取消勾选"锁定纵横比"，高度绝对值为2，宽度绝对值为18，单击"确定"按钮，如图3-1-27所示。

图3-1-26 裁剪图片

图3-1-27 图片大小设置

④设置图片为"嵌入型"。

单击"图片工具"→"格式"→"排列"→"环绕文字"→"嵌入型",如图 3-1-28 所示。

Word 2016 "环绕文字"菜单中每种文字环绕方式的含义如下所述:
- 嵌入型:图片插入文字层,图片可拖动,但只能从一个段落标记到另一个,应用于简单介绍和正式报告中。
- 四周型:在文本中图形所在位置创建一个矩形的"洞"。文字环绕图形,在文字和图片之间留出空白。图片可以拖动到文档的任何位置。通常用在有相当多空白的时事通信和传单上。
- 紧密型环绕:在文本中图片所在位置创建一个更有效的"洞",与图片整体轮廓相同,因此文字环绕图片。环绕点可以更改,以改变文字环流围绕的"洞"的形状。
- 穿越型环绕:文字可以穿越不规则图片的空白区域环绕图片。
- 上下型环绕:文字环绕在图片上方和下方。
- 衬于文字下方:图片在下、文字在上分为两层,文字将覆盖图片。
- 浮于文字上方:图片在上、文字在下分为两层,图片将覆盖文字。
- 编辑环绕顶点:用户可以编辑文字环绕区域的顶点,实现更个性化的环绕效果。

图 3-1-28 设置图片环绕方式

⑤设置图片样式。

单击"图片工具"→"格式"→"图片样式",选择映像圆角矩形,如图 3-1-29 所示。

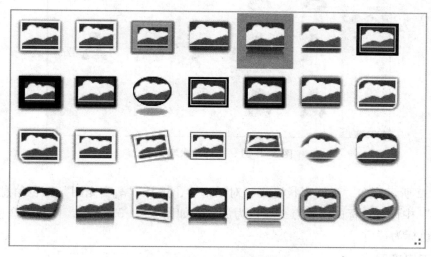

图 3-1-29 设置图片样式

⑥插入图片"丝绸之路",设置文字环绕方式为四周型。

在第二个小标题后定位鼠标,单击"插入"→"插图"→"图片",打开素材文件项目 1 任务 2 中的图片"丝绸之路",单击"图片工具"→"格式"→"排列"→"环绕文字"→"四周型",用鼠标调整图片大小及位置,效果如图 3-1-30 所示。

10. 艺术字

①将标题"一带一路"设置为艺术字,艺术字式样如样张所示。选中"一带一路",单击"插入"→"文本"→"艺术字",选择如图 3-1-31 所示的艺术字效果。

②文字环绕方式:上下型环绕。单击"绘图工具"→"格式"→"排列"→"环绕文字"→"上下型环绕"。

③对齐方式:横向分布。单击"绘图工具"→"格式"→"排列"→"对齐"→"横向分布"。

④设置渐变色。单击"绘图工具"→"格式"→"艺术字样式"→"文本填充"→"渐变"→"其他渐

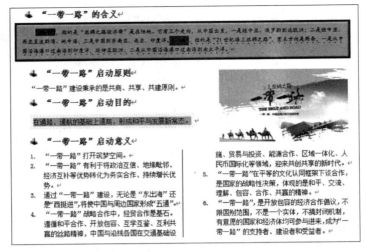

图 3-1-30　图片插入位置

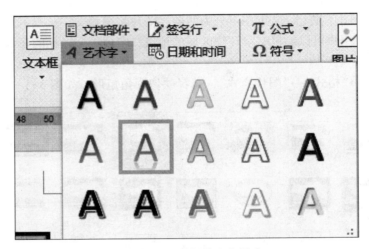

图 3-1-31　选择艺术字样式

变",如图 3-1-32 所示。在"设置形状格式"对话框中,选择"渐变光圈"颜色信息条上面的色标,在下方的"颜色"中设置色标的停止点 1 颜色为深红,如图 3-1-33 所示,停止点 2 中间的色标为橙色,停止点 3 的色标为黄色。

11. 页码、页眉设置

在文档页面底端中间插入页码,在页面顶端中间位置输入页眉"一带一路"。单击"插入"→"页眉和页脚"→"页码"→"页面底端"→"普通数字 2",单击"插入"→"页眉和页脚"→"页眉"→"空白",输入"一带一路",如图 3-1-34 所示。

温馨提示

设置图片、艺术字、文本框等时,当鼠标变成 样式时,表示选择对象可以进行移动;当鼠标变成 样式时,表示选择对象可以进行变形及改变大小,此时按 Shift 键可以等比例放大、缩小;当鼠标变成 时,表示选择对象可以改变样式;当鼠标变成 时,表示选择对象可以旋转。

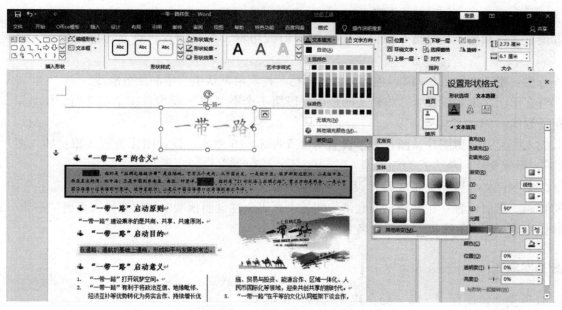

图 3-1-32　其他渐变

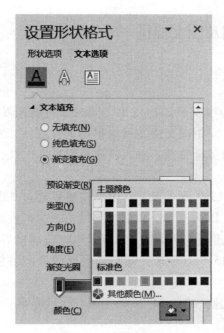

图 3-1-33　渐变颜色设置

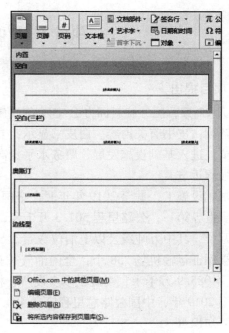

图 3-1-34　页眉

制作"一带一路"文档并保存文件，制作要求如下：

①设置纸张大小：A4 纸张；页边距：1.2 厘米。

②设置字体、段落格式。设置大标题"一带一路"：楷体、二号字、加粗、紫色、首行无缩进、段后距 0.5 行、居中；设置第二段内容：楷体、小五号字，最后一句加上着重号；设置其余段落内容：宋体、五号字；设置所有小标题：仿宋体、四号字、加粗、深蓝色、首行无缩进。

③项目符号及编号：将每段的小标题添加项目符号；第 8~12 段设置项目编号。

④设置文本框：将第 2 段中的"一带""一路"，文本突出显示颜色为绿色，并将第 2 段内容放入文本框中。将文本框设置为形状填充，浅绿色；形状轮廓深蓝色，粗细 3 磅；形状效果设置为棱台-

圆形。

⑤设置边框和底纹：将第6段设置黄色双波浪线边框，橙色底纹。页面边框：最下方设置花朵边框。

⑥分栏：将正文的第8~12段内容分栏：两栏、栏宽取默认值、中间加分隔线。

⑦首字下沉、下划线设置：将正文的最后一段第一个字"只"设为首字下沉2行，倒数第2段加红色粗下划线。

⑧插入图片：裁剪图片，图片大小设置为3.5厘米×16厘米；设置图片为嵌入型；插入图片"丝绸之路"，设置文字环绕方式为四周型。

⑨艺术字：将标题"一带一路"设置艺术字效果。

⑩页码、页眉设置：在文档页面底端中间插入页码，在页面顶端中间位置输入页眉"一带一路"。

⑪保存Word 2016文稿，文件命名为"一带一路"。

任务实施

1. 任务单——制作"一带一路"电子文档（见活页）
2. 任务解析——制作"西迁精神"电子相册封面幻灯片

项目2　Word表格应用及图文混排

1. 项目提出

12月22日，国务院新闻办公室发布《中国交通的可持续发展》白皮书，同时举行新闻发布会，介绍和解读白皮书有关内容。白皮书显示，党的十八大以来，中国交通发展取得历史性成就、发生历史性变革，进入基础设施发展、服务水平提高和转型发展的黄金时期，进入高质量发展新时代，加快向交通强国迈进。

在基础设施上，截至2019年年底，全国铁路营业里程13.9万千米，其中高铁里程超过3.5万千米，位居世界第一；公路里程501.3万千米，其中高速公路15万千米，位居世界第一；生产性码头泊位2.3万个，其中万吨级及以上泊位数量2 520个，内河航道通航里程12.7万千米，位居世界第一；民用航空颁证运输机场238个；全国油气长输管道总里程15.6万千米；邮路和快递服务网络总长度（单程）4 085.9万千米，实现了乡乡设所、村村通邮。

截至2019年，中国公路总里程已达484.65万千米、高速公路达14.26万千米，居世界第一。

相关知识点：

①表格的建立。

②表格的编辑。

③表格公式的使用方法。

④艺术字、文本框、图片格式的设置方法。

2. 项目分析

表格由单元格组成，横向排列的单元格形成行，纵向排列的单元格形成列。"任务1'高铁里程表'的制作"主要介绍了表格的建立与编辑，以及在表格中如何使用公式。在编排文档时，适当地插入相应的图片，不但可以增加文档的可读性，还可以达到美化文档的效果。Word允许用户在文档中插入各类图片。"任务2'用图看懂十九大报告'图文混排制作"主要讲解Word图文混排的方法和技巧，是图片处理的基础，也是重点、难点。学习本项目之前，学生已经学习了艺术字、图片、文本框的插入与设置，本项目主要学习让学生在排版过程中综合运用已学的技能，掌握排版的指导思想、操作要领并能运用到实践操作中。因此，无论是从教材编排来看，还是从实际需要来看，本项目的内容都非常重要。

任务 1 "高铁里程表"的制作

 知识准备

样张如图 3-2-1 所示。

"高铁里程表"
效果演示

全球高铁里程排名前十名（2018 年）					
					数据来源：网络
排名	国家/地区	运营中 /km	施工中 /km	全程 /km	最高时速 /(km·h^{-1})
1	中国	22000	18155.50	40155.5	350
2	西班牙	3100	1800	4900	310
3	德国	3038	330	3368	300
4	日本	2765	681	3446	320
5	法国	2658	135	2793	320
6	瑞典	1706	0	1706	205
7	土耳其	1420	1506	2926	250
8	英国	1377	0	1377	300
9	意大利	923	125	1048	300
10	韩国	880	552	1432	305
平均时速					296

图 3-2-1 "高铁里程表"样张

3. 插入表格

单击功能区"插入"→"表格"→"插入表格"，如图 3-2-2 所示。在"列数""行数"中分别输入 6，14，单击"确定"按钮。

4. 设置列宽、行高

①第一行高 1.8 厘米，最后一列宽 3.6 厘米，第一列宽 1 厘米。

方法 1：鼠标选择第一行，单击"表格工具"→"布局"→"单元格大小"→"高度"，输入"1.8 厘米"。鼠标选择最后一列，单击"表格工具"→"布局"→"单元格大小"→"宽度"，输入"3.6 厘米"。鼠标选择第一列，单击"表格工具"→"布局"→"单元格大小"→"宽度"输入"1 厘米"。

方法 2：选中第一行，单击鼠标右键，在弹出的快捷菜单选择"表格属性"，在弹出的对话框中，在"行"选项卡的"指定高度"中输入"1.8 厘米"，如图 3-2-3 所示。选中最后一列，单击鼠标右键，在弹出的快捷菜单中选择"表格属性"，在弹出的对话框中，在"列"选项卡的"指定宽度"中输入"3.6 厘米"，单击"确定"按钮，如图 3-2-4 所示。

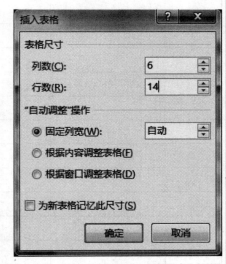

图 3-2-2 插入表格

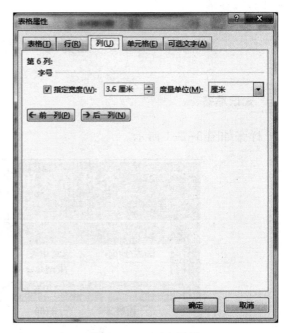

图 3-2-3　行高设置　　　　　　　图 3-2-4　列宽设置

温馨提示

对表格的选择，可以通过鼠标左键拖动选择，也可以选择任意表格的一个单元格，单击"表格工具"→"布局"→"表"→"选择"，选择鼠标所在的单元格、行、列、表格。

②其余各行行高均为 0.7 厘米。选择第 2~14 行，单击"表格工具"→"布局"→"单元格大小"→"高度"，输入"0.7 厘米"。也可以通过鼠标右击，选择"表格属性"，在"表格属性"对话框中设置行高，效果见表 3-2-1。

表 3-2-1　设置行高

温馨提示

当鼠标变成 ✥ 时,表示表格可以进行移动操作;当鼠标变成 ┼┼ 时,表示可以改变表格列宽;当鼠标变成 ╪ 时,表示可以改变表格行高。

5. 合并单元格

方法1:选择需要合并的单元格后,出现"表格工具"功能区,单击"表格工具"→"布局"→"合并"→"合并单元格"。

方法2:选择需要合并的单元格,单击鼠标右键,在弹出的快捷菜单中选择"合并单元格",效果见表3-2-2。

表3-2-2 合并单元格

6. 文本设置

①所有单元格中的内容均为水平居中。输入表3-2-3所示的文字内容,选择整个表格,单击"表格工具"→"布局"→"对齐方式"→"水平居中"。第2行文字为右对齐,选择第2行,单击"表格工具"→"布局"→"对齐方式"→"中部右对齐"。效果见表3-2-3。

表3-2-3 所有单元格中的内容均为水平居中

全球高铁里程排名前十名(2018年)					
数据来源:网络					
排名	国家/地区	运营中 /km	施工中 /km	全程 /km	最高时速 /(km·h^{-1})
	中国	22 000	18 155.50		
	西班牙	3 100	1 800		
	德国	3 038	330		
	日本	2 765	681		

续表

排名	国家/地区	运营中/km	施工中/km	全程/km	最高时速/(km·h^{-1})
	法国	2 658	135		
	瑞典	1 706	0		
	土耳其	1 420	1 506		
	英国	1 377	0		
	意大利	923	125		
	韩国	880	552		
	平均时速				

②设置标题字体为宋体、小二、加粗，其余字体为宋体、10号字、加粗。

③在表格中输入排名序号。首先选中需要填充数字的表格，然后单击"开始"选项卡，选择"编号"。在下拉菜单栏中选择"定义新编号格式"，在"编号样式"下选择一个格式。然后将"编号格式"下面方框中数字后的点去掉，选择"对齐方式"为居中，单击"确定"按钮。

7. 设置表格样式

选中整个表格，单击"表格工具"→"设计"→"表格样式"，选择"网格表5 深色-着色1"，如图3-2-5所示。

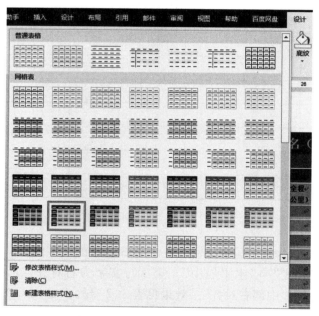

图3-2-5 设置表格样式

8. 设置边框、底纹

①设置表格上、下边框为双实线。选择整个表格，单击"表格工具"→"设计"→"边框"→"笔颜色"，设置为蓝色。边框样式选择双实线，1/2 pt，着色1，如图3-2-6所示。线条粗细选择1.5磅。单击"表格工具"→"设计"→"边框"→"边框刷"，此时鼠标变成边框刷的样式，用鼠标左键在表格上边框和下边框画出双实线效果，如图3-2-7所示。

②将高铁里程前三名所在行分别填充红、黄、绿底纹。选中第一名"中国"所在行，单击"表格工具"→"设计"→"表格样式"→"底纹"→"填充"，选择红色，如图3-2-8所示；选中第二名"西班牙"所在行，单击"表格工具"→"设计"→"表格样式"→"底纹"→"填充"，选择黄色；

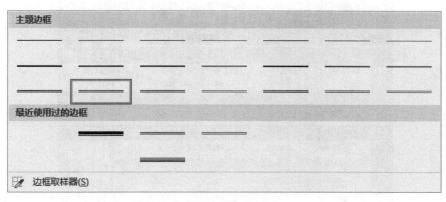

图 3-2-6　边框样式

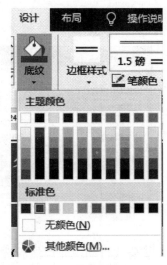

图 3-2-7　绘制双实线边框

图 3-2-8　填充底纹颜色

选中第三名"德国"所在行,单击"表格工具"→"设计"→"表格样式"→"底纹"→"填充",选择绿色。效果如图 3-2-9 所示。

9. 公式的使用

在 Word 2016 文档中,用户可以借助 Word 2016 提供的数学公式运算功能对表格中的数据进行数学运算,包括加、减、乘、除、求和、求平均值等常见运算。用户可以使用运算符号和 Word 2016 提供的函数进行上述运算。

①计算"全程/km"所在列的数值。将鼠标定位在"全程/km"所在列"中国"所在行的单元格(第4行第5列)。单击功能区"表格工具"→"布局"→"数据"→"公式",单击"确定"按钮,弹出如图 3-2-10 所示对话框。

此处公式"=SUM(LEFT)"是指计算当前单元格左侧单元格的数据之和。用户可以单击"粘贴函数"下拉三角按钮选择合适的函数,例如平均数函数 AVERAGE、计数函数 COUNT 等。其中,"公式"中括号内的参数有四个,分别是左侧(LEFT)、右侧(RIGHT)、上面(ABOVE)和下面(BELOW)。完成公式的编辑后,单击"确定"按钮即可得到计算结果。此处选择"=SUM(LEFT)",单击"确定"按钮,如图 3-2-11 所示。

图 3-2-9 填充底纹效果

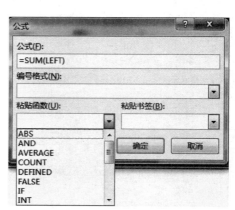

图 3-2-10 "公式"对话框　　　　图 3-2-11 粘贴函数

②公式自动填充。然后选中第一名中国的"全程/km"数据，右击执行"复制"操作，然后选中下方需要填充的所有单元格，执行"粘贴"操作。粘贴后，可以看到所有全程数据都是相同的，如图 3-2-12 所示。此时，可以直接按快捷键 F9 更新域，实现整体数据更新。也可以单击鼠标右键，单击"更新域"，实现数据逐个更新，如图 3-2-13 所示。

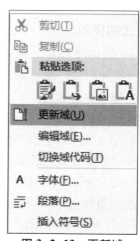

图 3-2-12 复制、粘贴全程数据　　　　图 3-2-13 更新域

📖 **温馨提示**

说明：此方法的缺点是，若表格中公式引用的单元格数据有更新，就要重新单击"更新域"或是按快捷键 F9 更新域名。Word 的计算结果不能像 Excel 那样自动更新。

①输入"最高时速"对应列的数据，计算平均时速。输入"最高时速"对应列的数据，如图 3-2-14 所示。将鼠标定位在平均时速右侧的单元格（第 14 行第 6 列）。单击功能区"表格工具"→"布局"→"数据"→"公式"，设置粘贴函数为 AVERAGE，参数为 ABOVE，公式为"=AVERAGE(ABOVE)"，单击"确定"按钮，如图 3-2-15 所示。

图 3-2-14　输入"最高时速"数据　　　　　　　　图 3-2-15　平均值计算公式

📖 **温馨提示**

用户还可以在"公式"对话框中的"公式"文本框中编辑包含加、减、乘、除运算符号的公式，如编辑公式"=5*6"，并单击"确定"按钮，则可以在当前单元格返回计算结果 30，如图 3-2-16 和图 3-2-17 所示。

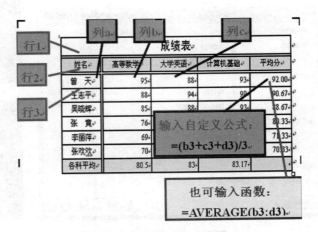

图 3-2-16　自定义公式　　　　　　　　图 3-2-17　自定义公式的含义

② 完成效果见表 3-2-4。

表 3-2-4　高铁里程表

全球高铁里程排名前十名（2018 年）				
				数据来源：网络
排名	国家/地区	运营中/km	施工中/km	全程/km	最高时速/(km·h^{-1})
	中国	22 000	18 155.50	40 155.5	350
	西班牙	3 100	1 800	4 900	310
	德国	3 038	330	3 368	300
	日本	2 765	681	3 446	320
	法国	2 658	135	2 793	320
	瑞典	1 706	0	1 706	205
	土耳其	1 420	1 506	2 926	250
	英国	1 377	0	1 377	300
	意大利	923	125	1 048	300
	韩国	880	552	1 432	305
	平均时速				296

10. 数据排序

数据按照"最高时速"由大到小进行排序。鼠标左键选中 A3 单元格（内容：排名）到 F13（内容：305）单元格，单击功能区"表格工具"→"布局"→"数据"→"排序"，选择"有标题行"，"主要关键字"选择"最高时速"，选择"降序"，单击"确定"按钮，如图 3-2-18 所示。效果如图 3-2-19 所示。

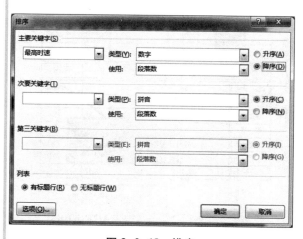

图 3-2-18　排序

图 3-2-19　排序效果

11. 文本与表格之间相互转换

①表格转换为文本。选中整个表格，单击功能区"表格工具"→"布局"→"数据"→"转换为文本"，选择"制表符"，单击"确定"按钮，如图3-2-20所示，可将表格转换为文本格式。

②文本转换为表格。选中转换好的文本，单击功能区"插入"→"表格"→"文本转换成表格"，选择"制表符"，单击"确定"按钮，如图3-2-21所示，可将文本转换为表格。

图3-2-20 表格转换成文本

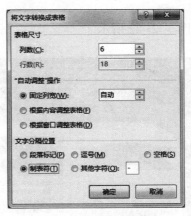

图3-2-21 文本转换成表格

技能训练

制作"高铁里程表"，制作要求如下：
①绘制表格：14行6列。
②设置列宽、行高：第一行行高1.8厘米，最后一列列宽3.6厘米，第一列列宽1厘米，其余各行行高均为0.7厘米。
③合并单元格。
④文本设置：所有单元格中的内容均为水平居中；设置标题字体为宋体、小二、加粗，其余字体为宋体、10号字、加粗；在表格中输入排名序号。
⑤设置表格样式：网格表5深色-着色1。
⑥设置边框和底纹：表格上、下边框为双实线；高铁里程前三名所在行分别填充红、黄、绿底纹。
⑦公式的使用：计算"全程/km"所在列的数值；计算平均时速。
⑧数据排序：按照"最高时速"由大到小进行排序。
⑨保存Word 2016电子文档，文件命名为"高铁里程表"。

任务实施

1. 任务单——制作"高铁里程表"电子文档（见活页）
2. 任务解析——制作"高铁里程表"电子文档

任务2 "用图看懂十九大报告"图文混排制作

"学习宣传贯彻党的十九大精神是全党全国当前和今后一个时期的首要政治任务。"党的十九大刚刚闭幕，十九届中央政治局就深入学习贯彻党的十九大精神进行第一次集体学习，把学习贯彻党的十九大精神作为第一堂党课、第一堂政治必修课，为全党做出了示范。习近平总书记在主持学习时，提出了学懂、弄通、做实的明确要求，为学习贯彻党的十九大精神走深走实指明了方向。

在全面建成小康社会决胜阶段、中国特色社会主义进入新时代的关键时期召开的党的十九大，在政治上、理论上、实践上取得了一系列重大成果，就新时代坚持和发展中国特色社会主义的一系列重大理论和实践问题阐明了大政方针，就推进党和国家各方面工作制定了战略部署，是我们党在新时代开启新征程、续写新篇章的政治宣言和行动纲领。在新时代坚持和发展中国特色社会主义，要求全党来一个大学习，用党的十九大精神武装头脑、指导实践、推动工作。

知识准备

样张如图 3-2-22 所示。

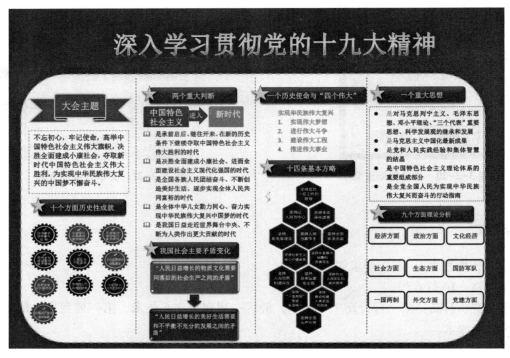

图 3-2-22 "用图看懂十九大报告"样张

1. 框架制作

（1）设置纸张大小

纸张选择"A4"规格，上、下、左、右页边距均设定为 1 厘米，纸张方向为横向。

单击功能区"布局"→"页面设置"→"纸张大小"，选择"A4"。单击功能区"布局"→"页面设置"→"页边距"→"自定义边距"，将上、下、左、右页边距均设定为"0.5 厘米"。纸张方向为"横向"，单击"确定"按钮，如图 3-2-23 所示。

（2）设置页面颜色

单击"设计"→"页面背景"→"页面颜色"，选择深红色，如图 3-2-24 所示。

（3）插入艺术字

单击"插入"→"文本"→"艺术字"，选择如图 3-2-25 所示的艺术字效果。输入"深入学习贯彻党的十九大精神"文字，字体设为初号、加粗。

单击"绘图工具"→"格式"→"艺术字样式"→"文本填充"，选择"渐变-变体-线性向下"，如图 3-2-26 所示。

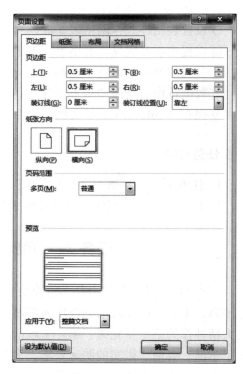

图 3-2-23 页面设置

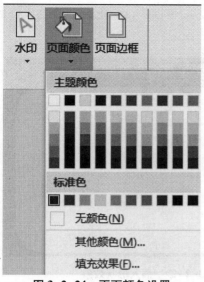

图 3-2-24 页面颜色设置

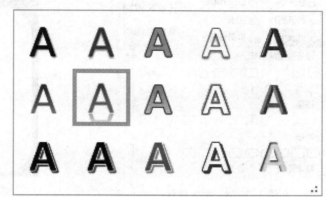

图 3-2-25 选择艺术字样式

单击"绘图工具"→"格式"→"艺术字样式"→"文本填充"→"其他渐变",设置渐变光圈停止点 1 颜色为橙色,停止点 2 颜色为黄色,停止点 3 颜色为红色,如图 3-2-27 所示。

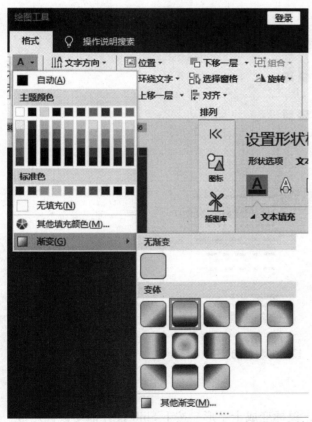

图 3-2-26 渐变

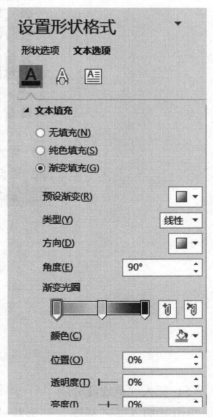

图 3-2-27 渐变颜色设置

(4) 插入形状

单击"插入"→"插图"→"形状"→"矩形-圆角",如图 3-2-28 所示。鼠标变成十字形,拖动鼠标左键,绘制一个圆角矩形。

单击"绘图工具"→"格式"→"形状样式"→"形状填充"→"白色",将填充颜色设置为白色,如图 3-2-29 所示。

单击"绘图工具"→"格式"→"形状样式"→"形状轮廓"→"虚线-圆点",颜色选择橙色,将形状轮廓设置为圆点,橙色,如图3-2-30所示。

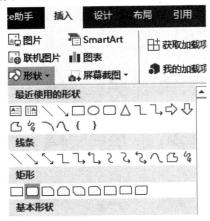

图3-2-28 插入形状

图3-2-29 插入形状效果

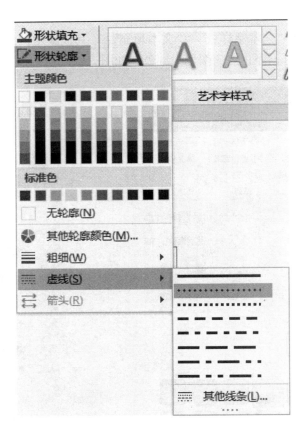

图3-2-30 设置形状轮廓

（5）插入红色虚线分隔

单击"插入"→"插图"→"形状-线条-直线",鼠标变成十字形,按下Shift键并拖动鼠标左键,绘制直线。将直线设置为短画线、红色。

复制出三条直线。以标尺为准,鼠标左键移动直线位置,每条线间隔在19字符左右。

按住Shift键选中三条直线,单击"绘图工具"→"格式"→"排列"→"对齐-顶端对齐"。

2. 制作"大会主题"部分

①单击"插入"→"插图"→"形状-星与旗帜-带形-上凸",鼠标变成十字形,拖动鼠标,绘制带形。

②带形的形状填充为红色,形状轮廓为黄色,如图3-2-31所示。

③在带形上单击鼠标右键，选择"添加文字"，如图3-2-32所示。输入"大会主题"，字体为宋体、三号、加粗。

图 3-2-31　形状填充、形状轮廓　　　　　　　　图 3-2-32　右键添加文字

④插入文本框。单击"插入"→"文本"→"文本框"→"绘制横排文本框"，鼠标变成十字形，拖动鼠标左键，绘制文本框。输入以下文字内容："不忘初心、牢记使命，高举中国特色社会主义伟大旗帜，决胜全面建成小康社会，夺取新时代中国特色社会主义伟大胜利，为实现中华民族伟大复兴的中国梦不懈奋斗。"，字体：宋体、小四、红色、加粗。

⑤文本框设置。单击"绘图工具"→"格式"→"形状样式"→"形状轮廓"→"虚线-划线-点"，颜色设置为深红色。效果如图3-2-33所示。

3. 制作小标题

①单击"插入"→"插图"→"形状"→"矩形-圆角"，鼠标变成十字形，拖动鼠标，绘制圆角矩形。形状轮廓和形状填充都设置为深红色。

②单击"插入"→"插图"→"形状"→"星与旗帜-星形-五角"，鼠标变成十字形，按住Shift键拖动鼠标，绘制等比例五角星形。将五角星形的形状轮廓和形状填充都设置为黄色。

③按住Ctrl键选中星形和圆角矩形，单击"绘图工具"→"格式"→"形状样式"→"形状效果"→"预设-预设2"，如图3-2-34所示。

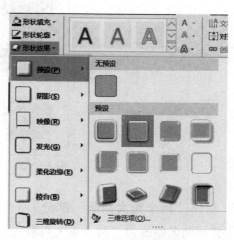

图 3-2-33　"大会主题"效果图　　　　　　　　图 3-2-34　形状效果设置

④单击"绘图工具"→"格式"→"排列"→"组合"→"组合"。

⑤单击鼠标左键,选择圆角矩形。单击鼠标右键,选择"添加文字",输入"十个方面历史性成就",字体:宋体、小四、加粗、白色。

⑥复制组合后的标题栏,粘贴6份标题栏移动到每一栏标题处。选中最上面三个标题栏,如图3-2-35所示。单击"图片工具"→"格式"→"排列"→"对齐"→"顶端对齐",如图3-2-36所示。

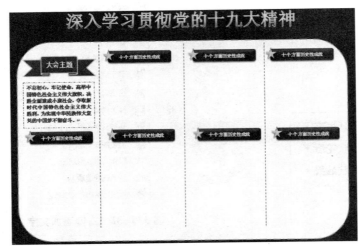

图 3-2-35　形状效果设置

图 3-2-36　形状效果设置

4. 制作"十个方面历史性成就"部分

①单击"插入"→"插图"→"图片",打开素材文件"十个方面历史性成就.png"。

②单击"图片工具"→"格式"→"排列"→"环绕文字"→"浮于文字上方"。

③按住Shift键并拖动鼠标,等比例缩小图片,将图片放置到合适位置,效果如图3-2-37所示。

图 3-2-37　"十个方面历史性成就"效果图

5. 制作"两个重大判断"部分

①将标题名称改为"两个重大判断"。

②单击"插入"→"插图"→"SmartArt"→"流程-基本流程",单击"确定"按钮,如图3-2-38所示。

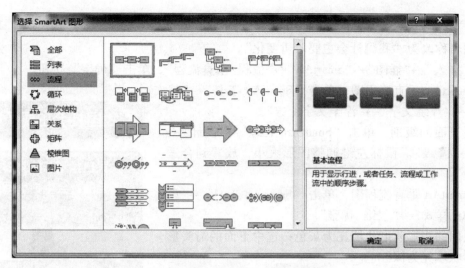

图 3-2-38　插入 SmartArt 图形

③选中 SmartArt 基本流程图，单击"SmartArt 工具"→"格式"→"排列"→"环绕文字"→"浮于文字上方"。

④单击"SmartArt 工具"→"设计"→"SmartArt 样式"→"更改颜色"→"彩色-个性色"。

⑤选中最后面的级别，单击"SmartArt 工具"→"设计"→"创建图形"→"降级"，减少一个级别，如图 3-2-39 所示。鼠标左键调整图形大小，放置到合适的位置。

图 3-2-39　SmartArt 图形降级

⑥输入文字内容，如图 3-2-40 所示。

⑦插入文本框。单击"插入"→"文本"→"文本框"→"绘制横排文本框"，鼠标变成十字形，拖动鼠标左键，绘制文本框。复制文本内容，字体：宋体、五号、红色、加粗，加上书本样式的项目符号。

⑧文本框设置。单击"绘图工具"→"格式"→"形状样式"→"形状轮廓"→"无轮廓"。效果如图 3-2-41 所示。

图 3-2-40　SmartArt 图形输入文字　　　　图 3-2-41　"两个重大判断"效果图

6. 制作"我国社会主要矛盾变化"部分

①将标题名称改为"我国社会主要矛盾变化"。

②单击"插入"→"插图"→"SmartArt"→"流程-垂直流程",单击"确定"按钮。

③选中 SmartArt 垂直流程图,单击"SmartArt 工具"→"格式"→"排列"→"环绕文字"→"浮于文字上方"。

④选中最下面的级别,单击"SmartArt 工具"→"设计"→"创建图形"→"降级"。鼠标左键调整图形大小,放置到合适的位置。

⑤选中 SmartArt 垂直流程图,单击"SmartArt 工具"→"设计"→"SmartArt 样式"→"三维-优雅"。

⑥选中上面的矩形,形状填充为灰色;选中下面的箭头形状和矩形,形状填充为深红色。

⑦输入文字内容。字体:宋体、10 号、加粗、白色。效果如图 3-2-42 所示。

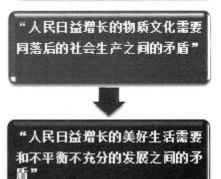

图 3-2-42 "我国社会主要矛盾变化"效果图

7. 制作"一个历史使命与'四个伟大'"部分

①将标题名称改为"一个历史使命与'四个伟大'"。

②插入文本框。单击"插入"→"文本"→"文本框"→"绘制横排文本框",鼠标变成十字形,拖动鼠标左键,绘制文本框。复制文本内容,字体:宋体、五号、加粗,加上项目编号,如图 3-2-43 所示。

③文本框设置。单击"绘图工具"→"格式"→"形状样式"→"形状轮廓"→"无轮廓"。

④选中文字内容,单击"绘图工具"→"格式"→"艺术字样式"→"文本轮廓"→"橙色"。效果如图 3-2-44 所示。

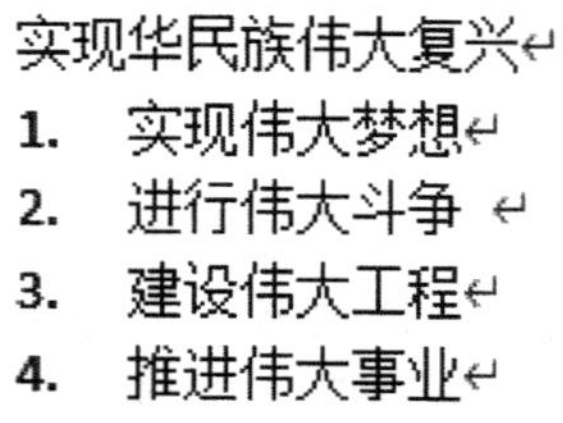

实现华民族伟大复兴
1. 实现伟大梦想
2. 进行伟大斗争
3. 建设伟大工程
4. 推进伟大事业

图 3-2-43 设置编号

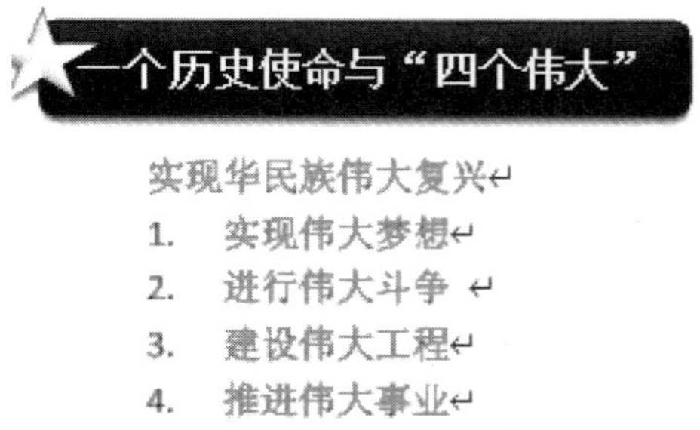

实现华民族伟大复兴
1. 实现伟大梦想
2. 进行伟大斗争
3. 建设伟大工程
4. 推进伟大事业

图 3-2-44 "一个历史使命与'四个伟大'"效果图

8. 制作"十四条基本方略"部分

①将标题名称改为"十四条基本方略"。

②单击"插入"→"插图"→"图片",打开素材文件"十四条.jpg"。

③单击功能区中的"图片工具"→"格式"→"调整"→"删除背景",调整背景区域。单击"背景消除"→"标记要保留的区域",如图 3-2-45 所示。标记出图片中要保留的地方,效果如图 3-2-46 所示。

图 3-2-45 删除背景

④完成标记后，单击"背景消除"→"保留更改"。效果如图3-2-47所示。

图3-2-46　标记要保留的区域

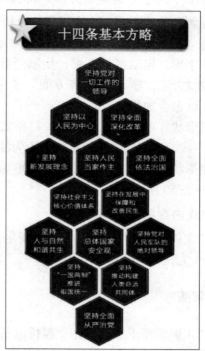

图3-2-47　"十四条基本方略"效果图

9. 制作"一个重大思想"部分

①将标题名称改为"一个重大思想"。

②插入文本框。单击"插入"→"文本"→"文本框"→"绘制横排文本框"，鼠标变成十字形，拖动鼠标左键，绘制文本框。文本框内复制文字内容，字体：宋体、五号、红色、加粗。

③文字内容加上项目符号。选中文本框内所有文字，单击"开始"→"段落"→"项目符号"→"圆点"，如图3-2-48所示。

④选中开头的第一个字"是"，将字体颜色分别设置为橙色、浅绿、浅蓝、紫色、深蓝。

⑤文本框设置。单击"绘图工具"→"格式"→"形状样式"→"形状轮廓"→"虚线-短画线"，轮廓颜色设置为深红色。效果如图3-2-49所示。

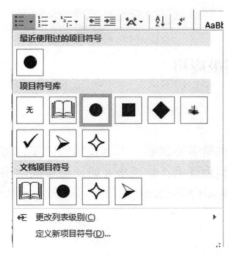

图3-2-48　项目符号

图3-2-49　"一个重大思想"效果图

10. 制作"九个方面理论分析"部分

①将标题名称改为"九个方面理论分析"。

②单击"插入"→"插图"→"形状"→"矩形-矩形-圆角",鼠标变成十字形,拖动鼠标左键,绘制形状。单击鼠标右键,选择"添加文字",输入"经济方面"文字内容,字体:宋体、五号、红色、加粗。

③设置形状。单击"绘图工具"→"格式"→"形状样式"→"形状填充"→"无填充",形状轮廓设置为深红色。

④复制形状;粘贴排列;对齐圆角矩形;修改文字内容。效果如图 3-2-50 所示。

图 3-2-50 "九个方面理论分析"效果图

11. 完成内容制作,保存文件

单击"文件"→"另存为",保存在指定位置。文件名称为"用图看懂十九大"。

技能训练

制作"用图看懂十九大"图文混排电子文档并保存文件,制作要求如下:

①设置纸张大小:纸张选择 A4 规格,上、下、左、右页边距均设定为 1 厘米,纸张方向为横向。

②设置页面颜色:深红色。

③插入艺术字:"深入学习贯彻党的十九大精神"文字,字体设为初号、加粗。

④插入图片:图片党徽.jpg;删除背景;图片设置为嵌入型。

⑤插入形状:圆角。

⑥制作小标题。

⑦制作小标题下的内容。

⑧保存 Word 2016 电子文稿,文件命名为"用图看懂十九大"。

任务实施

1. 任务单——制作"用图看懂十九大"电子文档(见活页)

2. 任务解析——制作"用图看懂十九大"电子文档

项目 3　Word 高级应用

1. 项目提出

大学生活是讴歌青春、挥洒汗水、奋力拼搏的三年,也是多姿多彩、丰富快乐的三年,每到节假日,或者考试成绩出来,我们要发邀请函、通知书,制作奖励证书;临近毕业时,每位同学都需要编写一篇论文来展示自己三年来的学习成果,这些都离不开 Word 高级功能。

相关知识点:

①邮件合并的使用。

②样式、分节符、域的设置。

③自动生成目录。

④脚注设置。

2. 项目分析

邮件合并功能用于批量处理信函、信封、通知、准考证以及学籍卡的制作等。对于此类主要内容基本相同，但是具体数据又有所变化的操作，就可以采用邮件合并的方法，它可以减少重复工作，大幅度提高办公效率，把人们从繁重的办公工作中解脱出来。

毕业论文是比较复杂的文档，有着严格的排版要求。论文中通常需要对不同的部分做独立的页码编排，根据每页内容的不同做相应的页眉设置，为各章节与正文设置不同的字体格式与段落格式，以及自动生成目录等操作。

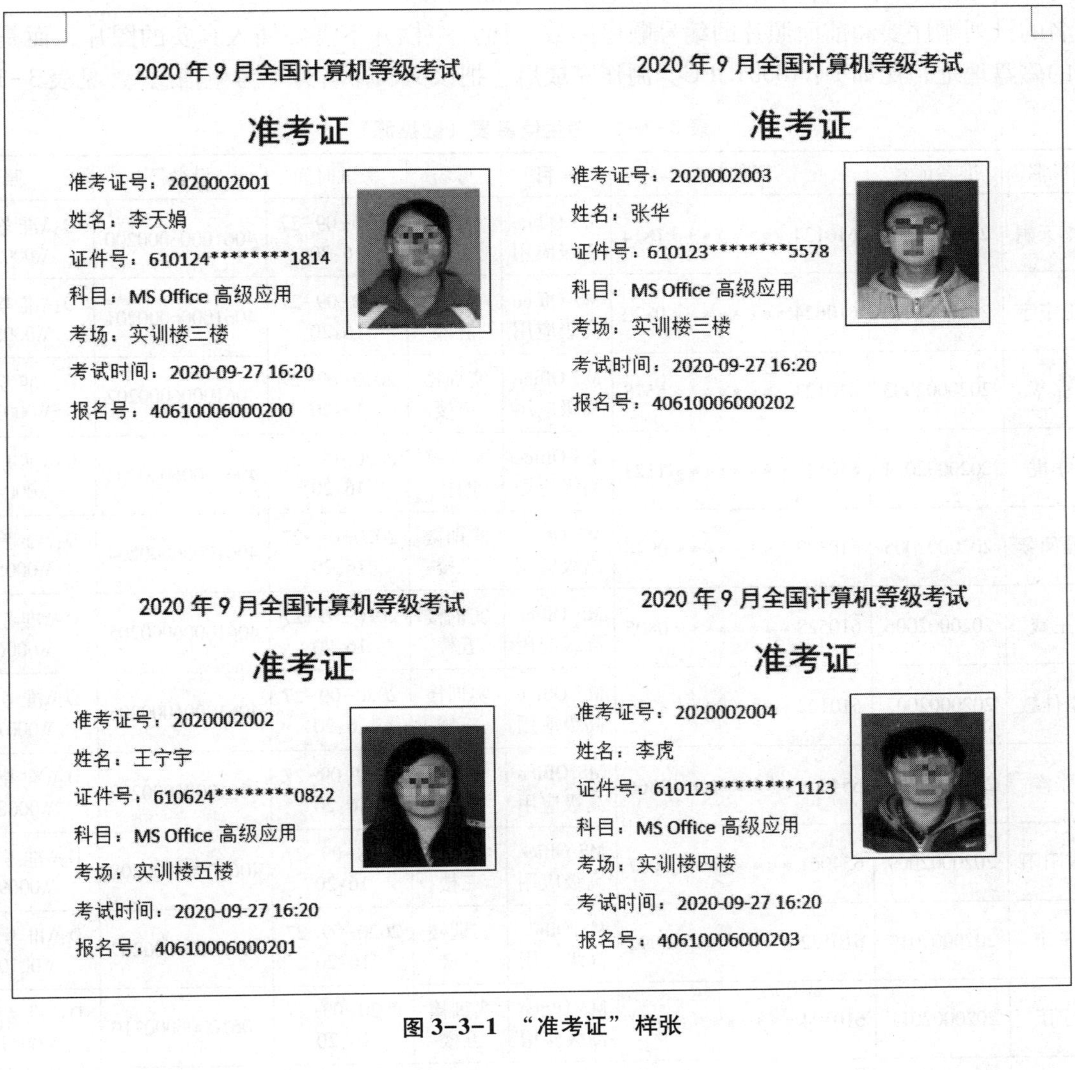

本项目首先通过"任务1 '准考证'制作"学习邮件合并基础知识；其次通过"技能训练"制作邀请函，补充学习插入合并域的条件选择功能，进一步熟练邮件合并操作；最后通过"任务2 论文排版"及相应技能训练，学习样式、分节符等论文排版知识。

任务1 "准考证"制作

"准考证"的样张如图 3-3-1 所示。

图 3-3-1 "准考证"样张

1. 素材准备

准考证制作的重要素材是考生照片的准备。首先在教师指导下用图像处理软件按所需要的尺寸、大小及格式批量调整好考生照片，并按一定的顺序进行编号，照片的编号顺序可以根据数据源文件中考生的准考证号、姓名或者证件号的顺序来编排。然后把照片存放在指定磁盘的文件夹内。这里把它保存到 D 盘一个名为"准考证制作"的文件夹中。

2. 创建文档

（1）主文档创建

启动 Word 2016，先建立一个主文档，设计排版出如图 3-3-2 所示的主文档，这些内容是"准考证"中固定不变的内容。当然，这仅是一个示例，你完全可以设计出更好看的版式来。将这个文档命名为"准考证"，也存放在 D 盘"准考证制作"文件夹中。

（2）数据源创建

使用 Word 制作"考生信息.docx"文档。信息表中要有"准考证"中变化的内容，所以表中需要设置姓名、准考证号、证件号、科目和照片等信息。准考证号、姓名的排列顺序要和前面照片的编号顺序一致，照片一栏并不需要插入真实的图片，而是要输入此照片的磁盘地址，比如 D:\\0001.JPG。制作完成后，把该文档命名为"考生信息"，见表 3-3-1。

2020 年 9 月全国计算机等级考试

准考证

准考证号：

姓名：

证件号：

科目：

考场：

考试时间：

报名号：

图 3-3-2　主文档内容

表 3-3-1　考生信息表（数据源）

序号	姓名	准考证号	证件号	科目	考场	考试时间	报名号	照片
0001	李天娟	2020002001	610124＊＊＊＊＊＊＊＊1814	MS Office 高级应用	实训楼三楼	2020-09-27 16:20	406100060000200	D:\\准考证制作\\0001.jpg
0002	王宁宇	2020002002	610624＊＊＊＊＊＊＊＊0822	MS Office 高级应用	实训楼五楼	2020-09-27 16:20	406100060000201	D:\\准考证制作\\0002.jpg
0003	张华	2020002003	610123＊＊＊＊＊＊＊＊5578	MS Office 高级应用	实训楼三楼	2020-09-27 16:20	406100060000202	D:\\准考证制作\\0003.jpg
0004	李虎	2020002004	610123＊＊＊＊＊＊＊＊1123	MS Office 高级应用	实训楼四楼	2020-09-27 16:20	406100060000203	D:\\准考证制作\\0004.jpg
0005	顾德琴	2020002005	610323＊＊＊＊＊＊＊＊0948	MS Office 高级应用	实训楼三楼	2020-09-27 16:20	406100060000204	D:\\准考证制作\\0005.jpg
0006	王威	2020002006	610528＊＊＊＊＊＊＊＊0805	MS Office 高级应用	实训楼五楼	2020-09-27 16:20	406100060000205	D:\\准考证制作\\0006.jpg
0007	李佳敏	2020002007	610122＊＊＊＊＊＊＊＊3725	MS Office 高级应用	实训楼三楼	2020-09-27 16:20	406100060000206	D:\\准考证制作\\0007.jpg
0008	张洋	2020002008	654061＊＊＊＊＊＊＊＊3366	MS Office 高级应用	实训楼四楼	2020-09-27 16:20	406100060000207	D:\\准考证制作\\0008.jpg
0009	雷阳阳	2020002009	654061＊＊＊＊＊＊＊＊0087	MS Office 高级应用	实训楼三楼	2020-09-27 16:20	406100060000208	D:\\准考证制作\\0009.jpg
0010	王宁	2020002010	610122＊＊＊＊＊＊＊＊0092	MS Office 高级应用	实训楼三楼	2020-09-27 16:20	406100060000209	D:\\准考证制作\\0010.jpg
0011	宁臣	2020002011	610124＊＊＊＊＊＊＊＊1822	MS Office 高级应用	实训楼五楼	2020-09-27 16:20	406100060000210	D:\\准考证制作\\0011.jpg

续表

序号	姓名	准考证号	证件号	科目	考场	考试时间	报名号	照片
0012	赵旭颖	2020002012	610061********9209	MS Office 高级应用	实训楼五楼	2020-09-27 16:20	406100060002211	D:\\准考证制作\\0012.jpg
0013	杨彤	2020002013	610123********1124	MS Office 高级应用	实训楼三楼	2020-09-27 16:20	406100060002212	D:\\准考证制作\\0013.jpg
0014	辛佳明	2020002014	610124********9208	MS Office 高级应用	实训楼三楼	2020-09-27 16:20	406100060002213	D:\\准考证制作\\0014.jpg
0015	王珂静	2020002015	610528********0271	MS Office 高级应用	实训楼四楼	2020-09-27 16:20	406100060002214	D:\\准考证制作\\0015.jpg
0016	黄超	2020002016	610155********5586	MS Office 高级应用	实训楼五楼	2020-09-27 16:20	406100060002215	D:\\准考证制作\\0016.jpg

所有素材为：一个名为"准考证.docx"的文档、一个名为"考生信息.doc"的文档，以及相应的考生照片。

📖 温馨提示

邮件合并过程中，数据源文件必须在关闭状态下。这些素材都放在 D 盘"准考证制作"文件夹中，如图 3-3-3 所示。

图 3-3-3　所有素材

3. 在主文档中插入合并域

①打开"准考证主文档.docx"文档，单击"邮件"标签，出现五个命令面板：创建、开始邮件合并、编写和插入域、预览结果、完成，如图 3-3-4 所示。

图 3-3-4　"邮件"标签

单击"邮件"→"开始邮件合并",选择"信函"命令。再单击"开始邮件合并"→"选择收件人"按钮,从出现的下拉菜单中选择"使用现有列表…"命令,如图3-3-5所示。

②连接数据源:选择"使用现有列表…"命令后,会弹出一个"选取数据源"对话框窗口,在此窗口中选择D盘"准考证制作"文件夹下的数据源文件"考生信息.docx",如图3-3-6所示。

接下来单击"编辑收件人列表"按钮,在弹出的"邮件合并收件人"对话框中选择合并信息,再单击"确定"按钮,如图3-3-7所示。

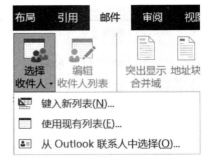

图3-3-5 "选择收件人"命令

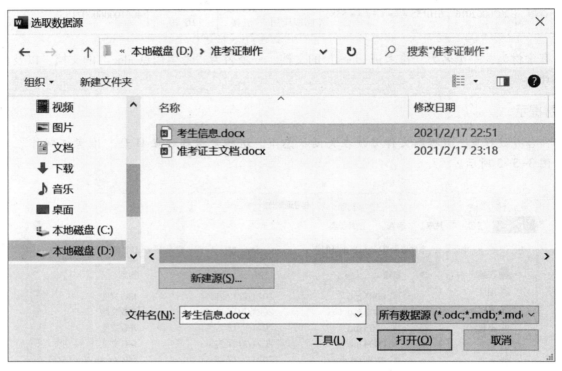

图3-3-6 "选取数据源"对话框窗口

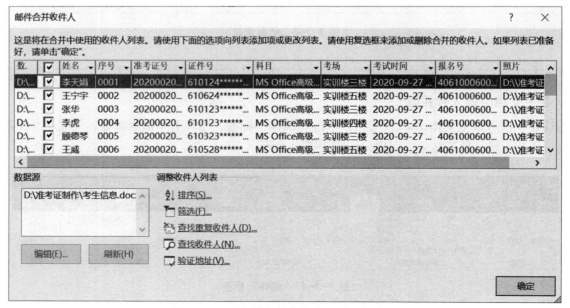

图3-3-7 "邮件合并收件人"对话框窗口

课堂笔记

③把数据源中的相关字段放入主文档中。首先将光标放在准考证模板中“准考证号”名称后，然后单击“编写和插入域”中的“插入合并域”按钮，在出现的下拉按钮中选择“准考证号”，如图3-3-8所示。

④按照此方法，分别将“考生信息”数据源中的相关字段放入主文档“准考证.docx”相应的位置上。插入合并域的最终效果如图3-3-9所示，插入域带有双括号，单击时出现灰色背景。选中插入域项可以设置字体与字号。

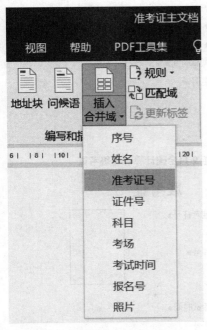

图3-3-8　“插入合并域”按钮

2020年9月全国计算机等级考试

准考证

准考证号：«准考证号»

姓名：«姓名»

证件号：«证件号»

科目：«科目»

考场：«考场»

考试时间：«考试时间»

报名号：«报名号»

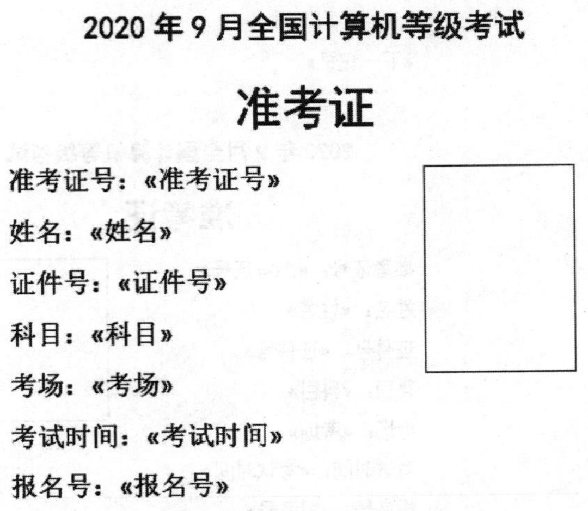

图3-3-9　插入合并域

⑤照片的插入。

a. 数据源文件中“照片”项内放的是照片的路径，路径之间要用“\\”分隔。

b. 当数据源文件前面的字段都插入域后，把光标定位到要放照片的位置，然后按Ctrl+F9组合键，在出现的大括号“{}”里输入“INCLUDEPICTURE""”（输入的内容不包括中文双引号），INCLUDEPICTURE后跟的双引号，必须是在英文状态下输入的符号。接下来再把光标定位到英文状态下的双引号内，选择“插入合并域”，单击“照片”字段（此时大括号及大括号里的内容会消失），保存文档。

4. 设置每页放置准考证的个数

邮件合并后的文档，每张准考证要占用一页纸，这样造成很大的浪费。下面通过邮件合并中“规则”的使用，将四个准考证调整到一页纸上。

①在插入所有合并域（包括照片）之后，单击“布局”标签→“页面设置”面板→“分栏”按钮，将页面分为两栏。

②将主文档中的“准考证”内容全部选中并复制，然后在页面上均匀粘贴三份。接下来在页面上调整好四张准考证的位置。

③将光标放置在第一个准考证之后，单击“编写和插入域”面板“规则”下拉按钮，在弹出的选项中选择“下一记录”命令，如图3-3-10所示。

图3-3-10　“规则”下拉菜单

随后光标处出现“《下一记录》”项，依次在第二及第三个

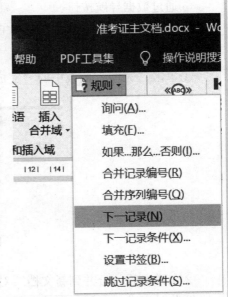

准考证之后设置《下一记录》命令，如图 3-3-11 所示。

2020 年 9 月全国计算机等级考试

准考证

准考证号：«准考证号»
姓名：«姓名»
证件号：«证件号»
科目：«科目»
考场：«考场»
考试时间：«考试时间»
报名号：«报名号»

«下一记录»

2020 年 9 月全国计算机等级考试

准考证

准考证号：«准考证号»
姓名：«姓名»
证件号：«证件号»
科目：«科目»
考场：«考场»
考试时间：«考试时间»
报名号：«报名号»

«下一记录»

2020 年 9 月全国计算机等级考试

准考证

准考证号：«准考证号»
姓名：«姓名»
证件号：«证件号»
科目：«科目»
考场：«考场»
考试时间：«考试时间»
报名号：«报名号»

«下一记录»

2020 年 9 月全国计算机等级考试

准考证

准考证号：«准考证号»
姓名：«姓名»
证件号：«证件号»
科目：«科目»
考场：«考场»
考试时间：«考试时间»
报名号：«报名号»

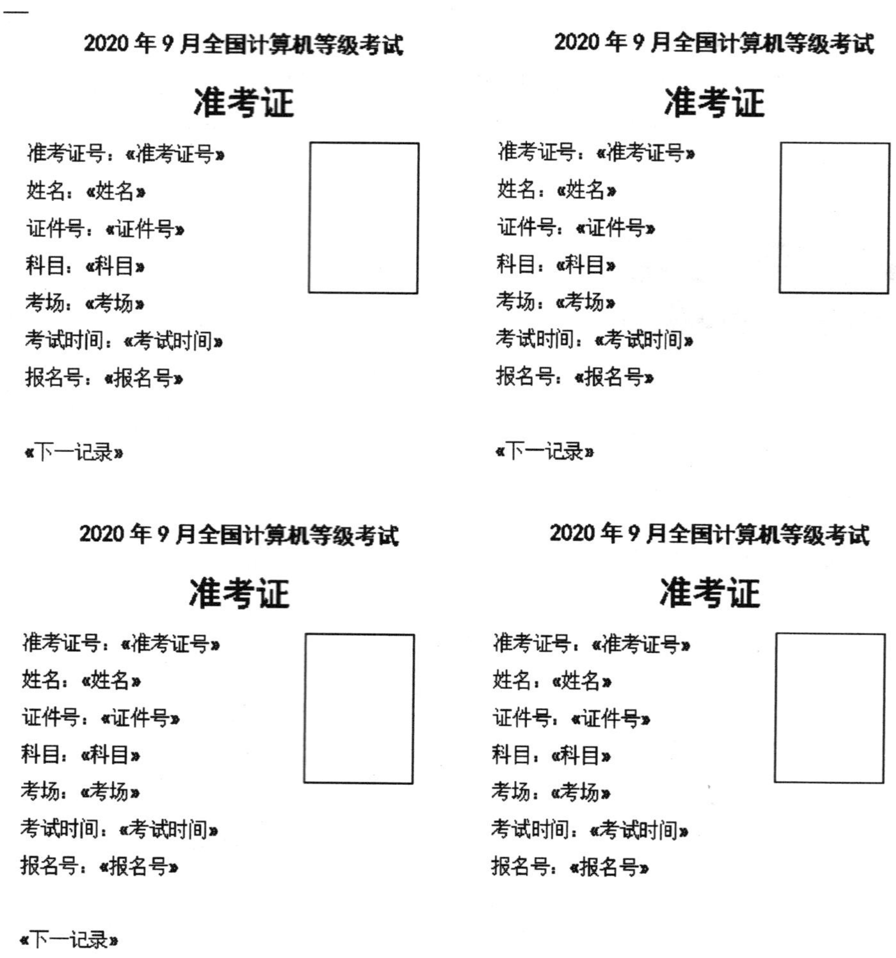

图 3-3-11　插入“下一记录”命令

④单击“编写和插入域”→“预览结果”按钮，此时插入域中类似《准考证号》样式的文本会被数据源中的实际数据替代。

⑤通过数据导航按钮 ，可以依次浏览每条准考证的文字信息。

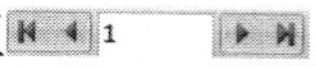

⑥按 Ctrl+A 组合键进行全选，再按 F9 键刷新，调出照片，并对照片的位置进行调整。

5. 完成并合并文档

①单击“完成”面板中的“完成并合并”按钮，选择“编辑单个文档”，如图 3-3-12 所示。

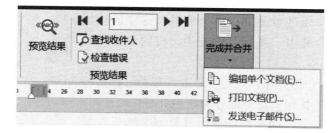

图 3-3-12　“编辑单个文档”命令

②在弹出的“合并到新文档”对话框中，选择“全部”，单击“确定”按钮。

③此时生成一个新的文档，每页包含四个准考证，每个准考证上都会准确地显示出相应学生的信息。

④如果照片不能正常显示，按Ctrl+A组合键全选，再按F9键刷新即可。

温馨提示

假设数据源中共有1 000个学生的信息，那么生成的文档中就会显示1 000张准考证，这就是合并邮件的独特功能——批量化完成。

技能训练

掌握了"准考证"的制作方法，其他邮件合并就能够很轻松地完成了。众所周知，2020年10月26—29日，中国共产党第十九届中央委员会第五次全体会议在北京召开。这次全会是在全面建成小康社会胜利在望、全面建设社会主义现代化国家新征程即将开启的重要历史时刻召开的一次十分重要的会议。为全面贯彻落实党的十九届五中全会精神，学院拟举办《深入学习贯彻党的十九届五中全会精神》讲座，下面用邮件合并向导的方法来制作座谈会邀请函，样文如图3-3-13所示。

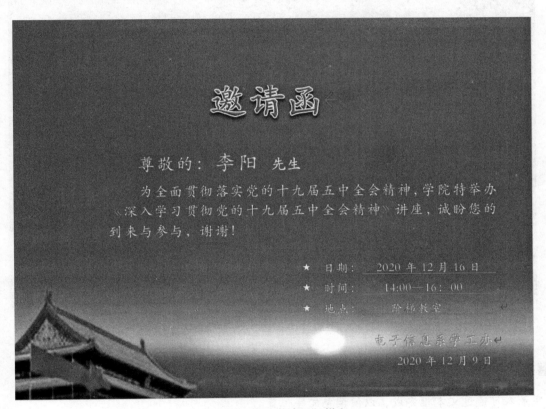

图3-3-13 "邀请函"样文

1. 建立主文档

①新建Word空白文档，设置纸张格式。选择"布局"标签，单击右侧 按钮，在弹出的"页面设置"对话框中，选择"纸张"标签，在"纸张大小"中选择"自定义大小"，在"宽度"文本框中输入"18.1厘米"，在"长度"文本框中输入"13.4厘米"，然后单击"确定"按钮，如图3-3-14所示。

②单击"设计"→"页面背景"→"页面颜色"，在下拉菜单中选择"填充效果"命令，在弹出的"填充效果"对话框中选择"图片"标签，插入素材中的图片"党旗背景图.jpg"。输入文档内容，如图3-3-15所示，将文件保存为"邀请函.docx"。

图 3-3-14　纸张格式设置

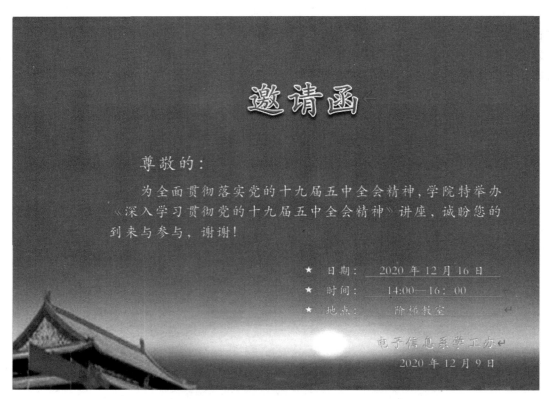

图 3-3-15　主文档内容

📖 温馨提示

文字录入可通过文本框完成，以便调整文字位置。

2. 完成参会人员信息表

打开 Excel 软件，利用 Excel 建立数据源文件，命名为"人员信息表"，如图 3-3-16 所示。输入完数据后，将该表格文件保存并关闭。

3. 使用邮件合并向导

①单击"邮件"→"开始邮件合并"→"邮件合并分布向导…"，打开"邮件合并"任务窗格。在任务窗格的"选择文档类型"选项区中选择"信函"单选项，再单击窗格的下方"下一步：开始文档"按钮。

②在"选择开始文档"选项区中选择"使用当前文档"单选项，单击"下一步：选取收件人"按钮。

③在"选择收件人"选项区中选择"使用现有列表…"单选项，在"使用现有列表…"选项区中单击"浏览"按钮，从弹出的"选取数据源"对话框中打开已准备好的数据源文件"人员信息表"，

	A	B	C	D	E	F
1	序号	姓名	性别	单位	地址	邮政编码
2	1	李阳	男	电子信息学院	西安市自强西路133号	710014
3	2	王莹	女	电子信息学院	西安市自强西路133号	710014
4	3	张春艳	女	电子信息学院	西安市自强西路133号	710014
5	4	李玉华	男	电子信息学院	西安市自强西路133号	710014
6	5	秦依盈	女	电子信息学院	西安市自强西路133号	710014
7	6	赵有为	男	电子信息学院	西安市自强西路133号	710014
8	7	孙斌	男	电子信息学院	西安市自强西路133号	710014

图 3-3-16 人员信息表

然后在"选择表格"对话框中选择相应工作表，单击"确定"按钮，在弹出的"邮件合并收件人"对话框中单击"确定"按钮。单击"下一步：撰写信函"按钮。

④将光标放在主文档"尊敬的："文字之后的位置，然后在"撰写信函"选项区中选择"其他项目…"，出现"插入合并域"对话框，选择"姓名"项，如图 3-3-17 所示，接下来依次单击"插入"→"关闭"按钮。

⑤单击"邮件"→"编写和插入域"→"规则"，选择"如果…那么…否则…"命令，打开"插入 Word 域：如果"对话框，在"域名"下拉列表框中选择"性别"，在"比较条件"下拉列表框中选择"等于"，在"比较对象"文本框中输入"女"，在"则插入此文字"文本框中输入"女士"，在"否则插入此文字"文本框中输入"先生"，如图 3-3-18 所示，然后单击"确定"按钮。

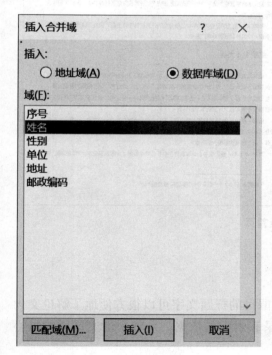

图 3-3-17 插入"姓名"合并域

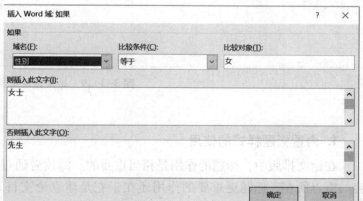

图 3-3-18 设置称谓

⑥选中插入域项中的"姓名"及称谓项，进行字体字号设置，并适当调整位置。

⑦单击"下一步：预览信函"按钮，在"预览信函"选项区中预览邀请函，再单击"下一步：完成合并"按钮，完成合并。

任务实施

1. 任务单——制作"准考证"（见活页）
2. 任务解析——制作"准考证"

任务2 论文排版

知识准备

毕业论文排版效果如图3-3-19和图3-3-20所示。

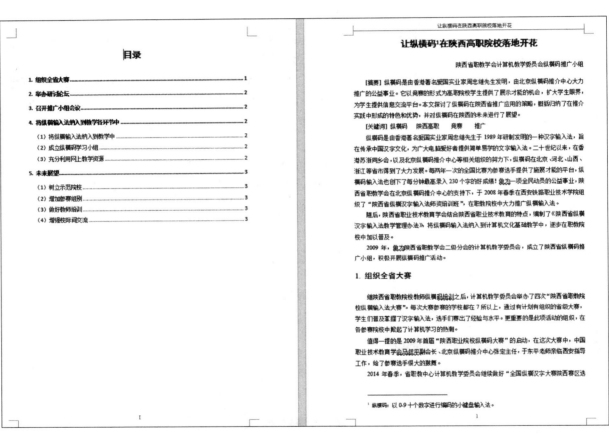

图3-3-19 论文目录页及首页

1. 内置标题样式的使用

在论文排版中，标题的作用是相当重要的。阅读者通过醒目的标题文字可以很方便地了解论文内容的重点所在，标题更重要的作用还在于它是建立论文目录和索引的依据，是整个论文排版的核心所在。

设置论文格式时，论文中同一级别的文本都必须使用相同的字体、段落、边框等格式进行统一设置，如文章标题、章节标题、正文内容等。如果采用手工格式化操作方式，就需要对那些同级别的文本进行无数次重复的格式设置，不仅非常麻烦，而且还很容易出错，甚至导致文档对象格式的不一致。其实，Word 2016提供了非常便利的操作方式，即利用"样式"对那些同级别的文本进行统一设置，然后就可以在论文文档中反复应用所设置的样式，从而极大地提高论文编辑的排版效率。所谓样式，

让纵横码在陕西高职院校落地开花

拔赛"的组织工作。积极为2014年CKC杯全国纵横汉字输入大赛选拔选手，并制定相应计划来做好选手的培训指导工作。

2. 举办研讨论坛

为进一步做好纵横码培训指导工作，纵横码推介小组举办了二次"陕西省职教院校纵横码推广工作研讨会"。研讨会围绕纵横码培训的组织、计划、指导与学习，各院校之间开展了热烈的交流与讨论，研讨会气氛热烈。

通过研讨会的交流，各院校集思广益，相互之间传授好的经验与方法，取长补短，受益匪浅。参加研讨会的学生，更是以自己的亲身体会畅谈学习纵横输入法为自己所带来的思想认识、学习、生活的改变。纵横码的推广增加了学生学习的动力，有了学好纵横码，掌握一项输入技能的愿望。

3. 召开推广小组会议

计算机教学委员按计划每年召开一次有关纵横码推广情况的会议，通过院校间的交流，了解纵横码在各院校的推广情况，制定新的纵横码推广计划，并落实到人。通过此项活动，加大各院校对教师及学生的培训力度，为师生掌握纵横输入法提供场地与时间，有计划地培养出教师与学生打字高手，提高我省纵横码录入水平。

4. 将纵横输入法纳入到教学各环节中

（1）将纵横输入法纳入到教学中

西安铁路职业技术学院积极响应将纵横输入法纳入到正常教学中的号召，将纵横输入法手册写入到《计算机文化基础》这门教材中，这样学生一手一册，在任课老师的指导与帮助下，进步很快。

（2）成立纵横码学习小组

号召各院校能过第二课堂活动等方式，在学生中组织纵横码学习小组。具体安排好学习小组的指导与培训教师，保证学生人手一机，让学生有充分的时间进行大量的练习与巩固。鼓励学生赶、帮、超，营造良好的学习氛围。

（3）充分利用网上教学资源

多年的实践，使得纵横码早已拥有了完备的教学体系，教学打字软件、输入方法与技巧等资料全面而丰富。这些资料在北京纵横码推介网站，以及苏州大学创建的纵横汉字网站中

2

让纵横码在陕西高职院校落地开花

都能查到。网站还提供有高手竞赛等多样化的学习方式来提高学生的学习兴趣。

5. 未来展望

2012年我省高职选手在全国纵横码输入大赛中取得了二等奖的好成绩，纵横码推广小组也做了大量的工作，但仅有这些是远远不够的。为更好地开展纵横输入法活动，未来将有计划地完成以下几项工作：

（1）树立示范院校

以片带面，继续做好示范式院校的培训组织工作，促进各院校纵横输入法培训工作再上新台阶。

（2）增加参赛组别

引进青年竞赛组，为毕业的职教院校学生提供更深入地学习与提高纵横输入法打字速度的机会，进一步巩固与提高这些学生的打字水平。

（3）做好教师培训

扩大教师组参赛选手名额，做到培训工作切实从教师做起，提高各职教院校纵横码教学水平。

（4）增强校际间交流

每年安排一次职教院校校际间研讨会，交流经验、撰写论文，共同提高。

纵横码的推广在陕西省职教院校中已初见成效，我们有信心，也有能力，将此项推广工作做的越来越好，让纵横码在陕西高职院校落地开花，让更多的学生受益并热爱上纵横码，并努力在今后的《全国CKC杯纵横码输入大赛》中取得骄人的成绩！

参考文献：

[1] 赵卉 《纵横码为中职学校师生提供了成长的舞台》 获奖论文集 2014.08.15

[2] 高爱花《从教纵横输入法之感悟》 获奖论文集 2014.08.15

[3] 孔丽娥、《关于纵横输入法的几点思考》 获奖论文集 2014.08.15

3

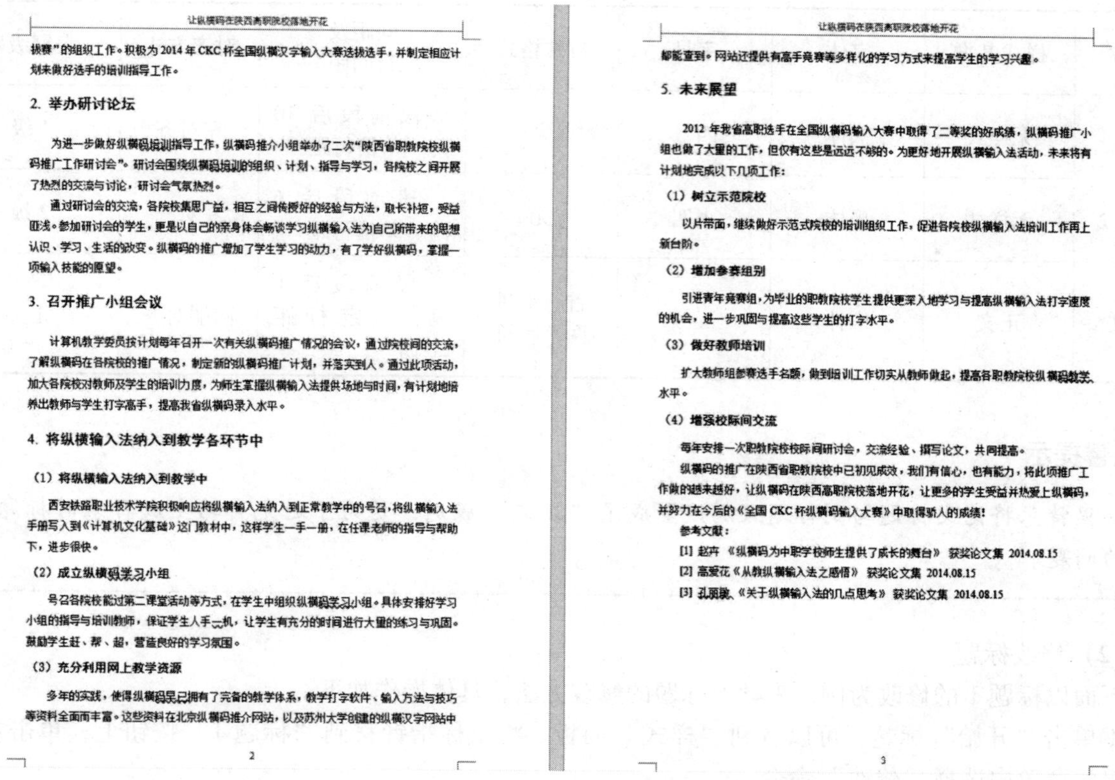

图 3-3-20 论文内容样式

就是应用于文本的一系列字符格式和段落格式的组合体，利用它可以快速改变文本的外观。当需要在文档中应用样式时，只需执行一步操作就可应用一系列的格式化工作。

一般可以使用系统内置的标题样式设置，操作方法如下：

①选中要应用样式的论文题目（标题）"让纵横码在陕西高职院校落地开花"，单击"开始"标签→"样式"面板→"标题"按钮，即将"标题"样式应用到了论文题目（标题）上。

②如果要同时对同一级的几个标题应用同一样式，那么同时选定这些标题，执行上述步骤即可将此样式应用到当前选中的所有对象上，或选中已经设置好的一个标题，双击"开始"→"剪贴板"→"格式刷"按钮，然后去刷同级的其他标题即可。

2. 修改标题样式

以上是应用系统内置的标题样式的格式。通常 Word 内置的标题样式不符合我们的要求，需要手动修改。

（1）标题样式参数

在论文《让纵横码在陕西高职院校落地开花》排版任务中，需要五种不同类型的标题样式，即标题、副标题、标题 1、标题 2 和正文。具体要求见表 3-3-2。

表 3-3-2 标题设置参数

名称	样式基准	字体	字号	特殊格式	间距及行间距	对齐方式	大纲级别
标题	无样式	黑体、加粗	三号	无	段前段后 16 磅、单倍行距	居中	正文
副标题	无样式	宋体	五号	无	段后 10 磅、单倍行距	居右	正文

续表

名称	样式基准	字体	字号	特殊格式	间距及行间距	对齐方式	大纲级别
标题1	无样式	黑体	四号	无	段前段后10磅、单倍行距	左对齐	1级
标题2	无样式	黑体	小四	无	段前段后6磅、单倍行距	左对齐	2级
正文	正文	宋体	五号	首行缩进两个字符	段前段后0磅、固定行距20磅	两端对齐	正文

温馨提示

这里特意将论文标题与副标题级别设置成了"正文"级别，是为了避免自动生成目录时标题后跟页码的问题。

（2）修改标题

下面以标题1的修改为例，来学习标题的修改方法，具体操作如下：

①单击"开始"标签，可以看到"样式"面板。将鼠标指针移到"标题1"按钮上，单击右键，在弹出的菜单中选择"修改"命令。

②在弹出的"修改样式"对话框中，将"样式基准"设置为"（无样式）"，再依次按照表3-3-2中的要求，将"字体"设置为"黑体"，"字号"设置为"四号"，单击"居左"按钮，如图3-3-21所示。

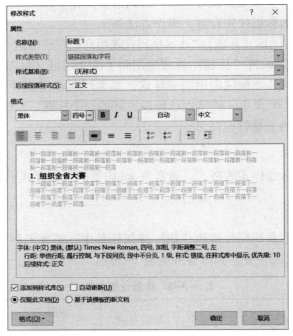

图3-3-21 属性及格式设置

温馨提示

样式基准是指当前创建的样式以哪个样式为基础来创建。

③在"修改样式"对话框中，选择"格式"下拉菜单中的"段落"选项，打开"段落"对话框。选择"缩进和间距"标签，在"常规"选项区中，将"大纲级别"设为"1级"；在"间距"选项区中，将"段前"和"段后"输入"10磅"，依次单击"确定"按钮即可，如图3-3-22所示。

图3-3-22　段落设置

依照上述方法设置其他标题样式。

📖 **温馨提示**

段落设置中，单位行与磅的转换，可通过"文件"→"选项"→"高级"→"显示"栏中的"度量单位"及可选项"以字符宽度为度量单位"来设置，如图3-3-23所示；也可以通过直接输入单位来转换。

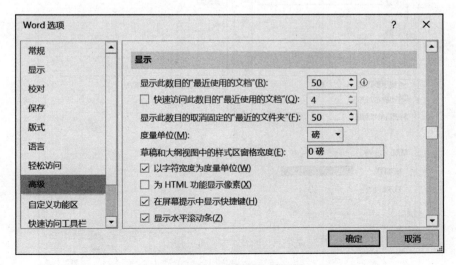

图3-3-23　度量单位的设置

（3）设置论文格式

论文题目应用"标题"样式，副题目应用"副标题"样式，如图3-3-24所示。序号为1、2、…

系列的标题应用"标题1"样式，序号为（1）、（2）、…系列的应用"标题2"样式，论文内容应用"正文"样式。

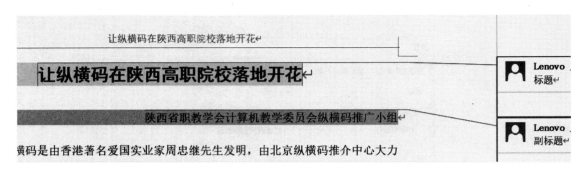

图 3-3-24　标题应用

3. 自动生成目录

目录是用来列出文档中的各级标题及标题在文档中相对应页码的列表，方便阅读者迅速查找到所需要的内容。Word 能够根据标题中的级别自动生成目录，既快速，又便捷。在任务 1 中，已经完成了对标题的级别设置，现在来完成目录的制作。

①将光标定位在论文首页开头处，单击"插入"→"页面"→"空白页"，插入空白页。在新增页第一行位置处录入"目录"二字，然后将光标移至下一行，并调至最左侧位置。

②单击"引用"→"目录"→"目录"按钮，从下拉菜单中选择"自定义目录…"命令，打开"目录"对话框，选择"目录"标签。在"常规"选项区中，将"格式"设为"正式"，将"显示级别"设为"2"，如图 3-3-25 所示。单击"确定"按钮后，自动生成目录，为目录添加标题，如图 3-3-26 所示。

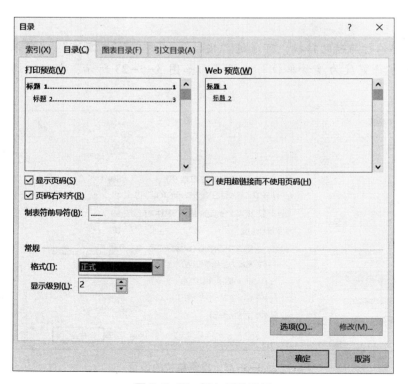

图 3-3-25　插入目录设置

目录

1. 组织全省大赛 1
2. 举办研讨论坛 2
3. 召开推广小组会议 2
4. 将纵横输入法纳入到教学各环节中 2
   （1）将纵横输入法纳入到教学中 2
   （2）成立纵横码学习小组 2
   （3）充分利用网上教学资源 2
5. 未来展望 3
   （1）树立示范院校 3
   （2）增加参赛组别 3
   （3）做好教师培训 3
   （4）增强校际间交流 3

图 3-3-26　目录样式

4. 节的设置与使用

在 Word 文档中，页眉页脚、页码，还有纸张方向等的设置，通常具有统一的格式。比如，纸张方向如果选择了"纵向"，那么整篇文档全部是纵向方向，如果想将其中几页设置为"横向"方向，就必须进行节的设置操作了。在论文排版中，往往需要根据不同的内容来设定不同的页眉页脚。当然，同学们可以将论文中有不同要求的内容分别保存成不同的文件，然后分别给每个文件设定不同的页眉页脚，但是这样的操作会很麻烦。下面使用节设置中的"分节符"命令，来实现一篇文章中不同页眉及页码的设置。

样文中，论文目录部分不设置页眉，页码为罗马数字格式Ⅰ、Ⅱ、…，内容部分页眉为论文标题，页码为阿拉伯数字1、2、…，因此，需要在目录页与论文内容之间插入分节符，将论文分成两节，具体操作如下：

将光标定位于目录页行末，单击"布局"标签，打开"页面设置"面板中的"分隔符"下拉菜单，在"分节符"选项区中单击"连续"项，如图 3-3-27 所示。

📖 温馨提示

如果分节错误，或者想取消分节符，单击"开始"→"段落"→按钮，会出现分节符标记————分节符(连续)————，删除分节符标记。

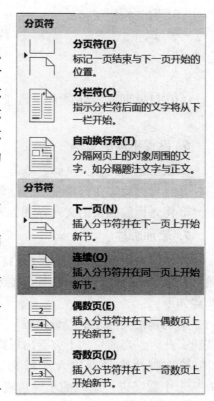

图 3-3-27　"分隔符"下拉菜单

5. 设置不同的页眉

①双击论文内容页页眉，页眉左侧会显示"页眉—第 2 节—"字样，右侧显示"与上一节相同"。

这时，目录页与论文内容页已经被分成两个部分，即两节，如图 3-3-28 所示。

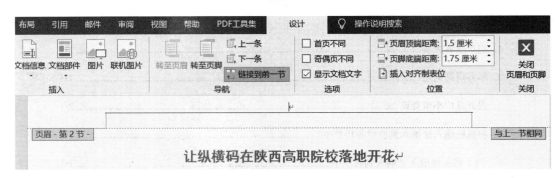

图 3-3-28　论文内容页页眉

②单击新出现的标签"设计"→"导航"→"链接到前一节"，取消"链接到前一节"，如图 3-3-29 所示。

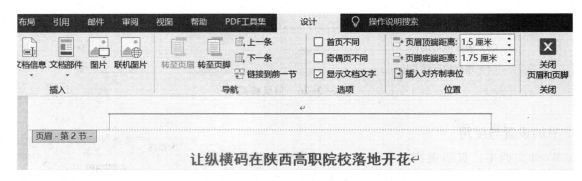

图 3-3-29　取消"链接到前一节"

③在目录页页眉处录入"目录"，在论文内容页页眉处录入"让纵横码在陕西高职院校落地开花"。

6. 设置不同的页码

①双击论文内容页页脚，单击"设计"→"导航"→"链接到前一条页眉"，取消"链接到前一节"。
②将光标放置在目录页上进行页码设置。
③将光标放置在论文内容页上进行页码设置。

7. 添加脚注

脚注通常用于注释说明文档内容；尾注则位于节或文档的尾部，用于说明引用的文献。下面给标题"让纵横码在陕西高职院校落地开花"中"纵横码"的内容做脚注，用于解释纵横码的含义。操作步骤如下：

①选择论文标题中"纵横码"三个字，单击"引用"标签，在"脚注"面板中单击"插入脚注"按钮，此时，当前页的下方会出现脚注序号。

②在脚注序号后输入注释文本"纵横码：以 0~9 十个数字进行编码的小键盘输入法。"。注释文本输完后，单击文档中的任意位置可继续编辑操作，如图 3-3-30 所示。

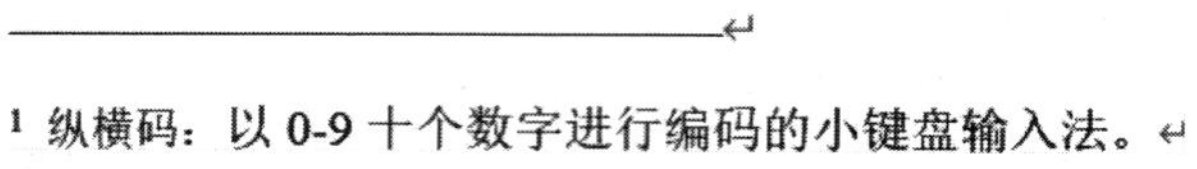

1　纵横码：以 0-9 十个数字进行编码的小键盘输入法。

图 3-3-30　在页的下方插入脚注

8. 更新目录

论文在编写过程中，往往需要反复地编辑修改，但是目录不会随着标题所在页的变化而变化，这时就需要更新目录。以下是更新目录的三种方法：

①单击"引用"→"目录"→"更新目录",在弹出的"更新目录"对话框中选择"更新目录"。
②单击目录区域,按 F9 键,同样,在弹出的"更新目录"对话框中选择"更新目录"。
③单击目录区域,单击鼠标右键,在弹出的快捷菜单中选择"更新域",然后在弹出的"更新目录"对话框中选择"更新目录"。

9. 建立模板

在实际应用中会遇到类似于论文之类经常使用的文档,它们在格式的设置上都大同小异,在这种情况下把文档保存为一个模板可以使以后的操作更为方便。打开"文件"标签,单击"另存为"命令,打开"另存为"对话框,选择"保存文件类型"为"Word 模板(*.dotx)",单击"保存"按钮,生成一个与原论文同名,扩展名为 .dotx 的模板文件,下一次再写与此论文格式相同的论文时,可以调出使用。

Word 2016 提供了大量版式美观的模板,单击"文件"→"新建"命令,可选择使用。

技能训练

完成毕业论文《校园网安全访问控制体系的构建》的版面设置,如图 3-3-31~图 3-3-34 所示。

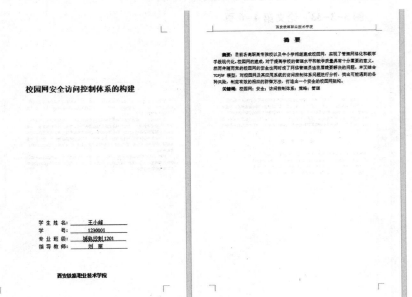
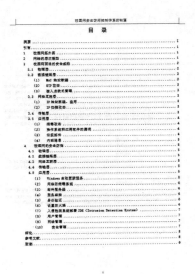

图 3-3-31　论文封面、摘要及目录页

图 3-3-32　论文第 1~3 页

课堂笔记

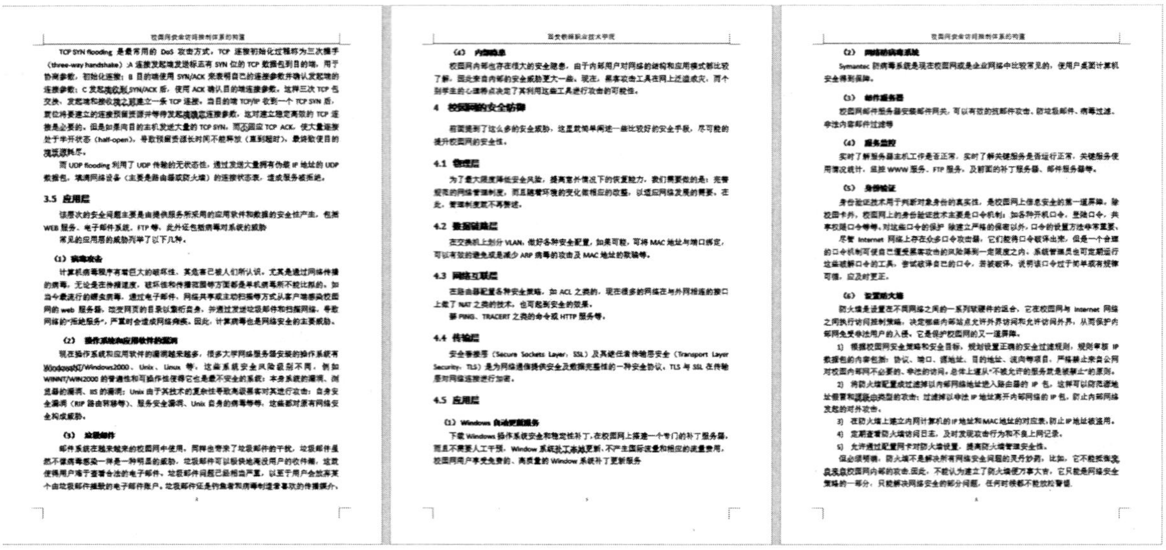

图 3-3-33　论文第 4~6 页

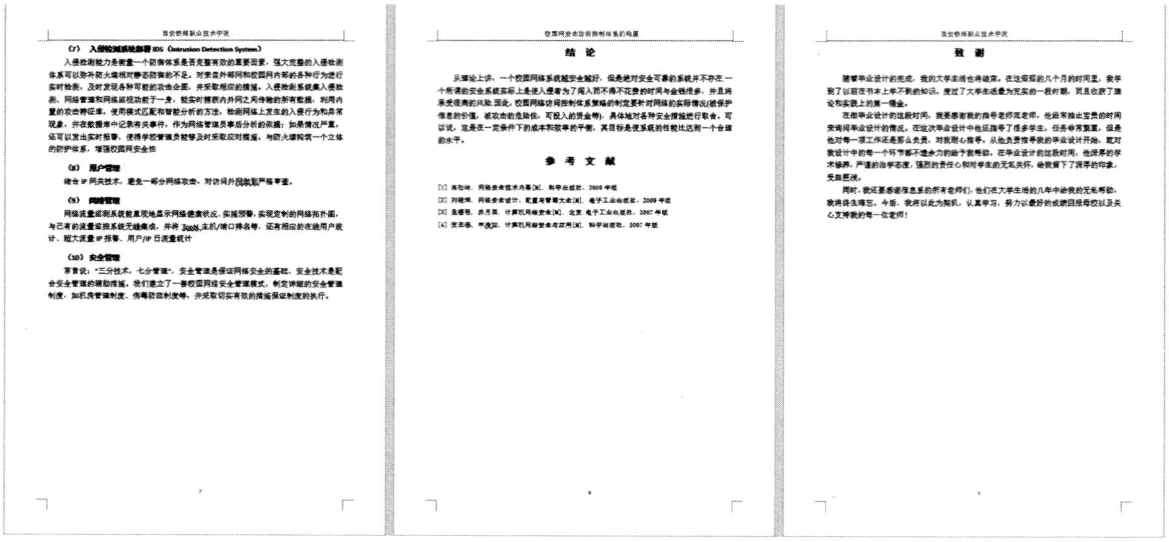

图 3-3-34　论文最后三页

具体要求如下：

1. 文档设置

①页面纸张大小：A4 纸。

②页边距：上 2.2 cm、下 2.0 cm、左 2.4 cm、右 2.4 cm。

③页眉：1.5 cm，页脚：1.75 cm，左侧装订。

2. 设置文档属性

①标题：校园网安全访问控制体系的构建。

②作者：王小峰。

3. 论文设置

（1）样式设置

参照表 3-3-3，修改样式。

表 3-3-3 样式参数

名称	样式基准	字体	字号	特殊格式	间距及行间距	对齐方式	大纲级别	应用对象
标题	无样式	黑体	小三	无	字间距加宽8磅 段前0.5行 段后1行 1.5倍行距	居中	1级	摘要 引言 结论 参考文献 致谢
标题1	无样式	黑体	小三	无	段前0 段后0.5行 1.5倍行距	左对齐	1级	章标题
标题2	无样式	黑体	四号	无	段前0.5行 段后0 1.5倍行距	左对齐	2级	节标题
标题3	无样式	黑体	小四	无	段前0.5行 段后0 1.5倍行距	左对齐	3级	节下标题
正文	正文	宋体	小四	首行缩进2个字符	段前、段后0 多倍行距1.25	两端对齐	正文	正文

（2）设置多级列表

标题样式设置好之后，就需要在标题前做多级编号设置了。编号设置样式如图3-3-35所示。

①单击"开始"标签，在"段落"面板中单击"多级列表"下拉选项，单击"定义新的多级列表"命令，如图3-3-36所示。

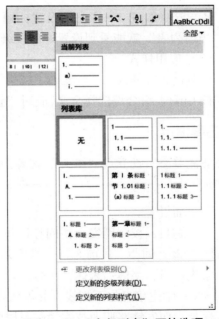

.1 章标题（应用样式中的【标题1】）

·1.1 节标题（应用样式中的【标题2】）

　（1）节下标题（应用样式中的【标题3】）

图 3-3-35 编号设置样式　　　　　　图 3-3-36 "多级列表"下拉选项

②在"定义新多级列表"对话框窗口中，在"单击要修改的级别"下列表框中选择"1"级，在"此级别的编号样式"列表中选择"1，2，3，…"样式。

③单击"更多"按钮，在"将级别链接到样式"下拉列表框中选择"标题1"样式；接下来在"单击要修改的级别"列表框中选择"2"，在"此级别的编号样式"列表中选择"1，2，3，…"样式，在"将级别链接到样式"下拉列表框中选择"标题2"样式，选中"正规形式编号"复选框，如图3-3-37所示。

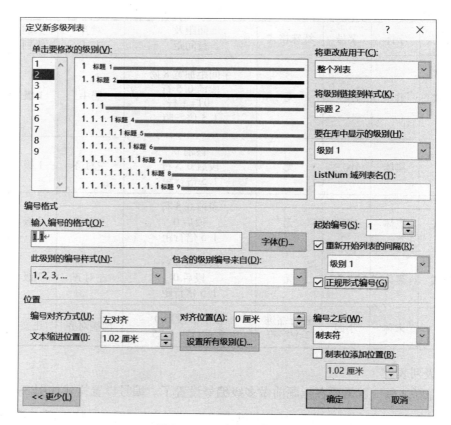

图 3-3-37 多级列表设置

④再选择级别 3，按要求设置标题 3 编号，单击"确定"按钮。再单击"多级列表"下拉选项，在"当前列表"就能看到设置好的多级列表了。

（3）应用样式

①应用正文样式。

按 Ctrl+A 组合键选择全文，应用"正文"样式。

温馨提示

首先将全文设置成"正文"格式，再进行标题及其他个别设置的处理，能够简化操作。

②封面设置。

论文题目：校园网安全访问控制体系的构建，居中；字体：宋体，加粗；字号：二号；行距：多倍行距 1.25；间距：段前 8 行、段后 21 行。

学生信息：字体：宋体；字号：四号；行距：多倍行距 1.25；首行缩进 8 字符；间距：段前、段后均为 0；学生信息加下划线，并做居中调整。

落款：西安铁路职业技术学院，居中，宋体，加粗，四号字，段前 2 行。

③标题设置。

◇ 标题摘要、引言、结论、参考文献及致谢应用"标题"样式。

◇ 每章的章标题应用"标题 1"样式。

◇ 每节的节标题应用"标题 2"样式。

◇ 节标题的下一级标题应用"标题 3"样式。

◇ 参照样文，设置论文正文序号。

④参考文献设置。

参考文献的序号用［1］、［2］、…，正文：宋体，居左，五号，多倍行距1.25行，段后、段前均为0。

（4）插入分节符

全篇需要插入2个分节符，封面与摘要之间设置一个分节符，在第2节页眉处取消勾选"与上一节相同"（封面不需要页码）；摘要与引言之间设置一个分节符，在第2节与第3节页脚处取消勾选"与上一节相同"（封面不设置页码，摘要与引言有各自的页码）。

（5）添加页眉

①封面不设置页眉。

②在"页面设置"对话框"布局"标签中选择"奇偶页不同"。奇数页页眉：西安铁路职业技术学院，宋体，五号，居中；偶数页页眉：校园网安全访问控制体系的构建，宋体，五号，居中。

温馨提示

消除封面页眉下划线的方法：选择"布局"→"页面设置"，在打开的"页面设置"对话框中，选择"布局"标签，单击"边框"按钮。在"边框与底纹"对话框中，单击"边框"标签，在右下角"应用于："文本框中，选择"段落"，即可消除页眉上的下划线。

在页眉中添加章节标题的方法：选择"插入"→"文档部件"→"域…"命令，打开"域"对话框，在"类别"中选择"全部"，在"域名"中选择"StyleRef"选项，在"样式名"列表框中选择相应标题，此时，在每一章节范围内的页眉就会显示指定的章节标题。

（6）插入页码

①封面无页码。

②目录与正文页码必须标注在每页页脚底部居中位置，宋体，小五。摘要与目录的页码格式为Ⅰ，Ⅱ，Ⅲ，…，起始页码为Ⅰ；正文页码由引言首页开始，页码格式为1，2，3，…，起始页码为1。

温馨提示

因前面设定了"奇偶页不同"，所以，设置页码时，需要分别在奇数页与偶数页中设置。

（7）自动生成目录

在摘要后插入一页空白页，在空白页处自动生成目录。目录设置要求：

①标题：目录，字体：黑体，居中；字号：小三。

②显示3级标题，章、节标题字体：宋体；字号：五号；行距：单倍行距。

温馨提示

论文在编辑修改过程中，页码会发生变化，因此，当整篇论文定稿后，需要做更新目录域操作。

任务实施

1. 任务单——论文排版（见活页）
2. 任务解析——论文排版

模块总结

本模块主要学习了Word的基本功能及应用技巧。从简单的文档编辑与修改，到图文混排，再到页

技能训练
操作演示

任务解析
（难度等级★★）

任务解析
（难度等级★★★）

眉页脚的制作、自动生成目录、域及分节符的设置与使用等，体现了Word强大的图文及表格处理能力。

通过本模块的学习，应掌握以下知识：

①Microsoft Office 应用界面使用和功能设置。

②Word 的基本功能，文档的创建、编辑、保存、打印和保护等基本操作。

③设置字体和段落格式、应用文档样式和主体、调整页面布局等排版操作。

④文档中表格的制作与编辑。

⑤文档中图形、图像（图片）对象的编辑和处理，文本框和文档部件的使用，符号与数学公式的输入与编辑。

⑥文档的分栏、分页和分节操作，文档页眉、页脚的设置。

⑦脚注与尾注的设置。

⑧利用邮件合并功能批量制作和处理文档。

⑨自动生成目录操作。

⑩分节符、域的设置与使用。

模块 4

电子表格 Excel 2016

模块导读

Microsoft Excel 2016 是功能强大的表格处理软件。通过对本模块中 3 个项目的学习，由浅入深、环环相扣地学习使用 Excel 创建表格的方法，最终掌握 Microsoft Excel 2016 的常用功能及操作技巧，完成各类表格的制作和数据的统计分析。

知识目标

- 工作簿的概念，工作簿的新建、保存和关闭。
- 工作表的基本概念，工作表的插入、复制、移动、删除和重命名；工作表窗口的拆分和冻结。
- 单元格的基本操作。
- 各类数据的输入和编辑。
- 数据清单的概念和使用。
- 工作表的格式化。
- 条件格式的使用。
- 工作表的页面设置、打印预览和打印。
- 公式计算方法。
- 相对引用和绝对引用的概念和使用。
- 常用函数的使用，如 SUM 函数、IF 函数、AVERAGE 函数、MAX 函数、MIN 函数、ABS 函数、RANK 函数、COUNT 函数、COUNTIF 函数。
- 记录的排序、筛选、查找和分类汇总。
- 数据透视表的使用。
- 图表的创建、编辑与美化。

技能目标

- 能够创建包含各类数据、不同样式的电子表格。
- 能够按要求完成表格的格式化设计制作。
- 能够将完整的表格按要求打印输出。
- 能熟练使用公式进行数据计算。
- 能熟练运用常用函数进行数据的统计、分析。
- 能够运用分类汇总和数据透视表对数据进行统计整理。
- 能够创建和编辑图表。

素质目标

➢ 具有勤奋好学、吃苦耐劳的工作作风。
➢ 具有良好的心理素质、职业道德素质及高度责任心和良好的团队合作精神。
➢ 具有一定的分析、判断、解决问题的能力。
➢ 具有工匠精神、严谨求实的职业素养。
➢ 具备良好的服务意识和市场观念。

项目1　创建党支部个人基本信息表

1. 项目提出

党支部是党组织开展工作的基本单元，是党的全部工作和战斗力的基础，是团结群众的核心、教育党员的学校、攻坚克难的堡垒，在社会基层单位中发挥核心作用。凡有正式党员3人以上、50人以下的基层单位，都应当设立党支部。每个党支部都需要对本支部的全体成员的基本信息进行统计留存。

用Excel 2016制作一个"××党支部个人基本信息表"并将其打印出来，打印预览效果如图4-1-1所示。

序号	工号	姓名	政治面貌	身份证号	电话号码	邮箱	参加工作日期
				XX党支部个人基本信息表			
1	50666001	刘浩明	党员	291101XXXXXX4812	029-81234567	50666001@tzy.com	2008年8月1日
2	50666002	王春丽	党员	250701XXXXXX3628	029-81234568	50666002@tzy.com	1997年8月1日
3	50666003	王炫皓	群众	260501XXXXXX3640	029-81234569	50666003@tzy.com	1995年8月1日
4	50666004	方小峰	群众	330812XXXXXX3151	029-81234570	50666004@tzy.com	2011年8月1日
5	50666005	黄国栋	党员	310807XXXXXX3078	029-81234571	50666005@tzy.com	1997年8月1日
6	50666006	张孔苗	党员	260411XXXXXX1881	029-81234572	50666006@tzy.com	2010年8月1日
7	50666007	黄雅玲	群众	260312XXXXXX1864	029-81234573	50666007@tzy.com	2010年8月1日
8	50666008	李丽珊	党员	270305XXXXXX3550	029-81234574	50666008@tzy.com	2018年8月1日
9	50666009	姚苗波	群众	251304XXXXXX2282	029-81234575	50666009@tzy.com	2015年8月1日
10	50666010	谢久久	群众	440806XXXXXX2027	029-81234576	50666010@tzy.com	2016年8月1日
11	50666011	谢丽秋	群众	330613XXXXXX3732	029-81234577	50666011@tzy.com	2006年8月1日
12	50666012	黄小欧	党员	391102XXXXXX3147	029-81234578	50666012@tzy.com	1997年8月1日
13	50666013	徐慧	群众	370709XXXXXX5054	029-81234579	50666013@tzy.com	2018年8月1日
14	50666014	王纪	群众	301814XXXXXX2423	029-81234580	50666014@tzy.com	1996年8月1日
15	50666015	刘阳	群众	180109XXXXXX3503	029-81234581	50666015@tzy.com	2018年8月1日
16	50666016	刘微微	党员	210514XXXXXX5544	029-81234582	50666016@tzy.com	2009年8月1日
17	50666017	张丽	群众	161605XXXXXX1387	029-81234583	50666017@tzy.com	2016年8月1日
18	50666018	王洁	党员	160101XXXXXX3466	029-81234584	50666018@tzy.com	2003年8月1日
19	50666019	姬鹏华	群众	451202XXXXXX3841	029-81234585	50666019@tzy.com	2017年8月1日
20	50666020	江海涛	群众	141209XXXXXX4363	029-81234586	50666020@tzy.com	1995年8月1日

图4-1-1　××党支部个人基本信息表

相关知识点：
①工作簿的新建、保存和关闭。
②工作表的选定、插入、移动或复制、删除、重命名。
③工作表窗口的拆分和冻结。

④单元格的选定、合并、复制和删除。
⑤行、列的插入、删除、隐藏。
⑥列宽和行高的设置。
⑦输入一般数据和特殊数据。
⑧数据清单的概念。

2. 项目分析

Excel 2016 为了配合 Windows 10 的广泛应用，做出了一些改变，并对软件自身进行了功能性升级。Excel 2010 以后的版本文件的扩展名都改成".xlsx"，Excel 2016 保持不变。

Excel 中含有大量的公式、函数供用户选择，可用于执行各类计算、分析管理数据。要想进行数据处理和分析，必须先建立数据清单。在本项目中，将通过三个任务来学习完成一个表格建立的方法、表格中不同类型数据的录入方法、表格的编辑和美化，以及如何把制作好的表格打印出来这一整套基本操作。

任务 1　创建数据清单

创建"党支部个人基本信息表"的数据清单，如图 4-1-2 所示。

	A	B	C	D	E	F	G	H
1	序号	工号	姓名	政治面貌	身份证号	电话号码	邮箱	参加工作日期
2	1	50666001	刘浩明	党员	291101XXXXXX4812	029-81234567	50666001@tzy.com	2008年8月1日
3	2	50666002	王春丽	党员	250701XXXXXX3628	029-81234568	50666002@tzy.com	1997年8月1日
4	3	50666003	王炫皓	群众	260501XXXXXX3640	029-81234569	50666003@tzy.com	1995年8月1日
5	4	50666004	方小峰	群众	330812XXXXXX3151	029-81234570	50666004@tzy.com	2011年8月1日
6	5	50666005	黄国栋	党员	310807XXXXXX3078	029-81234571	50666005@tzy.com	1997年8月1日
7	6	50666006	张孔苗	党员	260411XXXXXX1881	029-81234572	50666006@tzy.com	2010年8月1日
8	7	50666007	黄雅玲	群众	260312XXXXXX1864	029-81234573	50666007@tzy.com	2010年8月1日
9	8	50666008	李丽珊	党员	270305XXXXXX3550	029-81234574	50666008@tzy.com	2018年8月1日
10	9	50666009	姚苗波	群众	251304XXXXXX2282	029-81234575	50666009@tzy.com	2015年8月1日
11	10	50666010	谢久久	群众	440806XXXXXX2027	029-81234576	50666010@tzy.com	2016年8月1日
12	11	50666011	谢丽秋	群众	330613XXXXXX3732	029-81234577	50666011@tzy.com	2006年8月1日
13	12	50666012	黄小欧	党员	391102XXXXXX3147	029-81234578	50666012@tzy.com	1997年8月1日
14	13	50666013	徐慧	群众	370709XXXXXX5054	029-81234579	50666013@tzy.com	2018年8月1日
15	14	50666014	王纪	群众	301814XXXXXX2423	029-81234580	50666014@tzy.com	1996年8月1日
16	15	50666015	刘阳	群众	180109XXXXXX3503	029-81234581	50666015@tzy.com	2018年8月1日
17	16	50666016	刘微微	党员	210514XXXXXX5544	029-81234582	50666016@tzy.com	2009年8月1日
18	17	50666017	张丽	群众	161605XXXXXX1387	029-81234583	50666017@tzy.com	2016年8月1日
19	18	50666018	王洁	党员	160101XXXXXX3466	029-81234584	50666018@tzy.com	2003年8月1日
20	19	50666019	姬鹏华	群众	451202XXXXXX3841	029-81234585	50666019@tzy.com	2017年8月1日
21	20	50666020	江海涛	群众	141209XXXXXX4363	029-81234586	50666020@tzy.com	1995年8月1日

图 4-1-2　"党支部个人基本信息表"的数据清单

1. 工作簿

（1）新建工作簿

单击电脑屏幕左下角的"开始"菜单→"Microsoft Excel 2016"图标 或者双击桌面上的"Microsoft Excel 2016"图标，就会启动 Excel 2016，打开如图 4-1-3 所示的窗口。

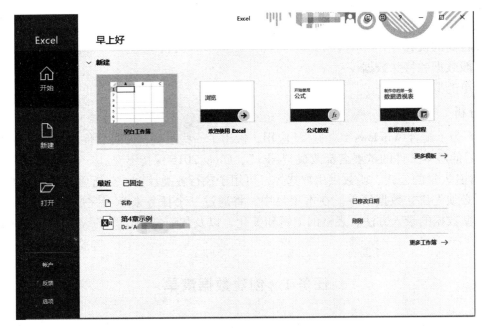

图 4-1-3　Excel 启动界面

📖 **温馨提示**

除了可以新建一个"空白工作簿"外，Excel 也为用户提供了很多表格模板，如业务、预算、日历等，非常方便。单击图 4-1-3 中的"更多模板"即可看到更多的表格模板。

选择"新建"→"空白工作簿"，就可以进入 Excel 2016 工作簿的操作界面了，如图 4-1-4 所示。

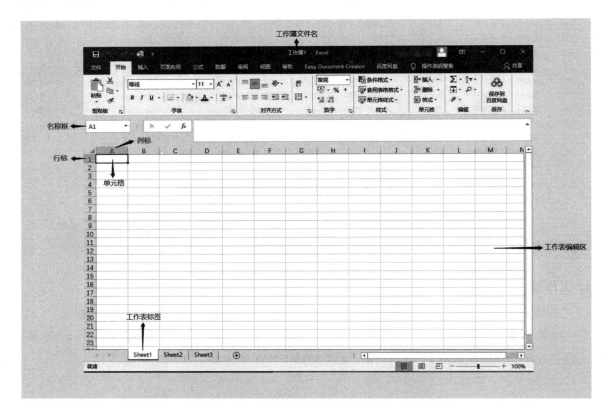

图 4-1-4　Excel 工作簿界面

工作簿是 Excel 环境中用于储存和处理数据的文件，一个工作簿就是一个 Excel 文件，该类文件的扩展名为".xlsx"。默认情况下，第一个新建的 Excel 文件标题栏显示文件名为"工作簿1"，再次新建时，文件名为"工作簿2"，依此类推。

每个新建的工作簿默认有 3 个工作表，即窗口左下方的"Sheet1""Sheet2"和"Sheet3"。一个工作簿最多可以有 255 个工作表。

那么如何设置默认工作表的个数呢？

默认的工作表个数可以在"文件"→"选项"中进行设置，如图 4-1-5 所示。

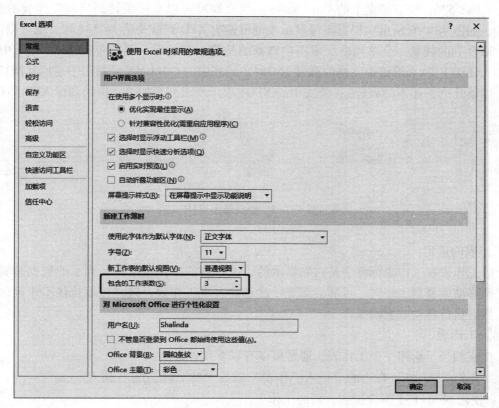

图 4-1-5　设置默认工作表个数

工作表编辑区中的每一个独立的矩形区域被称为单元格。当前被选中的单元格（也可称之为当前被激活的单元格）四周会出现绿色矩形选框，此时该单元格的名称会显示在"名称框"内。如图 4-1-3 中当前被激活的单元格是 A1，它的名称"A1"被显示在名称框内。可以看出单元格的名称由该单元格的列标（英文）和行标（数字）组成。

（2）保存工作簿

与 Microsoft Office 中的其他软件一样，工作簿的保存也可以有如下三种操作方法：

方法 1：按 Ctrl+S 组合键进行保存。

方法 2：按工具栏中的"保存"按钮来保存。

方法 3：选择"文件"→"保存"完成当前工作簿的保存操作。

该保存操作保存了这个工作簿中所有工作表的数据信息，无须对每一个工作表进行逐一保存。

（3）关闭工作簿

方法 1：选择"文件"→"关闭"，当前工作簿被关闭，但 Excel 窗口依然还在。

方法 2：单击窗口右上角的"关闭"按钮 ✕，当前的工作簿和 Excel 窗口都被关闭。

方法 3：按 Alt+F4 组合键，效果同方法 2，当前的工作簿和 Excel 窗口都被关闭。

2. 工作表

工作表是工作簿的一部分，它是 Excel 储存和处理数据的最重要的部分。使用工作表可以对表中的数据进行统计、分析、分类，数据处理功能非常强大，基本可以满足人们日常工作的所有数据处理需求。

每个工作表中有很多的行和列，在 Excel 中用阿拉伯数字表示行标、用英文字母表示列标，通过列和行就可以明确指定一个方格，即单元格。单元格是 Excel 的最小操作单位，用于存放各类数据。Excel 2007 版以后的版本中，每一个工作表最多可以有 1 048 576 行、16 384 列。

那么如何查看一个工作表有多少行、多少列呢？

激活任意一个单元格，按下键盘上的 Ctrl+Shift+↓ 组合键就可以直接跳转到当前工作表的最后一行，行标为 1 048 576；按下键盘上的 Ctrl+Shift+→ 组合键就可以直接跳转到当前工作表的最后一列，列标为 XFD，如图 4-1-6 所示。根据字母显示规则可推出 XFD 列就是第 16 384 列。也可以如图 4-1-6 所示，在 XFD 列的任意一个单元格（本图中选择的是第一行最后一列的单元格 XFD1）中输入公式"=COLUMN(XFD1)"来求该单元格的列号 16 384。公式中的 COLUMN 函数用于返回其圆括号中单元格的列号（即第几列，而不是列标）；公式中的 XFD1 表示所求列号的单元格的列标 XFD 和行标 1。

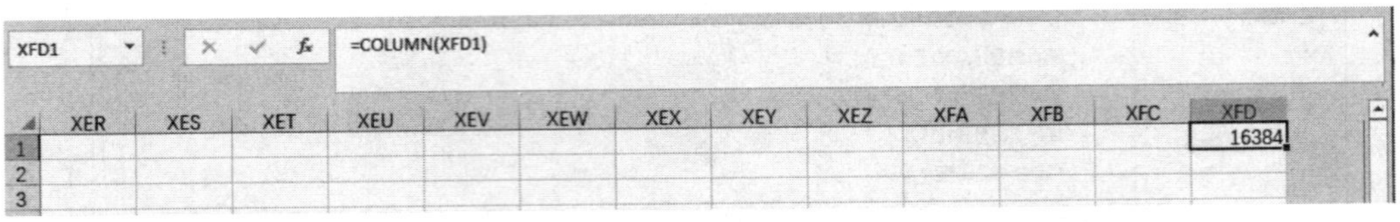

图 4-1-6　查找最大列号

（1）工作表的选定

被选定的工作表在工作表标签中是白底显示的，说明当前工作表编辑区显示的数据是属于本工作表的。当需要移动或复制工作时，可能会需要一次选择多个工作表，这时可以按住 Ctrl 键依次选取所需工作表，然后执行移动或复制操作。

（2）插入工作表

插入工作表相当于新建一个工作表，通常可以有以下几种方法：

方法 1：单击 "Sheet3" 右边的 "插入工作表" 标签 Sheet3 ⊕ 进行插入。

方法 2：使用 Shift+F11 组合键插入新的工作表。

方法 3：在工作表标签栏中的某个工作表标签上单击鼠标右键，选择快捷菜单中的 "插入…"，打开如图 4-1-7 所示的 "插入" 对话框，选择 "工作表" 后单击 "确定" 按钮完成新工作表的插入。

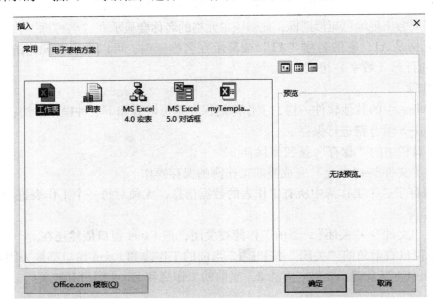

图 4-1-7　插入工作表

执行了插入操作后，工作表标签列表中就会出现新的工作表。假设当前被激活的工作表是如图4-1-6中的Sheet1，那么单击加号则会在Sheet1的右边出现一个新的工作表Sheet4，且当前被激活的工作表也变为Sheet4；此时按Shift+F11组合键，则会在Sheet4的左边出现一个名为Sheet5的新工作表，同样地，Sheet5处于被激活的状态；右键单击Sheet5，在出现的快捷菜单中选择"插入…"，再在"插入"对话框中选择"工作表"后单击"确定"按钮，发生了什么？是不是在Sheet5的左边也出现了一个新的工作表，名为Sheet6。工作表标签列表显示为 Sheet1 Sheet6 Sheet5 Sheet4 Sheet2 Sheet3 。

方法4：单击"开始"标签"单元格"面板中的"插入"按钮右边的小三角（如果窗口是最大化显示的话，小三角在按钮的下方），在展开的下拉列表中选择"插入工作表"，如图4-1-8所示。

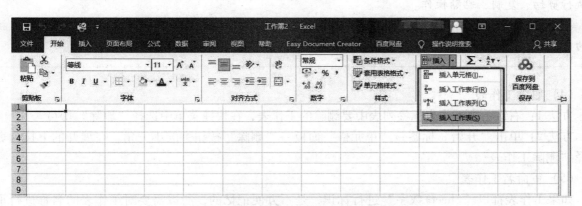

图4-1-8 从"开始"标签中插入工作表

（3）移动或复制工作表

移动或复制工作表有两种含义：一是在当前工作簿内完成一个或多个工作表的移动或复制操作；二是在不同的工作簿之间完成一个或多个工作表的移动或复制操作。

- 工作表的移动

方法1：如果只是在一个工作簿内改变某个工作表的排列顺序，只需在工作表标签栏中拖动该工作表标签，即可完成移动工作表的操作。

方法2：在工作表标签列表中右键单击要移动的工作表，在出现的快捷菜单中选择"移动或复制"，即可打开如图4-1-9所示的"移动或复制工作表"对话框，在"下列选定工作表之前"下方的列表中可以选择移动的目标位置。如果只是在本工作簿内移动，就可以单击"确定"按钮完成本次移动操作；如果想将该工作表移动到其他工作簿中，则需在"移动或复制工作表"对话框中"工作簿"下方的下拉列表中选择目标工作簿，当目标工作簿改变了之后，"下列选定工作表之前"下方显示的工作表名称

图4-1-9 "移动或复制工作表"对话框

也会随之改变，选定要移动到哪个工作表之前后，单击"确定"按钮就完成了在不同的工作簿之间移动工作表的操作。

- 工作表的复制

方法1：按住Ctrl键，在工作表标签列表中选择要复制的工作表，并拖动到目标位置即可完成工作簿内的工作表复制。

方法2：与上面"工作表的移动"中的方法2相同，只是在操作到图4-1-9所示界面时，勾选对话框下面的"建立副本"复选框，然后再单击"确定"按钮，就可以完成工作表的复制操作。

温馨提示

①如果需要批量移动工作表，只需在执行移动操作之前按住Ctrl键，并将它们都选中即可。

②工作表的移动操作相当于对工作表执行剪切、粘贴操作，该工作表是从一个地方移动到了另一个地方，所以执行完移动操作后，源位置的工作表将不复存在。

③也可以在工作表中选中某一区域后执行剪切、复制、粘贴操作来实现数据的移动或复制，但这样往往会改变源工作表中已经设置好的格式。不改变源格式的做法就是直接单击表格左上角的"全选"按钮（位于窗口左上角的行标与列标的交汇处），选中整个工作表中所有的单元格数据，然后再去执行剪切、复制、粘贴操作。

④"移动或复制工作表"对话框还可以通过单击"开始"标签→"单元格"面板→"格式"按钮旁的小三角，在展开的下拉列表中选择"移动或复制工作表"来打开。

（4）删除工作表

方法1：右键单击工作表标签列表中要删除的工作表，在快捷菜单中选择"删除"即可。

方法2：单击"开始"标签→"单元格"面板→"删除"按钮旁的小三角，在展开的下拉列表中选择"删除工作表"。

（5）重命名工作表

如果工作表都以"Sheet+数字"进行标识，是不方便记忆的，所以需要对工作表的名称进行重新命名，常用方法如下。

方法1：双击工作表标签，使工作表名变为灰底且工作表名处于被选中的状态，直接键入新的工作表名称后，按Enter键即可完成重命名操作。

方法2：右键单击工作表标签，在快捷菜单中选择"重命名"选项进行重命名操作。

方法3：单击"开始"标签→"单元格"面板→"格式"按钮旁的小三角，在展开的下拉列表中选择"重命名工作表"进行重命名操作。

（6）工作表窗口的拆分和冻结

工作表窗口的拆分和冻结功能可以在"视图"标签→"窗口"面板中找到。

①窗口的拆分。当工作表的内容比较多，不能在当前窗口中完整显示出来，却又需要同时看到几处不同位置的数据时，就可以使用Excel提供的窗口拆分功能。激活要拆分处的单元格，单击"拆分"按钮，则当前工作表会以该单元格的上方和左方为分界线分为四个窗口，各自独立显示。再次单击"拆分"按钮即可取消拆分显示。

②窗口的冻结。当工作表太长或太宽而无法在当前窗口完整显示时，无法在看到下面记录的同时看到表头（即首行）或首列，这时就可以使用Excel提供的窗口冻结功能。激活要冻结处下方的某个单元格，然后执行"冻结窗格"→"冻结窗格"，就可以将当前被激活的单元格以上的部分固定住，滚动鼠标或向下拖动滚动条时，这一部分的内容都不会动。再次选择"冻结窗格"→"取消冻结窗格"即可取消冻结显示。

3. 单元格操作

（1）单元格的选定、合并

①选定单个单元格。当用鼠标单击某个单元格时，这个单元格就被选中了，该单元格的名称就会出现在"名称框"内。如图4-1-10所示，C3为被选中或称为被激活的单元格，单元格名称"C3"显示在名称框内。此时还可以通过键盘上的上、下、左、右箭头来改变当前单元格的选定。

②选定多个单元格。当用鼠标在编辑区拖动同时选择了多个单

图4-1-10 选定、激活单个单元格

元格时，就构成了一个单元格区域。如图 4-1-11 所示，选定的单元格区域有 5 行 4 列共 20 个单元格，此时在"名称框"内显示了这个被选单元格区域左上角的单元格名称，即"B2"。需要注意的是，不能直接用 B2 去表示这个区域，因为会让人误以为选中了单个单元格 B2，所以 Excel 规定用这个区域左上角单元格的名称和右下角单元格的名称来命名这个单元格区域，中间用冒号隔开，故图中的单元格区域被命名为 B2:E6。

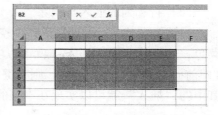

图 4-1-11　选定单元格区域

📖 **温馨提示**

Excel 中可以允许选择不连续的行、列或单元格，按住 Ctrl 键去进行选择即可。

③合并单元格。如图 4-1-12 所示，有 5 处进行了单元格合并的操作。合并前需先选中要被合并的单元格区域，然后单击"开始"标签→"对齐方式"面板→"合并后居中"按钮，如图 4-1-13 所示。

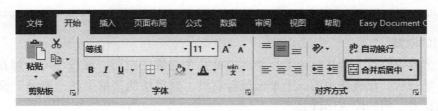

图 4-1-12　合并单元格

图 4-1-13　"合并后居中"按钮

那么可以一次性做到如图 4-1-12 中所示的 5 组单元格区域的合并吗？

当然可以。按住 Ctrl 键依次选中五组需要合并的单元格区域，然后单击"合并后居中"按钮就可以了。

（2）单元格的移动、复制和删除

单元格的移动、复制和删除事实上是对单元格内的数据进行的操作，单元格本身不会移动、复制或删除。执行单元格的移动、复制和删除操作之前，必须先选中单元格或单元格区域，然后通过使用面板中的按钮，或在单元格上单击鼠标右键，在快捷菜单中选择要执行的操作，或是直接使用复制、粘贴等快捷键来完成移动、复制或删除操作。

在 Excel 中，也可以在选中单元格后，将光标放到单元格的某条边上，当光标变为上、下、左、右箭头时，直接拖动单元格到目标位置，从而实现移动操作；或是在拖动之前按下 Ctrl 键来实现复制操作；选中单元格后，按键盘上的 Delete 键来实现删除操作，但这样的删除操作只能删除单元格中的数据，单元格的格式会保留下来。

(3)行和列的插入与删除

当需要在某一行前面插入一个空行时，可以右键单击该行的行标，出现如图4-1-14所示的快捷菜单，选择其中的"插入"就可以实现在本行之前插入一个新的空行。同理，如果要在某列的左边（即前面）插入一个新的列，则右键单击该列的列标，出现如图4-1-15所示的快捷菜单，同样，选择其中的"插入"就可以实现在本列的左边（即本列的前面）插入一个新的空列。

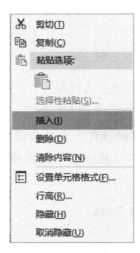

图4-1-14 行标快捷菜单

图4-1-15 列标快捷菜单

删除行和删除列的操作同样也是在行标或列标上右击，选择快捷菜单中的"删除"选项来完成。

温馨提示

当在行标或列标上单击选中这一行或这一列时，直接按下键盘上的Delete键是不能删除这一行或这一列的，只能删除该行或该列中的数据。

(4)行和列的隐藏

在行标上单击选中整行，或在行标上拖动选中某几个连续的整行，或按住Ctrl键在行标上单击选中不连续的几个整行后，在被选中的行上单击鼠标右键，选择快捷菜单中的"隐藏"命令，就可以将被选中的行隐藏起来。列的隐藏同理。

当需要将隐藏的行再次显示出来时，一般有两种操作：一是直接在行标上被隐藏的行标位置向下拖动鼠标，将其拖出来，拖动位置如图4-1-16所示；二是在行标上拖动选中被隐藏行上、下两边的整行后右键单击，在快捷菜单中选择"取消隐藏"命令。例如，第3行被隐藏了，在行标上拖动选中第2和4行后单击右键，在快捷菜单中选择"取消隐藏"命令。取消列的隐藏同理。

图4-1-16 隐藏的行

(5)列宽与行高

①调整列宽。对于像"家庭住址"这样内容较长的列来说，录入之后，录入的数据信息不能完全显示出来，所以需要调整列宽。将鼠标放在需要调整的列的列号右侧，光标会变为"十"字样式，左、右两个方向各有一个箭头，这时向右拖动鼠标即可调整列宽；也可以右键单击某列标，选择快捷菜单中的"列宽"来精确设定该列的宽度。

②调整行高。调整行高的方法与调整列宽的方法相同，只是它的"十"字光标是上、下两个方向各有一个箭头。

温馨提示

当单元格中出现很多"#"时，表示单元格中的数据太长而无法正常显示，这时也需要改变列宽来使其正常显示。

（6）单元格内换行

Excel 单元格内的常用换行方式有两种：一是自动换行；二是强制换行。

①自动换行。选中需要换行的单元格，然后单击"开始"标签→"对齐方式"面板→"自动换行"按钮，就可以实现单元格内部数据自动换行的效果，但是当改变该单元格的列宽时，换行效果会有所不同，因为"自动换行"的效果是根据当前的列宽来决定该在哪个字符后换行的，第一行如果没有占满，第二行就不会有数据内容显示出来。

②强制换行。在需要换行的位置按 Alt+Enter 组合键即可。此换行位置固定不变，与列宽无关。

4. 输入的数据

在 Excel 中，提供了 12 种数据类型，单击"开始"标签→"数字"面板中右下角的小箭头（即"对话框启动器"按钮），如图 4-1-17 所示，就可以打开"设置单元格格式"对话框。

图 4-1-17 对话框启动器

因这里单击的是"数字"面板中的"对话框启动器"按钮，因此打开"设置单元格格式"对话框后，当前显示的是"数字"标签的内容，如图 4-1-18 所示。

图 4-1-18 "设置单元格格式"对话框

(1) 输入一般数据

①单个一般数据的输入。录入学号、姓名、性别、邮箱这类常见数据时，只需选中某个单元格，然后键入要录入的数据即可；如果需要修改单元格中的数据，双击该单元格进入编辑状态即可进行修改；若要删除单元格中的数据，选中该单元格后按键盘上的 Delete 键即可。

温馨提示

默认情况下，Excel 中单元格里的数字是右对齐的，文本是左对齐的。

②连续数列的输入。假设要在"序号"列输入连续的数值 1~4，可在"序号"下方第 1 个单元格（A2 单元格）中输入数字 1，如图 4-1-19 所示。当前被选中的单元格 A2 四周呈现绿色线框，在其右下角有一个绿色小方块（即填充柄），当鼠标移动到该方块位置时，就会变为黑色"十"字光标样式，这时单击并向下拖动鼠标至第 5 行松开，绿色线框范围变大，也就是说，当前的可操作区域变为 A2：A5（表示选中的单元格区域为从 A2 单元格到 A5 单元格），如图 4-1-20 所示。

图 4-1-19　输入"序号"列首个序号

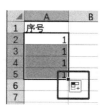

图 4-1-20　选中 A2:A5 区域

观察图 4-1-20，在被选中区域的右下方有一个图标，单击它，会弹出一个如图 4-1-21 所示的快捷菜单，选择其中的"填充序列"，则结果如图 4-1-22 所示。

(2) 输入特殊数据

①长数值的输入。例如，输入学生的身份证号。当输完 18 位数字并按下 Enter 键后，会发现这 18 位数字变成如图 4-1-23 所示的科学记数法的样式。这是因为 Excel 自动将这 18 位的身份证号当一个数来处理了。当一个数过大时，就会自动转换成科学记数的表示方法，所以需要改变这列单元格的数据类型。

图 4-1-21　快速填充快捷菜单

图 4-1-22　"序号"列

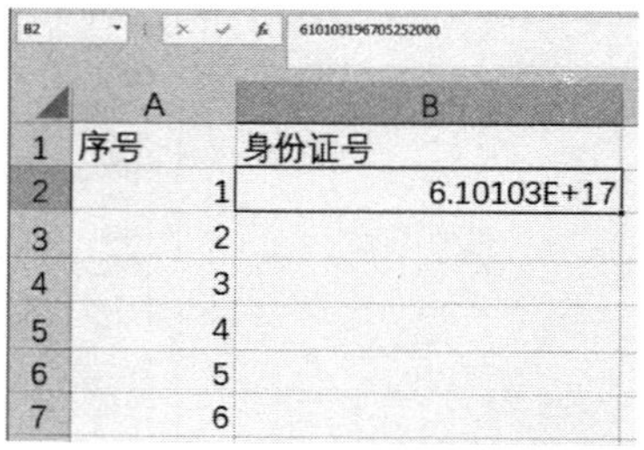

图 4-1-23　科学记数法显示长数值

选中该列（在列号 B 上单击），在被选中区域单击右键，在弹出的快捷菜单中选择"设置单元格格式"选项，打开如图 4-1-24 所示的对话框，选择"数字"标签下的"文本"，单击"确定"按钮退出。

这时会发现还是科学记数法的表现形式，在列标上方的"编辑栏"中单击，再按 Enter 键，身份证号就可以正常显示了，效果如图 4-1-25 所示。

还有一种更为简便的方法，就是在输入长数值时先输入单引号，然后再输入数字。这种方法完成后，该单元格的数据类型不是"文本"，而是"常规"。

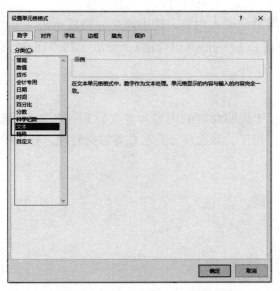

图 4-1-24 设置单元格格式为文本型

	A	B
1	序号	身份证号
2	1	610103196705252000
3	2	
4	3	
5	4	
6	5	
7	6	

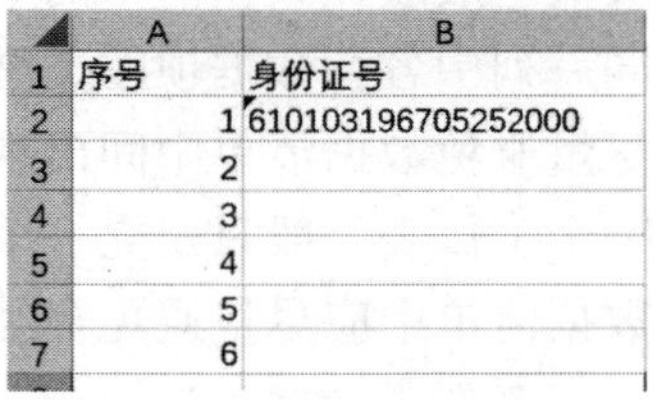

图 4-1-25 身份证号正确显示

🕮 温馨提示

①先设置单元格格式，再键入身份证号，可以省去不少麻烦。

②填有身份证号的 B2 单元格左上角有一个绿色三角，是因为将数字作为文本存储在此单元格中，系统在提示我们是否应该改变数字的数据类型为数字型，因此此处可以忽略它的存在。另外，打印时，这种符号是不会被打印出来的。如果实在不想要，也可以在选中该单元格后，单击其旁边出现的错误提示图标，选择快捷菜单中的“忽略错误”即可。

②零开头的数字的输入。例如，输入含有区号的电话号码。由于固定电话号码中区号都是以 0（零）开头的，所以在输入完后，这个开头的 0 应该保留，但直接在未经格式设置的单元格中输入这样的电话号码时，会发现开头的 0 在按 Enter 键后就自动消失了，这还是因为被自动当作数字处理了，所以也要将它设置成文本格式，方法同上。不过如果在键入电话号码的时候在区号和号码之间加一个“-”，那么它也会正常显示。

③年月日的输入。例如，输入出生日期、入学日期、入党日期等。大家的入学时间都一样，这样可以使用之前讲过的复制单元格的操作，这时只需键入“2021 年 9 月 1 日”即可。但如果时间都不一样，每次输入日期时都得输入“年”“月”“日”这几个字，是比较麻烦的，所以可以打开“设置单元格格式”对话框，先对这些单元格的格式进行设置，如图 4-1-26 所示。再输入时，就可以输入“2021-9-1”，按 Enter 键后，自动会转换成“2021 年 9 月 1 日”了。

图 4-1-26 设置单元格格式为日期型

如果在不设置单元格格式的情况下直接在单元格中输入“2021-9-1”或“2021/9/1”，又会是什么情况呢？大家试试吧。

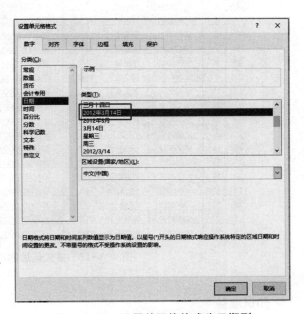

④百分比数值的输入。例如,想在单元格中显示"2%",可以有以下几种方法。

方法1:先在单元格中输入"0.02",按Enter键确定输入内容。选中该单元格后单击"开始"标签"数字"面板中的 % "百分比样式"按钮(或按Ctrl+Shift+%组合键),完成"2%"的输入。

方法2:直接在单元格中输入"2%"或"%2"即可。

5. 数据清单

数据清单是指在Excel中由表头(即字段名,用于说明每列的内容和意义)和一条条记录组成的数据区域。根据数据清单中的内容可以实现如查询、排序、筛选及分类汇总等数据管理、分析操作。

在创建数据清单时,应遵循以下几点要求:

①表头一般放在数据清单的第一行。
②同一列中各行数据项的类型和格式应当完全相同。
③尽量避免数据清单中间出现空白行或空白列。
④一个工作表一般只建立一个数据清单。
⑤数据清单中应尽量避免合并单元格的出现。

任务实施

1. 任务单——创建"××党支部个人基本信息表"数据清单(见活页)
2. 任务解析——创建"××党支部个人基本信息表"数据清单

任务2 工作表的格式化

编辑"××党支部个人基本信息表"格式,完成后的效果如图4-1-27所示。

序号	工号	姓名	政治面貌	身份证号	电话号码	邮箱	参加工作日期
			XX党支部个人基本信息表				
1	50666001	刘浩明	党员	291101XXXXXX4812	029-81234567	50666001@tzy.com	2008年8月1日
2	50666002	王春丽	党员	250701XXXXXX3628	029-81234568	50666002@tzy.com	1997年8月1日
3	50666003	王炫皓	群众	260501XXXXXX3640	029-81234569	50666003@tzy.com	1995年8月1日
4	50666004	方小峰	群众	330812XXXXXX3151	029-81234570	50666004@tzy.com	2011年8月1日
5	50666005	黄国栋	党员	310807XXXXXX3078	029-81234571	50666005@tzy.com	1997年8月1日
6	50666006	张孔苗	党员	260411XXXXXX1881	029-81234572	50666006@tzy.com	2010年8月1日
7	50666007	黄雅玲	群众	260312XXXXXX1864	029-81234573	50666007@tzy.com	2010年8月1日
8	50666008	李丽珊	党员	270305XXXXXX3550	029-81234574	50666008@tzy.com	2018年8月1日
9	50666009	姚苗波	群众	251304XXXXXX2282	029-81234575	50666009@tzy.com	2015年8月1日
10	50666010	谢久久	群众	440806XXXXXX2027	029-81234576	50666010@tzy.com	2016年8月1日
11	50666011	谢丽秋	党员	330613XXXXXX3732	029-81234577	50666011@tzy.com	2006年8月1日
12	50666012	黄小欧	党员	391102XXXXXX3147	029-81234578	50666012@tzy.com	1997年8月1日
13	50666013	徐慧	群众	370709XXXXXX5054	029-81234579	50666013@tzy.com	2018年8月1日
14	50666014	王纪	群众	301814XXXXXX2423	029-81234580	50666014@tzy.com	1996年8月1日
15	50666015	刘阳	党员	180109XXXXXX3503	029-81234581	50666015@tzy.com	2018年8月1日
16	50666016	刘微微	党员	210514XXXXXX5544	029-81234582	50666016@tzy.com	2009年8月1日
17	50666017	张丽	群众	161605XXXXXX1387	029-81234583	50666017@tzy.com	2016年8月1日
18	50666018	王洁	党员	160101XXXXXX3466	029-81234584	50666018@tzy.com	2003年8月1日
19	50666019	姬鹏华	群众	451202XXXXXX3841	029-81234585	50666019@tzy.com	2017年8月1日
20	50666020	江海涛	群众	141209XXXXXX4363	029-81234586	50666020@tzy.com	1995年8月1日

图4-1-27 格式化后的"××党支部个人基本信息表"

知识准备

1. 套用表格格式

为了美化表格、快速对表格进行基本的格式设置,Excel 2016提供了多达60种表格格式供用户选择。

首先激活表格中任意一个单元格,单击"开始"标签→"样式"面板→"套用表格格式",就会展开一个下拉列表,如图4-1-28所示,显示出Excel提供的各种不同样式的表格模板。也可以选择下方的"新建表格样式"来自己设计一个表格样式,这里选择"中等色"→"蓝色,表样式中等深浅2"(即第4行第2列的样式)。

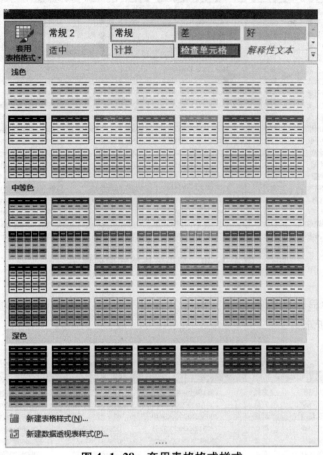

图4-1-28 套用表格格式样式

此时会弹出如图4-1-29所示的"套用表格式"对话框,询问对哪个表格执行套用表格格式的操作,同时,整个表格中的数据都被虚线框选出来。

图4-1-29 "套用表格式"对话框

如果框选范围有误,修改"表数据的来源"下方的单元格区域,确认无误后单击"确定"按钮,效果如图 4-1-30 所示。

图 4-1-30 套用表格格式后效果图

如果不想要标题行中显示的筛选按钮,可在"设计"标签"表格样式选项"中取消勾选"筛选按钮",效果如图 4-1-31 所示。

图 4-1-31 取消"筛选"后效果图

2. 条件格式

当需要对一些满足特定条件的数据进行高亮标识,使之与众不同时,就可以使用"条件格式"功能。

例如,想将"政治面貌"列中的"党员"两字的字体颜色改为深绿色、单元格用绿色填充,操作方法如下:

选中"政治面貌"这一列,单击"开始"标签→"样式"面板→"条件格式"→"突出显示单元格规则"→"文本包含",如图 4-1-32 所示。

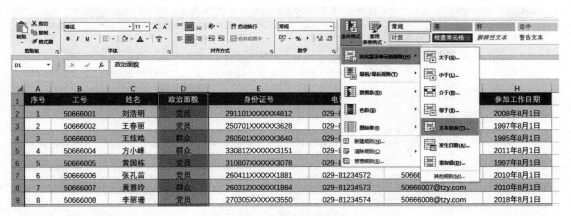

图 4-1-32 设置"条件格式"

在弹出的"文本中包含"对话框左边的文本框中填入"党员",右边的"设置为"选择"绿填充色深绿色文本",如图4-1-33所示。

图 4-1-33 "文本中包含"对话框

单击"确定"按钮后,效果如图4-1-34所示。

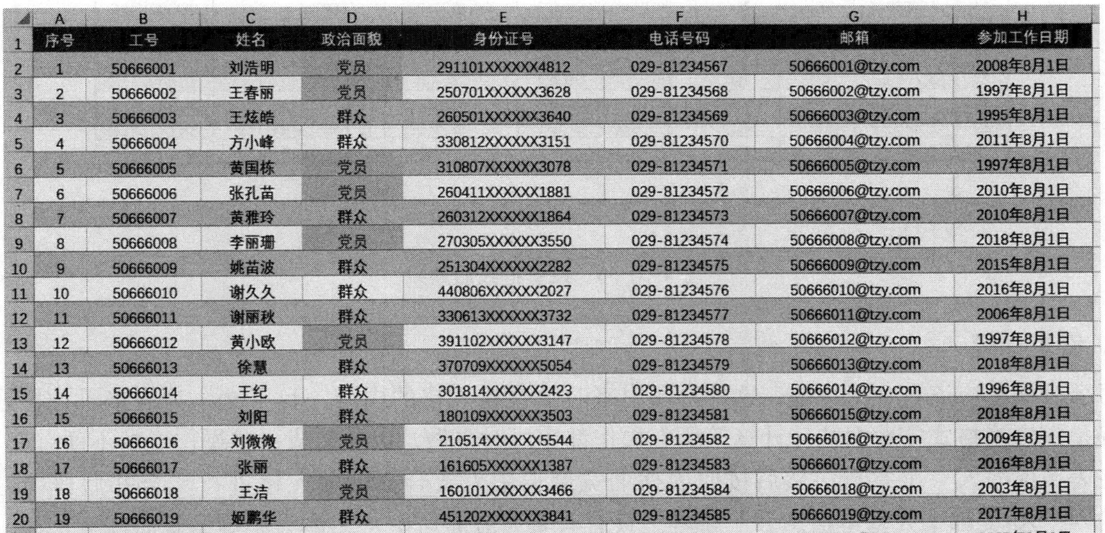

图 4-1-34 设置"条件格式"后的效果图

3. 框线设置

单击"文件"标签→"打印",可以看到打印预览的效果,如图4-1-35所示。表格中显示的是套用表格格式中的一些框线,如果想要增加或改变一些框线的显示,则需用到"开始"标签→"字体"面板→"边框",设置方法与Word中的表格设置方法相同,此处不再赘述。

如图4-1-36所示,为表格添加了双框线和粗外侧框线。

序号	工号	姓名	政治面貌	身份证号	电话号码	邮箱	参加工作日期
1	50666001	刘浩明	党员	291101XXXXXX4812	029-81234567	50666001@tzy.com	2008年8月1日
2	50666002	王春丽	党员	250701XXXXXX3628	029-81234568	50666002@tzy.com	1997年8月1日
3	50666003	王炫皓	群众	260501XXXXXX3640	029-81234569	50666003@tzy.com	1995年8月1日
4	50666004	方小峰	群众	330812XXXXXX3151	029-81234570	50666004@tzy.com	2011年8月1日
5	50666005	黄国栋	党员	310807XXXXXX3078	029-81234571	50666005@tzy.com	1997年8月1日
6	50666006	张孔苗	党员	260411XXXXXX1881	029-81234572	50666006@tzy.com	2010年8月1日
7	50666007	黄雅玲	群众	260312XXXXXX1864	029-81234573	50666007@tzy.com	2010年8月1日
8	50666008	李丽珊	党员	270305XXXXXX3550	029-81234574	50666008@tzy.com	2018年8月1日
9	50666009	姚苗波	群众	251304XXXXXX2282	029-81234575	50666009@tzy.com	2015年8月1日
10	50666010	谢久久	群众	440806XXXXXX2027	029-81234576	50666010@tzy.com	2016年8月1日
11	50666011	谢丽秋	群众	330613XXXXXX3732	029-81234577	50666011@tzy.com	2006年8月1日
12	50666012	黄小欧	党员	391102XXXXXX3147	029-81234578	50666012@tzy.com	1997年8月1日
13	50666013	徐慧	群众	370709XXXXXX5054	029-81234579	50666013@tzy.com	2018年8月1日
14	50666014	王纪	群众	301814XXXXXX2423	029-81234580	50666014@tzy.com	1996年8月1日
15	50666015	刘阳	群众	180109XXXXXX3503	029-81234581	50666015@tzy.com	2018年8月1日
16	50666016	刘微微	党员	210514XXXXXX5544	029-81234582	50666016@tzy.com	2009年8月1日
17	50666017	张丽	群众	161605XXXXXX1387	029-81234583	50666017@tzy.com	2016年8月1日
18	50666018	王洁	党员	160101XXXXXX3466	029-81234584	50666018@tzy.com	2003年8月1日
19	50666019	姬鹏华	群众	451202XXXXXX3841	029-81234585	50666019@tzy.com	2017年8月1日
20	50666020	江海涛	群众	141209XXXXXX4363	029-81234586	50666020@tzy.com	1995年8月1日

图 4-1-35 设置框线前效果

粗外侧框线

序号	工号	姓名	政治面貌	身份证号	电话号码	邮箱	参加工作日期
1	50666001	刘浩明	党员	291101XXXXXX4812	029-81234567	50666001@tzy.com	2008年8月1日
2	50666002	王春丽	党员	250701XXXXXX3628	029-81234568	50666002@tzy.com	1997年8月1日
3	50666003	王炫皓	群众	260501XXXXXX3640	029-81234569	50666003@tzy.com	1995年8月1日
4	50666004	方小峰	群众	330812XXXXXX3151	029-81234570	50666004@tzy.com	2011年8月1日
5	50666005	黄国栋	党员	310807XXXXXX3078	029-81234571	50666005@tzy.com	1997年8月1日
6	50666006	张孔苗	党员	260411XXXXXX1881	029-81234572	50666006@tzy.com	2010年8月1日
7	50666007	黄雅玲	群众	260312XXXXXX1864	029-81234573	50666007@tzy.com	2010年8月1日
8	50666008	李丽珊	党员	270305XXXXXX3550	029-81234574	50666008@tzy.com	2018年8月1日
9	50666009	姚苗波	群众	251304XXXXXX2282	029-81234575	50666009@tzy.com	2015年8月1日
10	50666010	谢久久	群众	440806XXXXXX2027	029-81234576	50666010@tzy.com	2016年8月1日
11	50666011	谢丽秋	群众	330613XXXXXX3732	029-81234577	50666011@tzy.com	2006年8月1日
12	50666012	黄小欧	党员	391102XXXXXX3147	029-81234578	50666012@tzy.com	1997年8月1日
13	50666013	徐慧	群众	370709XXXXXX5054	029-81234579	50666013@tzy.com	2018年8月1日
14	50666014	王纪	群众	301814XXXXXX2423	029-81234580	50666014@tzy.com	1996年8月1日
15	50666015	刘阳	群众	180109XXXXXX3503	029-81234581	50666015@tzy.com	2018年8月1日
16	50666016	刘微微	党员	210514XXXXXX5544	029-81234582	50666016@tzy.com	2009年8月1日
17	50666017	张丽	群众	161605XXXXXX1387	029-81234583	50666017@tzy.com	2016年8月1日
18	50666018	王洁	党员	160101XXXXXX3466	029-81234584	50666018@tzy.com	2003年8月1日
19	50666019	姬鹏华	群众	451202XXXXXX3841	029-81234585	50666019@tzy.com	2017年8月1日
20	50666020	江海涛	群众	141209XXXXXX4363	029-81234586	50666020@tzy.com	1995年8月1日

双框线

图 4-1-36 设置框线后效果

4. 设置标题

每个表格都应该有一个标题，这样打印出来时才会对表格的内容一目了然。为表格添加标题的操作最好是在表格格式、数据统计计算等所有操作都完成时再做，以免造成一些操作上的不便。

在表头前插入一个空行，然后按照表格的宽度选中需要合并的单元格进行"合并后居中"的操作；输入"××支部个人基本信息表"字样，设置其垂直方向居中、字体大小等格式后就完成了，效果如图4-1-37所示。

	A	B	C	D	E	F	G	H
1	XX党支部个人基本信息表							
2	序号	工号	姓名	政治面貌	身份证号	电话号码	邮箱	参加工作日期
3	1	50666001	刘浩明	党员	291101XXXXXX4812	029-81234567	50666001@tzy.com	2008年8月1日
4	2	50666002	王春丽	党员	250701XXXXXX3628	029-81234568	50666002@tzy.com	1997年8月1日
5	3	50666003	王炫皓	群众	260501XXXXXX3640	029-81234569	50666003@tzy.com	1995年8月1日

图 4-1-37 添加表格标题

任务实施

1. 任务单——格式化"××党支部个人基本信息表"（见活页）
2. 任务解析——格式化"××党支部个人基本信息表"

任务3　打印工作表

为"××党支部个人基本信息表"进行页面设置和打印设置，打印预览效果如图4-1-38所示。

任务解析
（难度等级★★）

任务解析
（难度等级★★★）

图 4-1-38　最终打印预览效果

知识准备

1. 设置页面

选中整个表格（包含标题），即选中所有需要打印的单元格内容，单击"文件"标签→"打印"，打开如图4-1-39所示的窗口，窗口右侧就是打印预览的内容，这里显示的内容与实际打印出来的内容是一致的。

一般在打印之前会对打印所需的纸张大小、纸张方向等进行设置，在做这些设置之前，需要先设定打印区域。选中需要打印的所有单元格，选择"页面布局"标签→"页面设置"面板→"打印区域"中的"设置打印区域"。

从图4-1-39中可以看出，由于表格是横向的、纸张是纵向的，所以在打印预览中呈现的表格在一页上是不完整的，需要两页才能打印出完整的表格，因此需要重新设定纸张的方向，做法为：选择"纸张方向"→"横向"，并确认"纸张大小"为"A4"（纸张大小应根据实际表格所需规格而定）。

以上这些操作同样可以在"页面设置"对话框中完成。打开"页面设置"对话框的方法有两个：一是单击"文件"标签→"打印"→"页面设置"；二是单击"页面布局"标签→"页面设置"面板右下角的"对话框启动器"按钮 。"页面设置"对话框如图4-1-40所示。

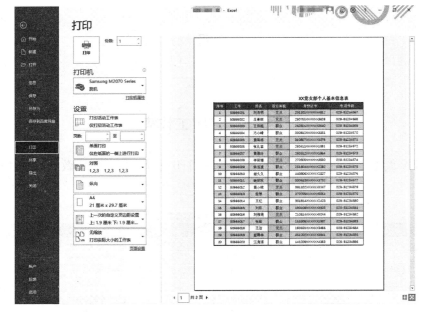

图 4-1-39 "页面设置"前打印预览效果

📖 **温馨提示**

如果表格中只有少量内容没有显示在第一页上，那么可以通过选中图 4-1-40 中"页面"标签→"缩放"→"调整为 1 页宽 1 页高"来解决此问题。

2. 打印

选择"文件"标签下的"打印"选项，打开"打印"窗口，在窗口右侧查看打印预览效果是否满足要求；在其左侧可以设置打印的份数，选择要使用的打印机，设置打印哪些页（如果该工作表中的内容不止一页，可以在该窗口的下方"共×页"处看到总共有几页），设置纸张方向、大小、页边距，还可以单击下方的"页面设置"按钮重新进行更细的设置。全都设置好后，单击"打印"按钮 即可。

图 4-1-40 "页面设置"对话框

🏔 **任务实施**

1. 任务单——打印"××党支部个人基本信息表"（见活页）
2. 任务解析——打印"××党支部个人基本信息表"

🌱 **技能训练**

项目 2 制作课程成绩单

1. 项目提出

在看一份成绩单时，会有很多想知道的数据，比如，谁是第 1 名？最高分是多少分？有不及格的人吗？等等。依靠 Excel 所提供的功能，这些问题都不难解决。

相关知识点：
①使用公式进行数据的计算。
②SUM 函数的使用。
③IF 函数的使用。
④AVERAGE 函数的使用。
⑤MAX 函数的使用。
⑥MIN 函数的使用。
⑦ABS 函数的使用。
⑧RANK 函数的使用。
⑨COUNT 函数的使用。
⑩COUNTIF 函数的使用。

2. 项目分析

在本项目中，将通过两个任务来学习如何使用 Excel 完成数据的各种计算和统计分析，体验 Excel 带来的惊喜。本项目中将会用到很多函数，相对项目 1 来说，难度增大了不少，不过只要多加练习，就能完全掌握。

任务 1　计算综合成绩

创建如图 4-2-1 所示的表格，使用公式按"课件学习"成绩占综合成绩的 20%、"课堂活动"成绩占综合成绩的 20%、"作业"成绩占综合成绩的 40%、"课堂小测"成绩占综合成绩的 20% 的要求计算出每位学生的"综合成绩"，保留 1 位小数。最终效果如图 4-2-2 所示。

	A	B	C	D	E	F
1	姓名	课件学习	课堂活动	作业	课堂小测	综合成绩
2		20%	20%	40%	20%	
3	刘浩明	80	97	70	84	
4	王春丽	80	95	70	62	
5	王炫皓	71	97	84	87	
6	方小峰	76	97	56	60	
7	黄国栋	82	97	75	82	
8	张孔苗	83	97	83	91	
9	黄雅玲	67	97	73	73	
10	李丽珊	84	90	80	88	
11	姚苗波	88	97	85	82	
12	谢久久	89	100	83	86	
13	谢丽秋	99	95	83	75	
14	黄小欧	68	80	72	89	
15	徐慧	72	95	76	76	
16	王纪	98	90	62	91	
17	刘阳	67	100	78	83	
18	刘微微	90	90	79	75	
19	张丽	85	95	84	86	
20	王洁	76	92	70	81	
21	姬鹏华	68	50	16	99	
22	江海涛	77	60	85	84	
23						

图 4-2-1　制作基础数据表格

	A	B	C	D	E	F
1	姓名	课件学习	课堂活动	作业	课堂小测	综合成绩
2		20%	20%	40%	20%	
3	刘浩明	80	97	70	84	80.3
4	王春丽	80	95	70	62	75.1
5	王炫皓	71	97	84	87	84.5
6	方小峰	76	97	56	60	68.9
7	黄国栋	82	97	75	82	81.9
8	张孔苗	83	97	83	91	87.3
9	黄雅玲	67	97	73	73	76.7
10	李丽珊	84	90	80	88	84.4
11	姚苗波	88	97	85	82	87.4
12	谢久久	89	100	83	86	88.0
13	谢丽秋	99	95	83	75	86.8
14	黄小欧	68	80	72	89	76.4
15	徐慧	72	95	76	76	79.0
16	王纪	98	90	62	91	80.3
17	刘阳	67	100	78	83	81.2
18	刘微微	90	90	79	75	82.5
19	张丽	85	95	84	86	86.6
20	王洁	76	92	70	81	77.7
21	姬鹏华	68	50	16	99	49.9
22	江海涛	77	60	85	84	78.5
23						

图 4-2-2　数据计算后的最终效果

课堂笔记

知识准备

1. 公式计算

假设已知某班某门课程的平时成绩和期末成绩，如图 4-2-3 所示，现在需要计算每个人这门课程的最终总评成绩。总评成绩的计算按平时成绩占 30%、期末成绩占 70%计算，即遵循下列公式：

总评成绩=平时成绩×30%+期末成绩×70%

对于第一名同学刘浩明来说，他的总评成绩=90×0.3+77×0.7，其中平时成绩 90 在 B2 单元格中、期末成绩 77 在 C2 单元格中，因此，在 D2 单元格或编辑栏中应输入如下公式：

	A	B	C	D
1	姓名	平时成绩	期末成绩	总评成绩
2	刘浩明	90	77	
3	王春丽	90	87	
4	王炫皓	95	63	
5	方小峰	86	54	
6	黄国栋	80	88	
7	张孔苗	88	67	
8	黄雅玲	60	45	

图 4-2-3　成绩单原始数据

=B2 * 0.3+C2 * 0.7　　　（1）

温馨提示

在 Excel 中，在输入公式前，必须先输入等号“=”，然后再输入公式的内容；包括等号在内的所有字符都必须为英文状态下的字符，否则就会出错；表达式中的乘号“×”必须用星号“*”代替。

将公式（1）输入 D2 单元格中（含等号），按 Enter 键或单击编辑栏左边的对勾按钮 ✓ 就可以看到刘浩明同学的总评成绩已经计算出来了，为“80.9”。如果不需要保留小数部分，可以选中“总评成绩”这一列，在“设置单元格格式”对话框中，在“数字”→“分类”中选择“数值”，“小数位数”设为 0，如图 4-2-4 所示。单击“确定”按钮后，刘浩明同学的总评成绩会自动四舍五入显示为“81”。

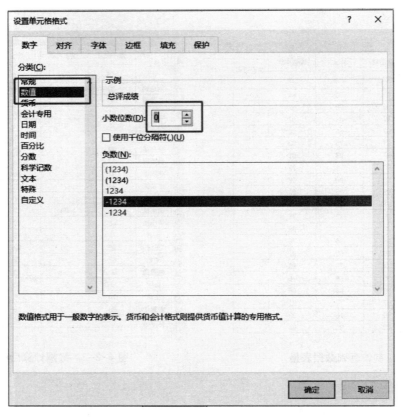

图 4-2-4　设置小数位数

你是不是会按上面的方法逐一去计算其他每位同学的总评成绩呢？其实不用那么麻烦，依然可以用之前讲过的输入连续数列的方法来完成。单击选中 D2 单元格，将光标移动到 D2 单元格右下角的小绿方块上，当标变为黑色十字样式时，垂直向下拖动到最后一个同学所在的行，松开后你会惊奇地发现每个人的总评成绩都自动显示出来了。这种快速填充的方法使后面的单元格都继承了第一个单元格中的公式和格式，是不是非常方便呢？

2. 相对引用与绝对引用

当向下拖动某个单元格的小绿方块时，用到了相对引用的概念，即引用了单元格的相对位置。当从 D2 单元格向下拖动时，其下方的单元格就继承了 D2 单元格中公式的特点。D2 单元格公式的特点是用它左边第二个单元格（即 B2）中的数据乘以 0.3，再加上它左边第一单元格（即 C2）中的数据乘以 0.7。以 D4 单元格为例，它继承到的信息是用它左边第二个数 95 去乘以 0.3，再加上左边第一个数 63 乘以 0.7。

提问：如果平时成绩和期末成绩的分配比例发生了变化，用什么方法可以在只更改比例的值的情况下就可以保证总评成绩也随之变化呢？

答：在公式中直接引用比例的值所在单元格，而不是使用比例的值。如图 4-2-5 所示，在表格中的 F1:G2 区域添加了比例值信息，那么 D2 单元格中的公式就可以改为：

$$=B2*G1+C2*G2 \qquad (2)$$

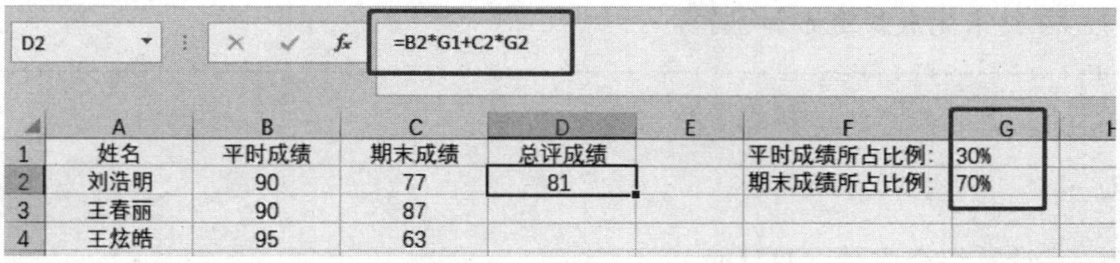

图 4-2-5 在表格中添加比例值信息

将公式（2）中的内容输入 D2 单元格中（含等号），按 Enter 键后得到刘浩明同学的总评成绩依然为 81。

此时大家肯定会想到再次使用快速填充的方法来计算其他同学的总评成绩，可是得到的成绩却完全不对，这是为什么呢？让我们来看一下任意一个继承公式的单元格中的公式吧。此处选择 D7 单元格，选中 D7 单元格可以从编辑栏中看到它继承到的公式是"＝B7*G6+C7*G7"。仔细观察这个公式，就会发现张孔苗同学的平时成绩 88 并没有乘以 G1 单元格中的 30%，而是乘了 G6 单元格，G6 单元格是空的；同样地，他的期末成绩 67 也没有乘以 G2 单元格中的 70%，而是乘了 G7 单元格，所以他的总评成绩经计算为 0。

为什么会这样呢？这就需要用到绝对引用的概念了，即总是在指定位置引用某单元格，即便是公式所在的单元格位置发生改变，绝对引用地址也保持不变。在"公式 2"中，由于每个人的平时成绩和期末成绩都是不同的，所以 B2、C2 的值应是可变的，需用相对引用；每个人的平时成绩和期末成绩的占比是不变的，都是 30% 和 70%，因此要用绝对引用。在 G1 单元格和 G2 单元格地址前加上"$"符号，这样就可以保证无论谁继承了该公式，G1 单元格、G2 的引用地址都不会改变。

引入绝对引用的概念后，D2 单元格中输入的公式又可改为如下内容：

$$=B2*\$G\$1+C2*\$G\$2 \qquad (3)$$

使用向下拖动快速填充的方法得出其他同学的总评成绩，效果如图 4-2-6 所示。

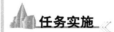

图 4-2-6 计算总评成绩

📖 **温馨提示**

当需要绝对引用某单元格时，即为该单元格名称的行标和列标前加 $ 符号时，可以先选中该单元格名称，然后按 F4 键来完成快速添加 $ 符号。

任务实施

1. 任务单——计算综合成绩（见活页）
2. 任务解析——计算综合成绩

任务解析
（难度等级★★★）

任务 2　单科成绩统计分析

根据如图 4-2-7 所示的基础数据使用 Excel 中的函数完成某班某门课程的成绩统计分析表格的制作。

	A	B	C	D	E	F	G	H	I	J	K
1	学号	姓名	平时	期末	总评（分值）	总评（等级）	名次	备注		平时所占比例	30%
2	CS21001	刘浩明	90	77						期末成绩所占比例	70%
3		王春丽	90	87							
4		王炫皓	95	63						总评合计	
5		方小峰	86	54				如果总评成绩小于60分，则在备注列显示"不及格"		最高分	
6		黄国栋	80	88						最低分	
7		张孔苗	88	67						平均分	
8		黄雅玲	60	45						及格人数	
9		李丽珊	98	96						不及格人数	
10		姚苗波	98	97						及格率	
11		谢久久	92	90							
12		谢丽秋	80	82							
13		黄小欧	100	99							
14		徐彗	86	85							
15		王纪	78	60							
16		刘阳	86	74							
17		刘微微	64	79							
18		张丽	88	80							
19		王洁	50	60							
20		姬鹏华	61	80							
21		江海涛	89	97							

图 4-2-7　基础数据信息

具体要求如下:
① "学号"按从"CS21001"到"CS21020"进行填充。
② "总评(分值)"按平时成绩占30%、期末成绩占70%进行计算,并且必须引用K1和K2单元格中的比例值;总评(分值)保留一位小数。
③ "总评(等级)"列规则:100～90为优、89.9～80为良、79.9～70为中、69.9～60为及格、59.9～0为不及格。
④ "名次"列显示每位同学在这20位学生中的成绩排名。
⑤ 当某位学生成绩不及格时,在"备注"列显示"不及格"字样。
⑥ "总评合计"计算所有学生的总评(分值)的和。
⑦ "最高分"求总评(分值)的最高分。
⑧ "最低分"求总评(分值)的最低分。
⑨ "平均分"计算所有学生总评(分值)的平均值。
⑩ "及格人数"求20位学生中总评(分值)大于等于60的学生人数。
⑪ "不及格人数"求20位学生中总评(分值)小于60的学生人数。
⑫ "及格率"用公式"及格率＝及格人数/总人数"计算。其中,"总人数"也需用函数计算完成。
最终结果如图4-2-8所示。

	A	B	C	D	E	F	G	H	I	J	K
1	学号	姓名	平时	期末	总评(分值)	总评(等级)	名次	备注		平时所占比例	30%
2	CS21001	刘浩明	90	77	80.9	良	11			期末成绩所占比例	70%
3	CS21002	王春丽	90	87	87.9	良	6				
4	CS21003	王炫皓	95	63	72.6	中	16			总评合计	1589.7
5	CS21004	方小峰	86	54	63.6	及格	18			最高分	99.3
6	CS21005	黄国栋	80	88	85.6	良	7			最低分	49.5
7	CS21006	张孔苗	88	67	73.3	中	15			平均分	79.5
8	CS21007	黄雅玲	60	45	49.5	不及格	20	不及格		及格人数	18
9	CS21008	李丽珊	98	96	96.6	优	3			不及格人数	2
10	CS21009	姚苗波	98	97	97.3	优	2			及格率	90.0%
11	CS21010	谢久久	92	90	90.6	优	5				
12	CS21011	谢丽秋	80	82	81.4	良	10				
13	CS21012	黄小欧	100	99	99.3	优	1				
14	CS21013	徐慧	86	85	85.3	良	8				
15	CS21014	王纪	78	60	65.4	及格	17				
16	CS21015	刘阳	86	74	77.6	中	12				
17	CS21016	刘微微	64	79	74.5	中	13				
18	CS21017	张丽	88	80	82.4	良	9				
19	CS21018	王洁	50	60	57	不及格	19	不及格			
20	CS21019	姬鹏华	61	80	74.3	中	14				
21	CS21020	江海涛	89	97	94.6	优	4				

图4-2-8 单科成绩统计分析最终结果

知识准备

为了完成普通数学公式无法实现的功能,Excel提供了300多个内置函数,这里将详细介绍几个常用函数的使用方法。

1. SUM 函数

SUM函数用于计算单元格区域中所有数值的和。

(1)不连续单元格求和

如图4-2-9所示,假设要将A1、B2、C3三个不连续单元格中的数值的总和放到E3单元格中,可以有以下四种操作方法。

方法1:公式计算1。在E3单元格中输入公式"＝A1+

图4-2-9 求三个不连续单元格中数值的总和

B2+C3"后按 Enter 键，则 E3 单元格中会显示其计算结果为 9。

方法 2：公式计算 2。同样是用公式计算，但这次在操作上有所不同。先在 E3 单元格中输入等号"="，依次执行如下操作：用鼠标单击 A1 单元格、按键盘上的加号"+"、单击 B2 单元格、按加号"+"、单击 C3 单元格，按 Enter 键结束（用鼠标点选单元格代替输入单元格名称的方法后面不再赘述）。

方法 3：输入函数计算。在 E3 单元格中输入"=SUM(A1,B2,C3)"后按 Enter 键。

方法 4：插入函数计算。激活 E3 单元格，选择"公式"标签→"函数库"面板→"插入函数"，如图 4-2-10 所示。

在打开的"插入函数"对话框中的"选择函数"下方找到"SUM"，单击"确定"按钮，如图 4-2-11 所示。

图 4-2-10 "插入函数"按钮

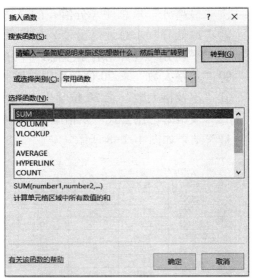

图 4-2-11 "插入函数"对话框

打开"函数参数"对话框，在"Number1"右边的文本框中输入"A1,B2,C3"，如图 4-2-12 所示，单击"确定"按钮。

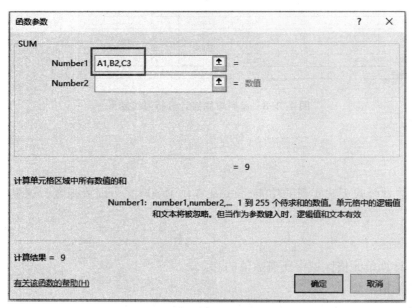

图 4-2-12 输入求和取值范围

同样，在 E3 单元格中也得到了 9 的答案，观察图 4-2-13 中所示编辑栏中的公式与方法 3 中输入的公式是一样的，熟悉了函数之后，直接输入函数的内容可以大大节省操作时间。

（2）连续单元格求和

如图 4-2-14 所示，假设现在要将 A1、B1、C1 这三个连续单元格中的数值的和放到 D1 单元格中，那么又该如何操作呢？

方法 1：公式计算。直接在 D1 单元格中输入公式"=A1+B1+C1"，得到答案 12。

方法 2：输入函数。在 D1 单元格中输入函数公式"=SUM(A1:C1)"。

图 4-2-13　SUM 函数使用结果

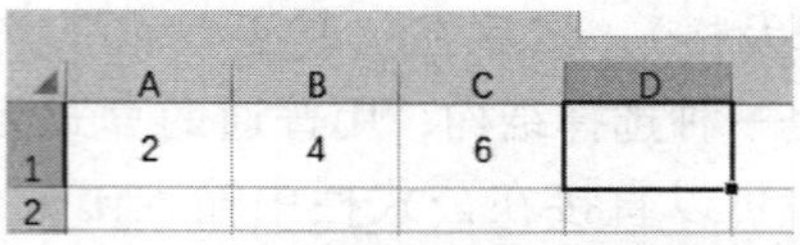

图 4-2-14　求连续单元格区域中的数值之和

方法 3：插入函数。与上一个例子中的方法 4 相同，在激活 D1 单元格后选择"公式"标签→"函数库"面板→"插入函数"，在打开的"插入函数"对话框中选择"SUM"后单击"确定"按钮，打开"函数参数"对话框，如图 4-2-15 所示，在"Number1"右边的文本框中输入单元格区域"A1:C1"，单击"确定"按钮结束。

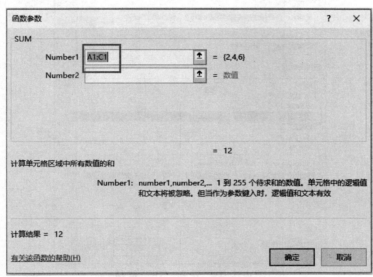

图 4-2-15　输入求和区域

方法 4：按钮操作。激活 D1 单元格，单击"开始"标签→"编辑"面板→"自动求和"按钮，如图 4-2-16 所示。

一般情况下 Excel 会自动识别需要求和的单元格区域，如图 4-2-17 所示，单击"自动求和"按钮后，在 D1 单元格中自动出现了公式"=SUM(A1:C1)"，确认无误后按 Enter 键即可。

图 4-2-16　自动求和按钮

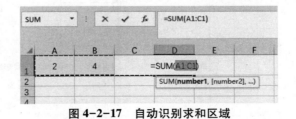

图 4-2-17　自动识别求和区域

📖 温馨提示

"自动求和"按钮同样也可以在"公式"标签下找到。选中 G6 单元格，单击"自动求和"按钮也能完成求和操作。

2. IF 函数

IF 函数用于判断是否满足某个条件，如果满足，返回一个值；如果不满足，则返回另一个值。

如图 4-2-18 所示，假设需要根据"分数"列的分数来判断是否及格（≥60 算及格），然后在"是否及格"列填入"及格"或"不及格"字样。这是一种选择结构，用普通的算式无法实现，需要用到 IF 函数。对于函数，可以直接在公式栏中输入函数公式，也可以通过"插入函数"对话框来完成。对于初学者，在对函数不熟悉的情况下，可以先用后一种方法来完成操作。

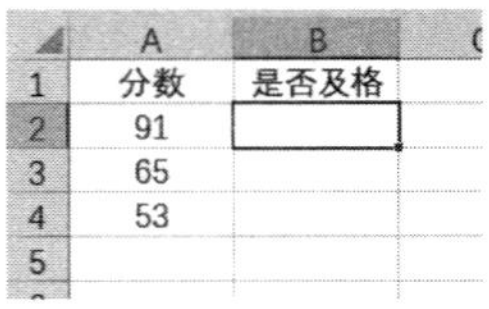

图 4-2-18 根据"分数"列中的值判断是否及格

方法1：插入函数。选中 B2 单元格，选择"公式"标签→"函数库"面板→"插入函数"，打开"插入函数"对话框，选择其中的"IF"，如图 4-2-19 所示。

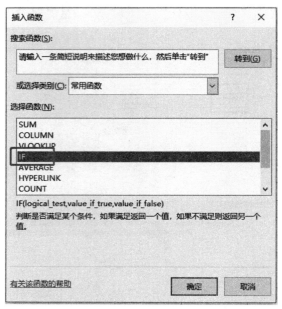

图 4-2-19 选择"IF"函数

单击"确定"按钮后打开"函数参数"对话框，如图 4-2-20 所示。在"Logical_test"后输入判

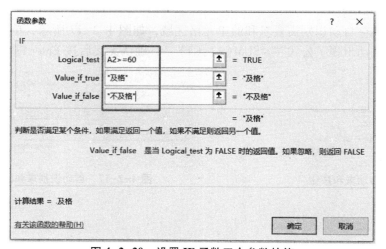

图 4-2-20 设置 IF 函数三个参数的值

断的条件"A2>=60";在"Value_if_true"后面输入条件为真时要执行的操作——显示"及格",所以此处需键入"及格"二字,当光标移到其他文本框时,Excel会自动给这两个字加上双引号(该双引号为英文状态下的双引号,也可以自己输入);在"Value_if_false"后面输入条件为假时要执行的操作——显示"不及格",即键入"不及格"三个字。单击"确定"按钮结束操作。

使用快速填充的方法后,得到如图4-2-21所示的结果。

方法2:输入函数。从图4-2-21的编辑栏中可以看到IF函数公式的内容,所以也可以直接在B2单元格中输入这个公式内容"=IF(A2>=60,"及格","不及格")"。

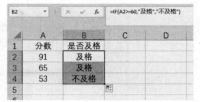

图4-2-21 使用IF函数后的最终结果

扩展一:如果现在将要求改为分数及格的时候什么都不显示,不及格的时候显示"不及格",这个公式又该如何写呢?试试在编辑栏输入公式"=IF(B2>=60," ","不及格")"。这里用两个连着的""""作为当"B2>=60"这个条件为真时要执行的操作,也就是把上面方法2中的公式里的"及格"两个字删除,只保留一对双引号且中间无空格。

扩展二:如果将要求改为90分以上显示"优",60~89分显示"及格",59分以下显示"不及格"呢?

方法1:插入函数。选中B2单元格,打开IF函数的"函数参数"对话框,如图4-2-22所示。在"Logical_test"后边文本框中输入"A2>=90",在"Value_if_true"右边文本框中输入"优",将光标放到"Value_if_false"右边的文本框中,然后单击图中左上角名称框位置的"IF"函数名。

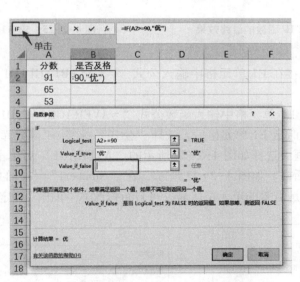

图4-2-22 设置第一层IF函数的两个参数值

此时会打开一个新的没有输入任何值的IF函数的"函数参数"对话框,如图4-2-23所示。这其实是在第一层IF函数中又嵌套了一个IF函数。在"Logical_test"后边文本框中输入"A2>=60",在"Value_if_true"右边文本框中输入"及格",在"Value_if_false"右边的文本框中输入"不及格",单击"确定"按钮。

快速填充后得到如图4-2-24所示的结果。

方法2:输入函数。从图4-2-24编辑栏中可以看到嵌套IF函数公式的内容,在B2单元格中输入公式"=IF(A2>=90,"优",IF(A2>=60,"及格","不及格"))"后按Enter键结束操作。

3. AVERAGE函数

AVERAGE函数用于返回其参数的算术平均值;参数可以是数值或包含数值的名称、数组或引用。

如图4-2-25所示,假设需要计算A1:D1区域4个单元格中的4个数的平均值并填入E1单元格中。和SUM函数类似,对于求连续单元格区域的平均值,也可以使用如下4种方法。

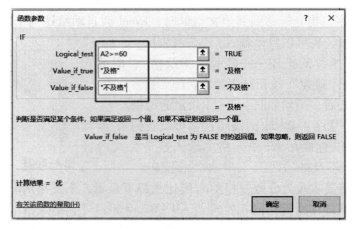

图 4-2-23　设置第二层 IF 函数的三个参数值

图 4-2-24　使用嵌套 IF 函数的最终效果

图 4-2-25　求 A1:D1 区域数值的平均值

方法 1：公式计算。直接在 E1 单元格中输入公式"=（A1+B1+C1+D1）/4"后按 Enter 键结束操作，得到答案 2.5。

方法 2：输入函数。在 E1 单元格中输入函数公式"=AVERAGE(A1:D1)"。

方法 3：插入函数。在激活 E1 单元格后，选择"公式"标签→"函数库"面板→"插入函数"，在打开的"插入函数"对话框中选择如图 4-2-26 所示的"AVERAGE"后单击"确定"按钮。

打开"函数参数"对话框，如图 4-2-27 所示，在"Number1"右边的文本框中会自动显示单元格区域"A1:D1"（如果不是需要的单元格区域，可自行修改），单击"确定"按钮结束。

图 4-2-26　选择 AVERAGE 函数

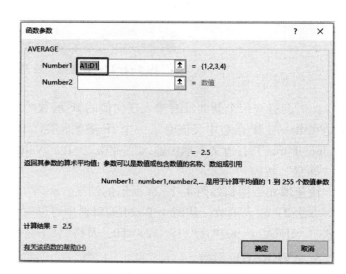

图 4-2-27　确认求平均值的取值范围

方法 4：按钮操作。激活 E1 单元格，单击"开始"标签→"编辑"面板→"自动求和"按钮右边的小三角，展开下拉菜单，如图 4-2-28 所示，选择其中的"平均值"。

与 SUM 函数一样，一般情况下 Excel 也会自动识别所求平均值的区域，如图 4-2-29 所示，在 E1 单元格中同时自动出现了公式"=AVERAGE(A1:D1)"，确认无误后按 Enter 键即可。

图 4-2-28　选择"平均值"选项

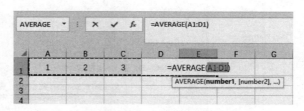

图 4-2-29　自动识别取值范围并生成函数公式

温馨提示

针对不连续的单元格中的数值求平均值，AVERAGE 函数的使用方法也和 SUM 函数的一样，这里就不再叙述了。

4. MAX 函数

MAX 函数用于返回一组数值中的最大值，忽略逻辑值及文本，如图 4-2-30 所示。

如图 4-2-30 所示，假设要将 A 列中 7 个数中最大的数挑选出来填入 C1 单元格中，可以使用如下三种方法。

方法 1：输入函数。在 C1 单元格中输入公式"=MAX(A1:A7)"后按 Enter 键结束操作，得到答案 28。

方法 2：插入函数。激活 C1 单元格，选择"公式"标签→"函数库"面板→"插入函数"，在"插入函数"对话框中选择如图 4-2-31 所示的"MAX"后单击"确定"按钮。

图 4-2-30　求 A1:A7 区域数值中的最大值

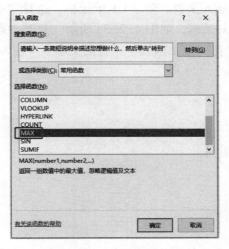

图 4-2-31　选择 MAX 函数

打开"函数参数"对话框，在"Number1"右边的文本框中会自动显示单元格区域"A1:B1"，这与需要的单元格区域不符，将其修改为"A1:A7"，如图 4-2-32 所示，单击"确定"按钮结束。

方法 3：按钮操作。激活 C1 单元格，单击"开始"标签→"编辑"面板→"自动求和"按钮右边的小三角，展开下拉菜单，选择其中的"最大值"。若系统自动识别的单元格区域与需要的区域不符，可以在"编辑栏"中将其改为"A1:A7"，确认无误后按 Enter 键完成操作。

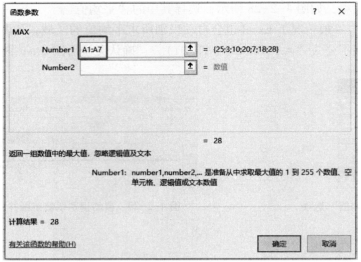

图 4-2-32 设置求最大值的取值范围

📖 温馨提示

由于 MAX 函数并不是在对指定的单元格区域中的数据进行简单的数学计算，因此无法用公式计算来完成。

5. MIN 函数

MIN 函数用于返回一组数值中的最小值，忽略逻辑值及文本，如图 4-2-33 所示。

如图 4-2-33 所示，假设要将 A 列中 7 个数中最小的数挑选出来并填入 C1 单元格中，其操作方法和 MAX 函数的一样，也可以使用如下三种方法。

方法 1：输入函数。在 C1 单元格中输入公式"=MIN(A1:A7)"后按 Enter 键结束操作，得到答案 3。

方法 2：插入函数。激活 C1 单元格，选择"公式"标签→"函数库"面板→"插入函数"，打开"插入函数"对话框，如图 4-2-34 所示，此时"常用函数"下方的"选择函数"列表中没有 MIN 函数，因此需要在"搜索函数"下方的文本框中输入"min"（大小写均可）后单击"转到"按钮。

图 4-2-33 求 A1:A7 区域数值中的最小值

图 4-2-34 搜索 MIN 函数

此时"插入函数"对话框变为图 4-2-35 所示样式，单击"确定"按钮后打开"函数参数"对话框，将"Number1"右边的文本框中自动显示的"A1:B1"修改为"A1:A7"，单击"确定"按钮结束。

图 4-2-35　找到 MIN 函数

方法 3：按钮操作。激活 C1 单元格，单击"开始"标签→"编辑"面板→"自动求和"按钮右边的小三角，展开下拉菜单，选择其中的"最小值"。若系统自动识别的单元格区域与需要的区域不符，在"编辑栏"中将其改为"A1:A7"，确认无误后，按 Enter 键完成操作。

📖 温馨提示

和 MAX 函数一样，MIN 函数也无法用公式计算来完成。

6. ABS 函数

ABS 函数用于返回给定数值的绝对值，即不带符号的数值，如图 4-2-36 所示。

如图 4-2-36 所示，假设要将 A 列的三个数值取绝对值并填入 B 列，可以使用以下两种方法。

方法 1：输入函数。在 B2 单元格中输入公式"=ABS(A2)"后按 Enter 键结束操作，得到答案 3。快速填充完成公式复制，结果如图 4-2-37 所示。

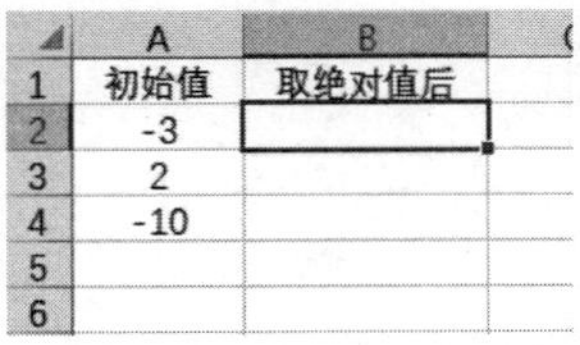

图 4-2-36　对 A 列的三个数值取绝对值 　　　图 4-2-37　取绝对值后的结果

方法 2：插入函数。激活 B2 单元格，选择"公式"标签→"函数库"面板→"插入函数"。在打开的"插入函数"对话框中，因"常用函数"下方的"选择函数"列表中没有 ABS 函数，和之前搜索MIN 函数一样，需要先找到 ABS 函数。在"搜索函数"下方的文本框中输入"ABS"（大小写均可）后单击"转到"按钮，在更新过的"插入函数"对话框中确认"选择函数"下方的列表中选中的是否是"ABS"函数，如图 4-2-38 所示，然后单击"确定"按钮。

打开“函数参数”对话框，在“Number”右边的文本框中输入“A2”，如图 4-2-39 所示，单击“确定”按钮结束。

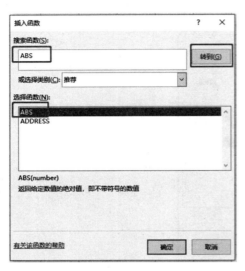

图 4-2-38　找到 ABS 函数

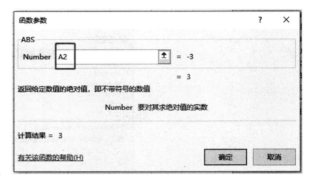

图 4-2-39　确定需要取绝对值的数据位置

方法 3：按钮操作。激活 B2 单元格，单击“开始”标签→“编辑”面板→“自动求和”按钮右边的小三角，展开下拉菜单，选择其中的“其他函数”，打开“插入函数”对话框，后面的操作与方法 2 的相同。

思考：能否在 B2 单元格中使用公式“=-(A2)”来完成这组数据的取绝对值操作？试试看吧。

7. RANK 函数

RANK 函数用于返回某数字在一列数字中相对于其他数值的大小排名。

如图 4-2-40 所示，假设要将 A 列中的每个数据按从小到大排列，并将其排名填入右边 B 列的单元格中，可以采用以下两种方法。

方法 1：输入函数。在 B2 单元格中输入公式“=RANK(A2,\$A\$2:\$A\$8,1)”后按 Enter 键结束操作，得到答案 6。快速填充完成公式复制，结果如图 4-2-41 所示。

	A	B
1	数值	由小到大排名
2	25	
3	3	
4	10	
5	20	
6	7	
7	18	
8	28	
9		

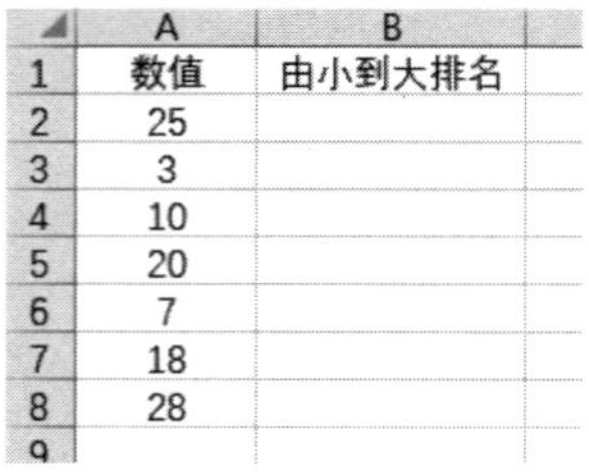

图 4-2-40　对 A 列中的 7 个数值进行排名

	A	B	C	D	E
1	数值	由小到大排名			
2	25	6			
3	3	1			
4	10	3			
5	20	5			
6	7	2			
7	18	4			
8	28	7			
9					
10					

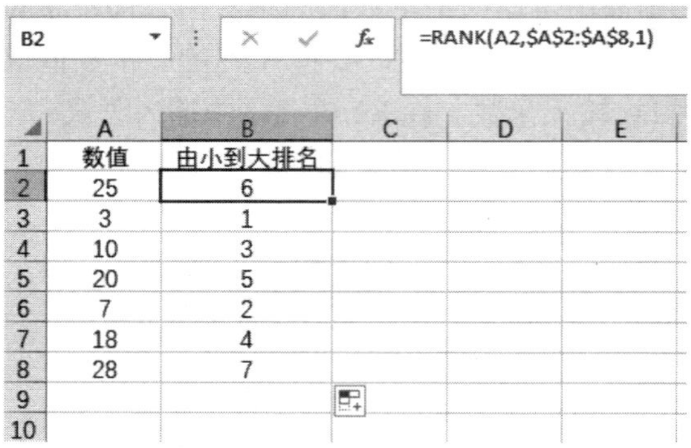

图 4-2-41　使用 RANK 函数后的结果

公式“=RANK(A2,\$A\$2:\$A\$8,1)”的圆括号中有三个参数“A2”“\$A\$2:\$A\$8”和“1”，被两个逗号分隔开来。

第一个参数“A2”表示要查找排名的数字是 A2 单元格中的数字 25。

第二个参数“\$A\$2:\$A\$8”表示第一个参数所要查找排名的数值范围是单元格区域 A2:A8，由于 A 列这 7 个数的查找范围都是 A2:A8，因此需要在行标、列标之前加上“\$”符号，使用其绝对地址。

第三个参数“1”表示按升序排列。其实这个值不一定非要是1，只要是非零的数，都可以表示按升序排列；相反，如果这个参数的值是“0”或忽略掉此参数，则表示按降序排列。

方法2：插入函数。激活B2单元格，选择“公式”标签→“函数库”面板→“插入函数”，打开“插入函数”对话框，或者单击“开始”标签→“编辑”面板→“自动求和”按钮右边的小三角，展开下拉菜单，选择其中的“其他函数”，同样也可以打开“插入函数”对话框。在“插入函数”对话框中找到“RANK”函数，打开其“函数参数”对话框，如图4-2-42所示，填入三个参数的值后，单击“确定”按钮结束操作。

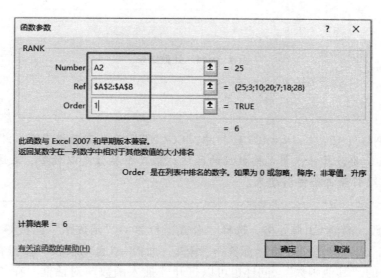

图4-2-42 RANK函数参数设置

温馨提示

在书写RANK函数的公式时，要注意相对地址和绝对地址的使用。由于A列的每个数值是不同的，但它们又都是在同一个数值范围（A1:A8）内进行大小排名操作，所以“Number”后面使用了相对地址，而“Ref”后使用了绝对地址。

8. COUNT函数和COUNTIF函数

COUNT函数用于计算某单元格区域中包含数字的单元格的数目。

COUNTIF函数用于计算某个单元格区域中满足给定条件的单元格数目。

如图4-2-43所示，假设要计算A列中有多少个数值，并将结果填入C1单元格中，再将小于等于10的数值的个数填入C2单元格中，可以通过以下两种方法来完成。

	A	B	C
1	数值	数值个数	
2	25	10以内的数值个数	
3	3		
4	10		
5	20		
6	7		
7	18		
8	28		

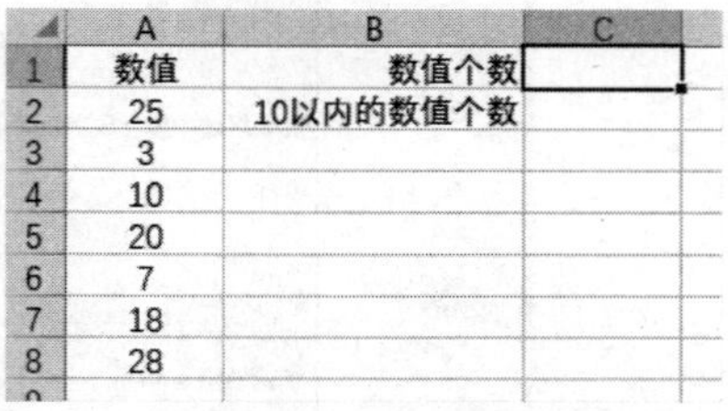

图4-2-43 求A2:A8单元格区域的数值个数及10以内的数值个数

方法1：输入函数。在C1单元格中输入公式“=COUNT(A2:A8)”后按Enter键结束操作，得到答案7；在C2单元格中输入“=COUNTIF(A2:A8,"<=10")”后按Enter键结束操作，得到答案3，结果如图4-2-44所示。

图 4-2-44 计数结果

温馨提示

在公式"=COUNTIF(A2:A8,"<=10")"中，COUNTIF 函数有两个参数："A2:A8"和""<=10""。第一个参数表示要计算非空单元格数目的区域；第二个参数是以数字、表达式或文本形式定义的条件，注意，要用双引号将条件引起来。

方法 2：插入函数。激活 C1 单元格，选择"公式"标签→"函数库"面板→"插入函数"，打开"插入函数"对话框，或者单击"开始"标签→"编辑"面板→"自动求和"按钮右边的小三角，展开下拉菜单，选择其中的"其他函数"，同样也可以打开"插入函数"对话框。在"插入函数"对话框中找到"COUNT"函数，打开其"函数参数"对话框，如图 4-2-45 所示。在"Value1"右边的文本框中输入"A2:A8"，单击"确定"按钮结束操作。

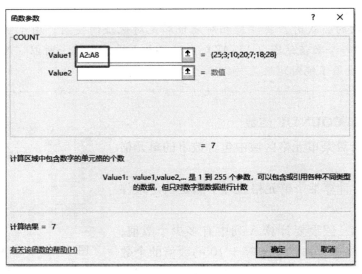

图 4-2-45 设置 COUNT 函数参数

激活 C2 单元格，打开"COUNTIF"函数的"函数参数"对话框，如图 4-2-46 所示，在"Range"右边的文本框中输入"A2:A8"，在"Criteria"右边的文本框中输入"<=10"（无须输入双引号，之后系统会自动添加），单击"确定"按钮结束操作。

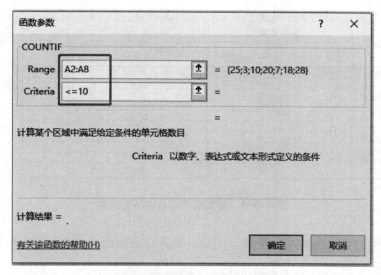

图 4-2-46　设置 COUNTIF 函数参数

任务实施

1. 任务单——单科成绩统计分析（见活页）
2. 任务解析——单科成绩统计分析

技能训练

项目 3　数据的整理与汇总

1. 项目提出

在 Excel 中，除了可以使用公式和函数对数据进行计算或统计外，Excel 还提供了一些特有功能帮助实现一些特殊的要求。比如查出每门课程都是优秀的学生成绩信息；找出所有有不及格课程的学生成绩信息；统计全校每个专业每年的新生人数；以图表的形式查看成绩得分情况等。

相关知识点：
①排序和自定义排序。
②自动筛选和高级筛选。
③分类汇总。
④数据透视表。
⑤图表。

2. 项目分析

在本项目中，将通过 3 个任务来学习数据信息的整理、查询和汇总。为了更全面地学习本项目中的功能，又将任务 1 细分出 5 个子任务、任务 2 和任务 3 分别细分出 2 个子任务。

任务 1　排序和筛选

本任务将使用如图 4-3-1 所示的表格数据来完成以下 5 个子任务。为了方便观察每条记录的完整性，将刘明同学的记录标记为黄底。

	A	B	C	D	E	F	G	H	I	J	K	L
1	学号	姓名	课程成绩				总分	平均分	名次	备注	Shalinda: 备注列显示的是该生不及格的课程数	
2			英语	高数	政治	计算机						
3	CS210001	刘明	86	77	65	88	316	79.0	5	0		
4	CS210002	王炫皓	61	63	68	55	247	61.8	8	1		
5	CS210003	方小峰	49	54	58	42	203	50.8	9	4		
6	CS210004	黄国栋	87	88	98	87	360	90.0	2	0		
7	CS210005	张孔苗	64	67	87	60	278	69.5	7	0		
8	CS210006	黄雅玲	35	45	76	28	184	46.0	10	3		
9	CS210007	李丽珊	94	96	99	93	382	95.5	1	0		
10	CS210008	谢久久	88	90	90	87	355	88.8	3	0		
11	CS210009	黄小欧	100	71	80	60	311	77.8	6	0		
12	CS210010	徐慧	82	85	84	80	331	82.8	4	0		
13												

图 4-3-1　某班成绩汇总的基础数据

子任务 1：按学生的名次由高到低排序（即第一名排在最前面），效果如图 4-3-2 所示。

	A	B	C	D	E	F	G	H	I	J
1	学号	姓名	英语	高数	政治	计算机	总分	平均分	名次	备注
2	CS210007	李丽珊	94	96	99	93	382	95.5	1	0
3	CS210004	黄国栋	87	88	98	87	360	90.0	2	0
4	CS210008	谢久久	88	90	90	87	355	88.8	3	0
5	CS210010	徐慧	82	85	84	80	331	82.8	4	0
6	CS210001	刘明	86	77	65	88	316	79.0	5	0
7	CS210009	黄小欧	100	71	80	60	311	77.8	6	0
8	CS210005	张孔苗	64	67	87	60	278	69.5	7	0
9	CS210002	王炫皓	61	63	68	55	247	61.8	8	1
10	CS210003	方小峰	49	54	58	42	203	50.8	9	4
11	CS210006	黄雅玲	35	45	76	28	184	46.0	10	3
12										
13										

图 4-3-2　按名次排序

子任务 2：先按计算机的成绩降序排列，当计算机成绩相同时，按英语成绩降序排列，效果如图 4-3-3 所示。

	A	B	C	D	E	F	G	H	I	J
1	学号	姓名	英语	高数	政治	计算机	总分	平均分	名次	备注
2	CS210007	李丽珊	94	96	99	93	382	95.5	1	0
3	CS210001	刘明	86	77	65	88	316	79.0	5	0
4	CS210008	谢久久	88	90	90	87	355	88.8	3	0
5	CS210004	黄国栋	87	88	98	87	360	90.0	2	0
6	CS210010	徐慧	82	85	84	80	331	82.8	4	0
7	CS210009	黄小欧	100	71	80	60	311	77.8	6	0
8	CS210005	张孔苗	64	67	87	60	278	69.5	7	0
9	CS210002	王炫皓	61	63	68	55	247	61.8	8	1
10	CS210003	方小峰	49	54	58	42	203	50.8	9	4
11	CS210006	黄雅玲	35	45	76	28	184	46.0	10	3
12										
13										

图 4-3-3　自定义排序——设置主、次要关键字

子任务 3：使用筛选查询英语和高数成绩都不及格的记录，效果如图 4-3-4 所示。
子任务 4：使用高级筛选查询 4 门课程都不及格的记录，效果如图 4-3-5 所示。
子任务 5：使用高级筛选查询有课程不及格的记录，效果如图 4-3-6 所示。

	A	B	C	D	E	F	G	H	I	J
1	学号	姓名	英语	高数	政治	计算机	总分	平均分	名次	备注
4	CS210003	方小峰	49	54	58	42	203	50.8	9	4
7	CS210006	黄雅玲	35	45	76	28	184	46.0	10	3

图 4-3-4　筛选——查询英语和高数成绩都不及格的记录

	A	B	C	D	E	F	G	H	I	J	K	L	M	N	O
1	学号	姓名	英语	高数	政治	计算机	总分	平均分	名次	备注		英语	高数	政治	计算机
2	CS210001	刘明	86	77	65	88	316	79.0	5	0		<60	<60	<60	<60
3	CS210002	王炫皓	61	63	68	55	247	61.8	8	1					
4	CS210003	方小峰	49	54	58	42	203	50.8	9	4					
5	CS210004	黄国栋	87	88	98	87	360	90.0	2	0					
6	CS210005	张孔苗	64	67	87	60	278	69.5	7	0					
7	CS210006	黄雅玲	35	45	76	28	184	46.0	10	3					
8	CS210007	李丽珊	94	96	99	93	382	95.5	1	0					
9	CS210008	谢久久	88	90	90	87	355	88.8	3	0					
10	CS210009	黄小欧	100	71	80	60	311	77.8	6	0					
11	CS210010	徐慧	82	85	84	80	331		4	0					
13	学号	姓名	英语	高数	政治	计算机	总分	平均分	名次	备注					
14	CS210003	方小峰	49	54	58	42	203	50.8	9	4					

图 4-3-5　高级筛选——"与"的条件设置

	A	B	C	D	E	F	G	H	I	J	K	L	M	N	O
1	学号	姓名	英语	高数	政治	计算机	总分	平均分	名次	备注		英语	高数	政治	计算机
2	CS210001	刘明	86	77	65	88	316	79.0	5	0		<60			
3	CS210002	王炫皓	61	63	68	55	247	61.8	8	1			<60		
4	CS210003	方小峰	49	54	58	42	203	50.8	9	4				<60	
5	CS210004	黄国栋	87	88	98	87	360	90.0	2	0					<60
6	CS210005	张孔苗	64	67	87	60	278	69.5	7	0					
7	CS210006	黄雅玲	35	45	76	28	184	46.0	10	3					
8	CS210007	李丽珊	94	96	99	93	382	95.5	1	0					
9	CS210008	谢久久	88	90	90	87	355	88.8	3	0					
10	CS210009	黄小欧	100	71	80	60	311	77.8	6	0					
11	CS210010	徐慧	82	85	84	80	331	82.8	4	0					
13	学号	姓名	英语	高数	政治	计算机	总分	平均分	名次	备注					
14	CS210002	王炫皓	61	63	68	55	247	61.8	8	1					
15	CS210003	方小峰	49	54	58	42	203	50.8	9	4					
16	CS210006	黄雅玲	35	45	76	28	184	46.0	10	3					

图 4-3-6　高级筛选——"或"的条件设置

知识准备

1. 排序

有如图 4-3-7 所示表格，假设要按"名次"列的值从小到大排序，即排名第一的同学的记录显示在最上面。

在项目 2 技能训练的班级成绩单表格中添加了"序号"列，以方便观察排序前后数据的对比，并将刘浩明同学的记录标记为黄底，以便于观察单个记录的完整性。

在项目 2 中，学会了使用 RANK 函数在不改变学号等其他列的原有顺序的情况对每位同学进行名次的排列，但它并非是让所有记录都按这个名次由小到大进行排列。因此，当想要知道名称这个序列时并不方便，这时就需要用到排序的功能。Excel 提供的自动排序功能，可以很直观地按名次顺序看到每个人的成绩，而"排序"按钮可以在以下 3 处找到：

① "开始"标签→"编辑"面板中。

② "数据"标签→"排序和筛选"面板中。

	A	B	C	D	E	F	G	H	I	J	K	L	M	N	O
1	序号	姓名	班级	课程成绩					总分	平均分	最高分	最低分	等级	名次	不及格门数
2				高数	英语	计算机	体育	思修							
3	1	刘浩明	2	83	80	94	88	93	438	88	94	80	良	3	0
4	2	王春丽	1	93	61	59	75	69	357	71	93	59	中	10	1
5	3	王炫皓	1	69	56	78	86	45	334	67	86	45	及格	16	2
6	4	方小峰	1	45	68	63	60	53	289	58	68	45	不及格	19	2
7	5	黄国栋	1	53	74	78	62	81	348	70	81	53	及格	12	1
8	6	张孔苗	2	81	90	90	75	83	419	84	90	75	良	4	0
9	7	黄雅玲	2	75	40	58	53	59	285	57	75	40	不及格	20	4
10	8	李丽珊	2	59	79	90	88	61	377	75	90	59	中	6	1
11	9	姚苗波	2	61	48	76	87	58	330	66	87	48	及格	17	2
12	10	谢久久	1	78	68	85	69	66	366	73	85	66	中	7	0
13	11	谢丽秋	1	60	58	84	70	68	340	68	84	58	及格	14	1
14	12	黄小欧	2	75	66	94	59	57	351	70	94	57	中	11	2
15	13	徐慧	1	87	98	88	87	90	450	90	98	87	优	2	0
16	14	王纪	2	58	57	80	90	75	360	72	90	57	中	9	2
17	15	刘阳	2	49	55	74	84	73	335	67	84	49	及格	15	2
18	16	刘微微	2	73	75	93	56	81	378	76	93	56	中	5	1
19	17	张丽	1	88	73	79	55	50	345	69	88	50	及格	13	2
20	18	王洁	1	90	88	92	94	90	454	91	94	88	优	1	0
21	19	姬鹏华	2	56	50	90	59	52	307	61	90	50	及格	18	4
22	20	江海涛	1	89	81	61	76	59	366	73	89	59	中	7	1

图 4-3-7　表格示例

③在表格的某单元格上单击鼠标右键所弹出的快捷菜单中。

排序时可能会遇到这样的情况：激活"名次"列中的任意一个单元格，单击"开始"标签→"编辑"面板→"排序和筛选"→"升序"，弹出一个如图4-3-8所示的对话框，此错误提示信息说明在这个表中有被合并的单元格，必须将其还原。

图 4-3-8　排序时出现的问题 1

选中整个表格即 A1:O22 区域（也可以在激活 A1:O22 区域中的任意一个单元格后按 Ctrl+A 组合键来选中整个表格）后，单击"开始"标签→"对齐方式"面板→"合并后居中"按钮，表格中原先被合并的单元格就还原了，效果如图 4-3-9 所示。

	A	B	C	D	E	F	G	H	I	J	K	L	M	N	O
1	序号	姓名	班级	课程成绩					总分	平均分	最高分	最低分	等级	名次	不及格门数
2				高数	英语	计算机	体育	思修							
3	1	刘浩明	2	83	80	94	88	93	438	88	94	80	良	3	0
4	2	王春丽	1	93	61	59	75	69	357	71	93	59	中	10	1
5	3	王炫皓	1	69	56	78	86	45	334	67	86	45	及格	16	2
6	4	方小峰	1	45	68	63	60	53	289	58	68	45	不及格	19	2
7	5	黄国栋	1	53	74	78	62	81	348	70	81	53	及格	12	1
8	6	张孔苗	2	81	90	90	75	83	419	84	90	75	良	4	0
9	7	黄雅玲	2	75	40	58	53	59	285	57	75	40	不及格	20	4
10	8	李丽珊	2	59	79	90	88	61	377	75	90	59	中	6	1
11	9	姚苗波	2	61	48	76	87	58	330	66	87	48	及格	17	2
12	10	谢久久	1	78	68	85	69	66	366	73	85	66	中	7	0
13	11	谢丽秋	1	60	58	84	70	68	340	68	84	58	及格	14	1
14	12	黄小欧	2	75	66	94	59	57	351	70	94	57	中	11	2
15	13	徐慧	1	87	98	88	87	90	450	90	98	87	优	2	0
16	14	王纪	2	58	57	80	90	75	360	72	90	57	中	9	2
17	15	刘阳	2	49	55	74	84	73	335	67	84	49	及格	15	2
18	16	刘微微	2	73	75	93	56	81	378	76	93	56	中	5	1
19	17	张丽	1	88	73	79	55	50	345	69	88	50	及格	13	2
20	18	王洁	1	90	88	92	94	90	454	91	94	88	优	1	0
21	19	姬鹏华	2	56	50	90	59	52	307	61	90	50	及格	18	4
22	20	江海涛	1	89	81	61	76	59	366	73	89	59	中	7	1

图 4-3-9　还原被合并的单元格

再次执行单击"开始"标签→"编辑"面板→"排序和筛选"→"升序"操作,又有了新状况,如图 4-3-10 所示。

	A	B	C	D	E	F	G	H	I	J	K	L	M	N	O
1	18	王洁	1	90	88	92	94	90	454	91	94	88	优	#N/A	0
2	13	徐慧	1	87	98	88	87	90	450	90	98	87	优	#N/A	0
3	1	刘浩明	2	83	80	94	88	93	438	88	94	80	良	1	0
4	6	张孔苗	2	81	90	90	75	83	419	84	90	75	良	2	0
5	16	刘微微	2	73	75	93	56	81	378	76	93	56	中	3	1
6	8	李丽珊	2	59	79	90	88	61	377	75	90	59	中	4	1
7	10	谢久久	1	78	68	85	69	66	366	73	85	66	中	5	0
8	20	江海涛	1	89	81	61	76	59	366	73	89	59	中	5	1
9	14	王纪	2	58	57	80	90	75	360	72	90	57	中	7	2
10	2	王春丽	1	93	61	59	75	69	357	71	93	59	中	8	1
11	12	黄小欧	2	75	66	94	59	57	351	70	94	57	中	9	2
12	5	黄国栋	1	53	74	78	62	81	348	70	81	53	及格	10	1
13	17	张丽	1	88	73	79	55	50	345	69	88	50	及格	11	2
14	11	谢丽秋	1	60	58	84	70	68	340	68	84	58	及格	12	1
15	15	刘阳	2	49	55	74	84	73	335	67	84	49	及格	13	2
16	3	王炫皓	1	69	56	78	86	45	334	67	86	45	及格	14	2
17	9	姚苗波	2	61	48	76	87	58	330	66	87	48	及格	15	2
18	19	姬鹏华	2	56	50	90	59	52	307	61	90	50	及格	16	4
19	4	方小峰	1	45	68	63	60	53	289	58	68	45	不及格	17	2
20	7	黄雅玲	2	75	40	58	53	59	285	57	75	40	不及格	18	4
21	序号	姓名	班级	课程成绩					总分	平均分	最高分	最低分	等级	名次	不及格门数
22				高数	英语	计算机	体育	思修							

图 4-3-10 排序时出现的问题 2

这是因为 Excel 在排序时只允许有一行作为该表格的表头,因此只能将表格稍做修改,修改后的表格如图 4-3-11 所示。

	A	B	C	D	E	F	G	H	I	J	K	L	M	N	O
1	序号	姓名	班级	高数	英语	计算机	体育	思修	总分	平均分	最高分	最低分	等级	名次	不及格门数
2	1	刘浩明	2	83	80	94	88	93	438	88	94	80	良	3	0
3	2	王春丽	1	93	61	59	75	69	357	71	93	59	中	10	1
4	3	王炫皓	1	69	56	78	86	45	334	67	86	45	及格	16	2
5	4	方小峰	1	45	68	63	60	53	289	58	68	45	不及格	19	2
6	5	黄国栋	1	53	74	78	62	81	348	70	81	53	及格	12	1
7	6	张孔苗	2	81	90	90	75	83	419	84	90	75	良	4	0
8	7	黄雅玲	2	75	40	58	53	59	285	57	75	40	不及格	20	4
9	8	李丽珊	2	59	79	90	88	61	377	75	90	59	中	6	1
10	9	姚苗波	2	61	48	76	87	58	330	66	87	48	及格	17	2
11	10	谢久久	1	78	68	85	69	66	366	73	85	66	中	7	0
12	11	谢丽秋	1	60	58	84	70	68	340	68	84	58	及格	14	1
13	12	黄小欧	2	75	66	94	59	57	351	70	94	57	中	11	2
14	13	徐慧	1	87	98	88	87	90	450	90	98	87	优	2	0
15	14	王纪	2	58	57	80	90	75	360	72	90	57	中	9	2
16	15	刘阳	2	49	55	74	84	73	335	67	84	49	及格	15	2
17	16	刘微微	2	73	75	93	56	81	378	76	93	56	中	5	1
18	17	张丽	1	88	73	79	55	50	345	69	88	50	及格	13	2
19	18	王洁	1	90	88	92	94	90	454	91	94	88	优	1	0
20	19	姬鹏华	2	56	50	90	59	52	307	61	90	50	及格	18	4
21	20	江海涛	1	89	81	61	76	59	366	73	89	59	中	7	1

图 4-3-11 修改表头后的表格

再次执行"升序"操作,得到正确的排序结果,如图 4-3-12 所示。

2. 自定义排序

假设现在想知道每个班各自的排名情况,如图 4-3-13 所示,则涉及两层排序:先按班级排序,再按名次排序。

激活表格中任意一个单元格后,单击"开始"标签→"编辑"面板→"排序和筛选"→"自定义排序",打开"排序"对话框,如图 4-3-14 所示,在"主要关键字"右边的下拉列表中选择"班级","次序"下方的下拉列表中选择"升序",然后单击"添加条件"按钮。

	A	B	C	D	E	F	G	H	I	J	K	L	M	N	O
1	序号	姓名	班级	高数	英语	计算机	体育	思修	总分	平均分	最高分	最低分	等级	名次	不及格门数
2	18	王洁	1	90	88	92	94	90	454	91	94	88	优	1	0
3	13	徐慧	1	87	98	88	87	90	450	90	98	87	优	2	0
4	1	刘浩明	2	83	80	94	88	93	438	88	94	80	良	3	0
5	6	张孔苗	2	81	90	90	75	83	419	84	90	75	良	4	0
6	16	刘微微	2	73	75	93	56	81	378	76	93	56	中	5	1
7	8	李丽珊	2	59	79	90	88	61	377	75	90	59	中	6	1

图 4-3-12 按名次排序结果

	A	B	C	D	E	F	G	H	I	J	K	L	M	N
1	姓名	班级	高数	英语	计算机	体育	思修	总分	平均分	最高分	最低分	等级	名次	不及格门数
2	王洁	1	90	88	92	94	90	454	91	94	88	优	1	0
3	徐慧	1	87	98	88	87	90	450	90	98	87	优	2	0
4	谢久久	1	78	68	85	69	66	366	73	85	66	中	7	0
5	江海涛	1	89	81	61	76	59	366	73	89	59	中	7	1
6	王春丽	1	93	61	59	75	69	357	71	93	59	中	10	1
7	黄国栋	1	53	74	78	62	81	348	70	81	53	及格	12	1
8	张丽	1	88	73	79	55	50	345	69	88	50	及格	13	2
9	谢丽秋	1	60	58	84	70	68	340	68	84	58	及格	14	1
10	王炫皓	1	69	56	78	86	45	334	67	86	45	及格	16	2
11	方小峰	1	45	68	63	60	53	289	58	68	45	不及格	19	2
12	刘浩明	2	83	80	94	88	93	438	88	94	80	良	3	0
13	张孔苗	2	81	90	90	75	83	419	84	90	75	良	4	0
14	刘微微	2	73	75	93	56	81	378	76	93	56	中	5	1
15	李丽珊	2	59	79	90	88	61	377	75	90	59	中	6	1
16	王纪	2	58	57	80	90	75	360	72	90	57	中	9	2
17	黄小欧	2	75	66	94	59	57	351	70	94	57	中	11	2
18	刘阳	2	49	55	74	84	73	335	67	84	49	及格	15	2
19	姚苗波	2	61	48	76	87	58	330	66	87	48	及格	17	2
20	姬鹏华	2	56	50	90	59	52	307	61	90	50	及格	18	4
21	黄雅玲	2	75	40	58	53	59	285	57	75	40	不及格	20	4

图 4-3-13 按班级、名次排序结果

图 4-3-14 设置主要关键字

在新出现的"次要关键字"右边的下拉列表中选择"名次","次序"处选择"升序",如图 4-3-15 所示,单击"确定"按钮完成自定义排序操作。

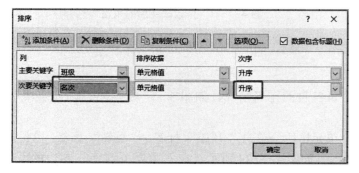

图 4-3-15 设置次要关键字

3. 筛选（自动筛选）

Excel 中，筛选功能有两种：筛选和高级。筛选也被称为自动筛选，高级也被称为高级筛选。在"开始"标签→"编辑"面板→"排序和筛选"里和"数据"标签→"排序和筛选"面板里都能找到"筛选"按钮，也就是所说的自动筛选，但高级筛选只能在"数据"标签→"排序和筛选"面板中找到。

自动筛选用于进行简单的筛选，筛选后会将不满足筛选条件的记录暂时隐藏起来。

如图 4-3-16 所示，假设要查询高数和英语成绩都不及格的记录，用筛选功能即可实现。

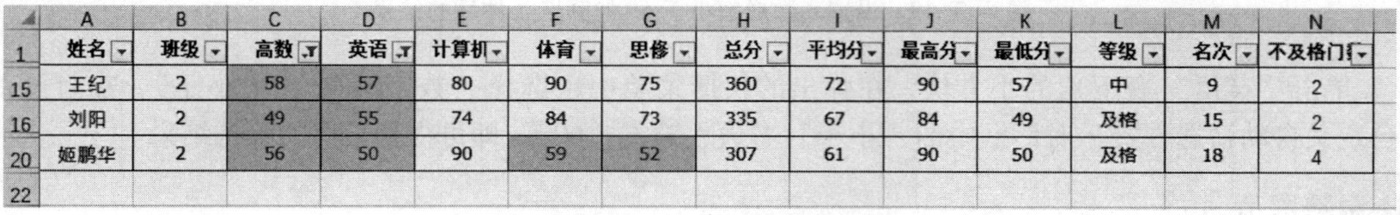

	A	B	C	D	E	F	G	H	I	J	K	L	M	N
1	姓名	班级	高数	英语	计算机	体育	思修	总分	平均分	最高分	最低分	等级	名次	不及格门
15	王纪	2	58	57	80	90	75	360	72	90	57	中	9	2
16	刘阳	2	49	55	74	84	73	335	67	84	49	及格	15	2
20	姬鹏华	2	56	50	90	59	52	307	61	90	50	及格	18	4
22														

图 4-3-16 自动筛选结果

（1）自动筛选

激活表格内任意一个单元格，单击"开始"标签→"编辑"面板→"排序和筛选"→"筛选"，在表头的每个字段名的右下角都有一个含有下三角的小方块，如图 4-3-16 所示。单击"高数"右下角的小方块，在弹出的快捷菜单中选择"数字筛选"→"小于"，如图 4-3-17 所示。

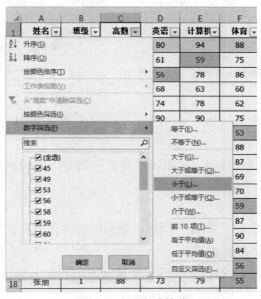

图 4-3-17 自动筛选

打开如图 4-3-18 所示的"自定义自动筛选方式"对话框，在"小于"右边的文本框中输入"60"，单击"确定"按钮。

图 4-3-18 设置筛选条件

当前结果如图4-3-19所示。

图4-3-19 设置高数成绩小于60的筛选条件后的结果

单击"英语"右下角的小方块，在弹出的快捷菜单中也选择"数字筛选"→"小于"，在打开的"自定义自动筛选方式"对话框中的"小于"右边也输入"60"，即可得到最终的筛选结果。

温馨提示

在执行筛选操作前，如果当前激活的单元格不在表格范围内，则会弹出如图4-3-20所示的错误提示框。

（2）清除筛选

设置过筛选条件的标题右下角的小三角与众不同，如图4-3-21所示。

图4-3-20 错误提示

图4-3-21 设置了筛选条件的筛选按钮

当要清除"高数"列的筛选条件时，可单击"高数"列右下角的小方块，在弹出的快捷菜单中选择"从'高数'中清除筛选"，如图4-3-22所示。

（3）取消筛选

再次单击"排序和筛选"中的"筛选"按钮，表头中的所有小方块就都消失了。

4. 高级筛选——"与"的条件关系

假设要查找出5门课程都在60分以上的记录，也就是说，要查找出高数成绩大于等于60且英语成绩大于等于60且计算机成绩大于等于60且体育成绩大于等于60且思修成绩大于等于60的记录，这5个">=60"的条件之间是"与"的关系。

从前面使用自动筛选功能时可以看出，在执行完自动筛选操作之后，其他不符合筛选条件的记录就都被暂时隐藏起来了，除非清除筛选条件才能再次看到，很不方便。可以用"高级筛选"功能来解决这个问题，同时还可以设置更为复杂的筛选条件。

（1）编辑筛选的条件区域

如图4-3-23所示，在P1:T2区域输入筛选的条件，此时单元格区域P1:T2就称为条件区域。因为要求查找出每门课程都在60分以上的记录，对于这样的"与"条件关系，每个条件必须都设置在同一行上；对于条件区域中的"高数""英语""计算机""体育""思修"这5个字段名，在输入时也必须与表头中的完全一致，否则就会出错。

图4-3-22 清除筛选条件

电子表格Excel 2016　模块4

	A	B	C	D	E	F	G	H	I	J	K	L	M	N	O	P	Q	R	S	T
1	姓名	班级	高数	英语	计算机	体育	思修	总分	平均分	最高分	最低分	等级	名次	不及格门数		高数	英语	计算机	体育	思修
2	刘浩明	2	83	80	94	88	93	438	88	94	80	良	3	0		>=60	>=60	>=60	>=60	>=60
3	王春丽	1	93	61	59	75	69	357	71	93	59	中	10	1
4	王炫皓	1	69	56	78	86	45	334	67	86	45	及格	16	2
5	方小峰	1	45	68	63	60	53	289	58	68	45	不及格	19	2

图 4-3-23　设置高级筛选"与"的条件

(2) 高级筛选

激活表格中任意一个单元格,打开"数据"标签→"排序和筛选"面板→"高级",打开"高级筛选"对话框,如图 4-3-24 所示。在"方式"下面选择"将筛选结果复制到其他位置";将光标放到"列表区域"右边的文本框中,确认"列表区域"选择的是否是整个表格,即 A1:N21 区域,如果不是,就重新在工作表中从 A1 单元格拖动到 N21 单元格,框选出 A1:N21 单元格区域;把光标放到"条件区域"后面的文本框中,然后在工作表中从 P1 单元格拖动到 T2 单元格,即选中 P1:T2 条件区域;将光标放到"复制到"右边的文本框中或单击文本框右边的小按钮,设置将来筛选出来的记录的起始位置。

图 4-3-24　高级筛选设置 1

如图 4-3-25 所示,在工作表中单击 A23 单元格(图中的虚线框位置),作为筛选结果的左上角起始点,然后单击"确定"按钮。

图 4-3-25　高级筛选设置 2

筛选结果就出现在了原表的下方,并以 A23 单元格为起点,如图 4-3-26 所示。

思考:用自动筛选是否能够完成此操作?试试看吧。

5. 高级筛选——"或"的条件关系

假设要查找有课程不及格的记录,也就是说,对于每位学生,只要有一门课程不及格,就将其整条记录显示出来,那么这 5 门课程不及格的条件之间就是"或"的关系,这里还是用高级筛选来实现。

(1) 设置条件区域

图 4-3-27 所示的红色线框部分即为本次的条件区域。"或"的条件关系在输入时,每个条件要放在不同的行上,但字段名必须都在同一行上,这一点要非常注意。

(2) 高级筛选

激活表格(即 A1:N21 区域)中任意一个单元格,打开"高级筛选"对话框,如图 4-3-28 所示。

图 4-3-26 高级筛选结果

图 4-3-27 条件区域设置

在"方式"下面选择"将筛选结果复制到其他位置";确认"列表区域"选择的是否是整个表格,即 A1:N21 区域;设置"条件区域"为 P1:T6 区域;设置"复制到"的筛选结果起始点仍为 A23 单元格,单击"确定"按钮。

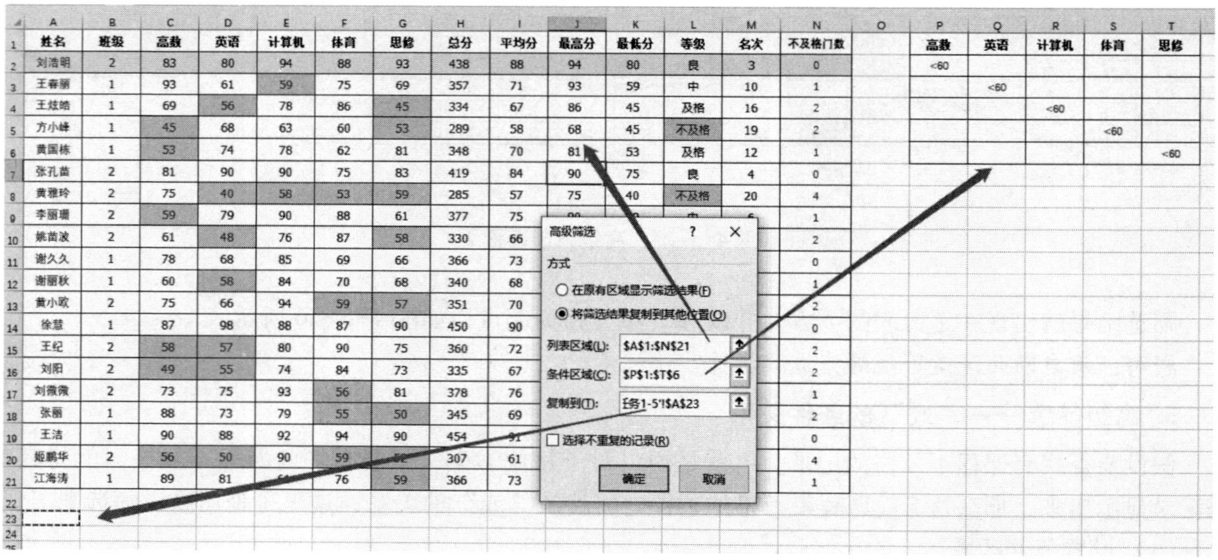

图 4-3-28 高级筛选设置

筛选结果显示在原表的下方,如图 4-3-29 所示。

姓名	班级	高数	英语	计算机	体育	思修	总分	平均分	最高分	最低分	等级	名次	不及格门数
王春丽	1	93	61	59	75	69	357	71	93	59	中	10	1
王炫皓	1	69	56	78	86	45	334	67	86	45	及格	16	2
方小峰	1	45	68	63	60	53	289	58	68	45	不及格	19	2
黄国栋	1	53	74	78	62	81	348	70	81	53	及格	12	1
黄雅玲	2	75	40	58	53	59	285	57	75	40	不及格	20	4
李丽珊	2	59	79	90	88	61	377	75	90	59	中	6	1
姚苗波	2	61	48	76	87	58	330	66	87	48	及格	17	2
谢丽秋	1	60	58	84	70	68	340	68	84	58	及格	14	1
黄小欧	2	75	66	94	59	57	351	70	94	57	中	11	2
王纪	2	58	57	80	90	75	360	72	90	57	中	9	2
刘阳	2	49	55	74	84	73	335	67	84	49	及格	15	2
刘微微	1	73	75	93	56	81	378	76	93	56	中	5	1
张丽	1	88	73	79	55	50	345	69	88	50	及格	13	2
姬鹏华	2	56	50	90	59	52	307	61	90	50	及格	18	4
江海涛	1	89	81	61	76	59	366	73	89	59	中	7	1

图 4-3-29　高级筛选结果

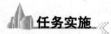

任务实施

1. 任务单——成绩排序与筛选（见活页）
2. 任务解析——成绩排序与筛选

任务2　分类汇总和数据透视表

有如图 4-3-30 所示的某支部的基本信息数据，依据此数据清单，完成下面两个子任务。

	A	B	C	D	E	F	G	H	I
1	序号	姓名	政治面貌	年龄	职称	学位	参加工作时间	入党日期	教研室
2	1	刘浩明	党员	35	副教授	博士	2008年8月1日	2010年12月21日	计算机
3	2	王春丽	党员	46	副教授	硕士	1997年8月1日	1999年8月31日	计算机
4	3	王炫皓	群众	48	副教授	硕士	1995年8月1日	1997年8月15日	计算机
5	4	方小峰	群众	32	讲师	本科	2011年8月1日	2013年1月20日	计算机
6	5	黄国栋	党员	46	教授	硕士	1997年8月1日	1999年1月9日	计算机
7	6	张孔苗	党员	33	讲师	硕士	2010年8月1日	2012年3月11日	计算机
8	7	黄雅玲	群众	33	讲师	硕士	2010年8月1日	2012年12月10日	计算机
9	8	李丽珊	党员	25	助教	本科	2018年8月1日	2020年9月10日	计算机
10	9	姚苗波	群众	28	讲师	本科	2015年8月1日	2017年2月19日	软件
11	10	谢久久	群众	27	讲师	硕士	2016年8月1日	2018年3月5日	软件
12	11	谢丽秋	群众	37	讲师	本科	2006年8月1日	2008年2月21日	软件
13	12	黄小欧	党员	46	讲师	本科	1997年8月1日	1999年6月17日	软件
14	13	徐慧	群众	25	助教	本科	2018年8月1日	2020年7月2日	软件
15	14	王纪	群众	47	教授	硕士	1996年8月1日	1998年6月4日	软件
16	15	刘阳	群众	25	助教	大专	2018年8月1日	2020年1月2日	软件
17	16	刘微微	党员	34	讲师	硕士	2009年8月1日	2011年4月6日	大数据
18	17	张丽	群众	27	讲师	本科	2016年8月1日	2018年4月30日	大数据
19	18	王洁	党员	40	讲师	本科	2003年8月1日	2005年1月1日	大数据
20	19	姬鹏华	群众	26	讲师	硕士	2017年8月1日	2019年7月17日	大数据
21	20	江海涛	群众	48	副教授	硕士	1995年8月1日	1997年6月9日	大数据

图 4-3-30　某支部的基本信息数据清单

子任务1：按政治面貌分类统计出党员和群众的平均年龄分别是多少，结果应如图4-3-31所示。

序号	姓名	政治面貌	年龄	职称	学位	参加工作时间	入党日期	教研室
1	刘浩明	党员	35	副教授	博士	2008年8月1日	2010年12月21日	计算机
2	王春丽	党员	46	副教授	硕士	1997年8月1日	1999年8月31日	计算机
5	黄国栋	党员	46	教授	硕士	1997年8月1日	1999年1月9日	计算机
6	张孔苗	党员	33	讲师	硕士	2010年8月1日	2012年3月11日	计算机
8	李丽珊	党员	25	助教	本科	2018年8月1日	2020年9月10日	计算机
12	黄小欧	党员	46	讲师	本科	1997年8月1日	1999年6月17日	软件
16	刘微微	党员	34	讲师	硕士	2009年8月1日	2011年4月6日	大数据
18	王洁	党员	40	讲师	本科	2003年8月1日	2005年1月1日	大数据
		党员 平均值	38					
3	王炫皓	群众	48	副教授	硕士	1995年8月1日	1997年8月15日	计算机
4	方小峰	群众	32	讲师	本科	2011年8月1日	2013年1月20日	计算机
7	黄雅玲	群众	33	讲师	硕士	2010年8月1日	2012年12月10日	计算机
9	姚苗波	群众	28	讲师	硕士	2015年8月1日	2017年2月19日	软件
10	谢久久	群众	27	讲师	硕士	2016年8月1日	2018年3月5日	软件
11	谢丽秋	群众	37	讲师	本科	2006年8月1日	2008年2月21日	软件
13	徐慧	群众	25	助教	本科	2018年8月1日	2020年7月2日	软件
14	王纪	群众	47	教授	硕士	1996年8月1日	1998年6月4日	软件
15	刘阳	群众	25	助教	大专	2018年8月1日	2020年1月2日	软件
17	张丽	群众	27	讲师	本科	2016年8月1日	2018年4月30日	大数据
19	姬鹏华	群众	26	讲师	硕士	2017年8月1日	2019年7月17日	大数据
20	江海涛	群众	48	副教授	硕士	1995年8月1日	1997年6月9日	大数据
		群众 平均值	34					
		总计平均值	35					

图4-3-31 分类汇总结果

子任务2：统计每个教研室的党员和群众人数，格式美化后如图4-3-32所示。

知识准备

1. 分类汇总

分类汇总是先将数据按某个字段进行分类，然后在分类后的基础上对其他字段的数据进行求和、计数、求平均值等汇总方式的汇总整理。

学院 \ 政治面貌	党员	群众	总计
大数据	2	3	5
计算机	5	3	8
软件	1	6	7
总计	8	12	20

图4-3-32 数据透视表统计结果

如图4-3-33所示，取任务1中表格的部分数据，假设需要统计两个班各自各项成绩的平均值。

激活表格中的任意一个单元格，单击"数据"标签→"分级显示"面板→"分类汇总"，打开如图4-3-34所示的"分类汇总"对话框。由于是统计每个班各自的各项平均分，所以在"分类字段"下选择"班级"；由于统计的是平均分，所以在"汇总方式"中选择"平均值"；由于求的是各项成绩的平均值，所以在"选定汇总项"下选择"高数""英语""计算机""体育""思修""总分""平均分"，单击"确定"按钮确认操作。

当前结果如图4-3-35所示，可以看出并未达到按班级汇总的预期效果。仔细观察"班级"列，不难发现出错的原因在于没有事先将所有记录按班级进行排序。

退回到初始状态，选择"班级"列进行升序排序，结果如图4-3-36所示。

重新执行刚才的"分类汇总"操作，结果如图4-3-37所示，分类汇总完成。单击左边的减号 ─ ，可以对同组数据进行折叠。

	A	B	C	D	E	F	G	H	I	J
1	序号	姓名	班级	高数	英语	计算机	体育	思修	总分	平均分
2	1	刘浩明	2	83	80	94	88	93	438	88
3	2	王春丽	1	93	61	59	75	69	357	71
4	3	王炫皓	1	69	56	78	86	45	334	67
5	4	方小峰	1	45	68	63	60	53	289	58
6	5	黄国栋	1	53	74	78	62	81	348	70
7	6	张孔苗	2	81	90	90	75	83	419	84
8	7	黄雅玲	2	75	40	58	53	59	285	57
9	8	李丽珊	2	59	79	90	88	61	377	75
10	9	姚苗波	2	61	48	76	87	58	330	66
11	10	谢久久	1	78	68	85	69	66	366	73
12	11	谢丽秋	1	60	58	84	70	68	340	68
13	12	黄小欧	2	75	66	94	59	57	351	70
14	13	徐慧	1	87	98	88	87	90	450	90
15	14	王纪	2	58	57	80	90	75	360	72
16	15	刘阳	2	49	55	74	84	73	335	67
17	16	刘微微	2	73	75	93	56	81	378	76
18	17	张丽	1	88	73	79	55	50	345	69
19	18	王洁	1	90	88	92	94	90	454	91
20	19	姬鹏华	2	56	50	90	59	52	307	61
21	20	江海涛	1	89	81	61	76	59	366	73

图 4-3-33 总成绩单

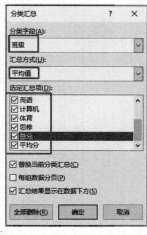

图 4-3-34 分类汇总设置

	A	B	C	D	E	F	G	H	I	J
1	序号	姓名	班级	高数	英语	计算机	体育	思修	总分	平均分
2	1	刘浩明	2	83	80	94	88	93	438	88
3			2 平均值		80	94	88	93	438	88
4	2	王春丽	1	93	61	59	75	69	357	71
5	3	王炫皓	1	69	56	78	86	45	334	67
6	4	方小峰	1	45	68	63	60	53	289	58
7	5	黄国栋	1	53	74	78	62	81	348	70
8			1 平均值		64.75	69.5	70.75	62	332	66
9	6	张孔苗	2	81	90	90	75	83	419	84
10	7	黄雅玲	2	75	40	58	53	59	285	57
11	8	李丽珊	2	59	79	90	88	61	377	75
12	9	姚苗波	2	61	48	76	87	58	330	66
13			2 平均值		64.25	78.5	75.75	65.25	353	71
14	10	谢久久	1	78	68	85	69	66	366	73
15	11	谢丽秋	1	60	58	84	70	68	340	68
16			1 平均值		63	84.5	69.5	67	353	71
17	12	黄小欧	2	75	66	94	59	57	351	70
18			2 平均值		66	94	59	57	351	70
19	13	徐慧	1	87	98	88	87	90	450	90
20			1 平均值		98	88	87	90	450	90
21	14	王纪	2	58	57	80	90	75	360	72
22	15	刘阳	2	49	55	74	84	73	335	67
23	16	刘微微	2	73	75	93	56	81	378	76
24			2 平均值		62.33333	82.33333	76.66667	76.33333	358	72
25	17	张丽	1	88	73	79	55	50	345	69
26	18	王洁	1	90	88	92	94	90	454	91
27			1 平均值		80.5	85.5	74.5	70	400	80
28	19	姬鹏华	2	56	50	90	59	52	307	61
29			2 平均值		50	90	59	52	307	61
30	20	江海涛	1	89	81	61	76	59	366	73
31			1 平均值		81	61	76	59	366	73
32			总计平均值		68.25	80.3	73.65	68.15	361	72

图 4-3-35 分类汇总时出现问题

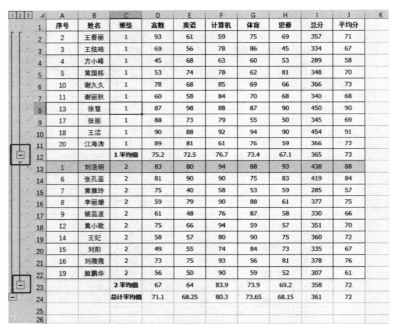

课堂笔记

序号	姓名	班级	高数	英语	计算机	体育	思修	总分	平均分
2	王春丽	1	93	61	59	75	69	357	71
3	王炫皓	1	69	56	78	86	45	334	67
4	方小峰	1	45	68	63	60	53	289	58
5	黄国栋	1	53	74	78	62	81	348	70
10	谢久久	1	78	68	85	69	66	366	73
11	谢丽秋	1	60	58	84	70	68	340	68
13	徐慧	1	87	98	88	87	90	450	90
17	张丽	1	88	73	79	55	50	345	69
18	王洁	1	90	88	92	94	90	454	91
20	江海涛	1	89	81	61	76	59	366	73
1	刘浩明	2	83	80	94	88	93	438	88
6	张孔苗	2	81	90	90	75	83	419	84
7	黄雅玲	2	75	40	58	53	59	285	57
8	李丽珊	2	59	79	90	88	61	377	75
9	姚苗波	2	61	48	76	87	58	330	66
12	黄小欧	2	75	66	94	59	57	351	70
14	王纪	2	58	57	80	90	75	360	72
15	刘阳	2	49	55	74	84	73	335	67
16	刘微微	2	73	75	93	56	81	378	76
19	姬鹏华	2	56	50	90	59	52	307	61

图 4-3-36　按“班级”升序排序

序号	姓名	班级	高数	英语	计算机	体育	思修	总分	平均分
2	王春丽	1	93	61	59	75	69	357	71
3	王炫皓	1	69	56	78	86	45	334	67
4	方小峰	1	45	68	63	60	53	289	58
5	黄国栋	1	53	74	78	62	81	348	70
10	谢久久	1	78	68	85	69	66	366	73
11	谢丽秋	1	60	58	84	70	68	340	68
13	徐慧	1	87	98	88	87	90	450	90
17	张丽	1	88	73	79	55	50	345	69
18	王洁	1	90	88	92	94	90	454	91
20	江海涛	1	89	81	61	76	59	366	73
		1 平均值	75.2	72.5	76.7	73.4	67.1	365	73
1	刘浩明	2	83	80	94	88	93	438	88
6	张孔苗	2	81	90	90	75	83	419	84
7	黄雅玲	2	75	40	58	53	59	285	57
8	李丽珊	2	59	79	90	88	61	377	75
9	姚苗波	2	61	48	76	87	58	330	66
12	黄小欧	2	75	66	94	59	57	351	70
14	王纪	2	58	57	80	90	75	360	72
15	刘阳	2	49	55	74	84	73	335	67
16	刘微微	2	73	75	93	56	81	378	76
19	姬鹏华	2	56	50	90	59	52	307	61
		2 平均值	67	64	83.9	73.9	69.2	358	72
		总计平均值	71.1	68.25	80.3	73.65	68.15	361	72

图 4-3-37　分类汇总结果

折叠后的效果如图 4-3-38 所示，如果需要重新展开，单击图中左侧的加号即可。

序号	姓名	班级	高数	英语	计算机	体育	思修	总分	平均分
		1 平均值	75.2	72.5	76.7	73.4	67.1	365	73
		2 平均值	67	64	83.9	73.9	69.2	358	72
		总计平均值	71.1	68.25	80.3	73.65	68.15	361	72

图 4-3-38　折叠数据表

2. 数据透视表

数据透视表也可以用于数据的分类汇总，并且可以重新设置表格的行和列字段。

假设目前有全校所有在校生的名单，需按学院统计每一级的学生人数，就可以使用数据透视表来完成。

基础数据如图 4-3-39 所示，由于表格太长，所以分两张图显示，请在制表时按顺序完成。

	A	B	C	D
1	姓名	性别	所属学院	年级
2	申国栋	男	机电学院	2019
3	肖静	女	电气学院	2019
4	李柱	男	电子学院	2019
5	陈昌兴	男	电子学院	2018
6	吴浩权	男	车辆工程	2019
7	蓝静	女	电子学院	2017
8	廖剑锋	男	土木工程学院	2018
9	古琴	女	电子学院	2020
10	王克南	男	车辆工程	2018
11	李文如	女	土木工程学院	2020
12	肖毅	女	牵引动力学院	2018
13	李莉	女	机电学院	2017
14	吴擎宇	男	土木工程学院	2019
15	钟尔慧	女	电气学院	2017
16	吴彩霞	女	土木工程学院	2017
17	陈洁珊	女	牵引动力学院	2018
18	赵舰	男	机电学院	2020
19	黄翼	女	土木工程学院	2017
20	吴心	女	电子学院	2019
21	陈泉	女	车辆工程	2019
22	陈亮	男	土木工程学院	2018
23	张越	女	机电学院	2018
24	何敏健	女	电子学院	2019
25	洪敏	男	车辆工程	2018
26	魏文鼎	男	牵引动力学院	2018

	A	B	C	D
25	洪敏	男	车辆工程	2018
26	魏文鼎	男	牵引动力学院	2018
27	王更	男	土木工程学院	2018
28	陈小华	女	机电学院	2020
29	姚斌	女	电子学院	2017
30	王迪	女	牵引动力学院	2019
31	杨克刚	男	电子学院	2020
32	苏伟明	男	土木工程学院	2020
33	黄佳	女	车辆工程	2017
34	申旺林	男	牵引动力学院	2019
35	韦洁	女	土木工程学院	2017
36	吴燕芳	女	车辆工程	2018
37	郑雄	男	土木工程学院	2018
38	刘磊	女	电子学院	2018
39	王斯雷	男	土木工程学院	2017
40	赵敏生	男	牵引动力学院	2020
41	曾英华	女	机电学院	2020
42	高婕	女	牵引动力学院	2020
43	林国凯	男	车辆工程	2017
44	刘振宇	男	牵引动力学院	2018
45	贺寒锐	女	土木工程学院	2017
46	郑浩	男	机电学院	2017
47	黄赐文	男	电子学院	2018
48	丁秋宜	女	牵引动力学院	2018
49	陈宁	女	车辆工程	2019
50	李禄	男	牵引动力学院	2018
51	谢惠	女	土木工程学院	2019

图 4-3-39　在校生名单

激活表格中的任意一个单元格，选择“插入”标签→“表格”面板→“数据透视表”，打开如图 4-3-40 所示的“创建数据透视表”对话框，确认“表/区域”的数据范围是否为本表格的数据范围（即 A1:D51）；选择“现有工作表”，将光标放在“位置”右侧的文本框中，然后单击 F1 单元格（图中虚线框位置），设定数据透视表的插入位置，单击“确定”按钮确认操作。

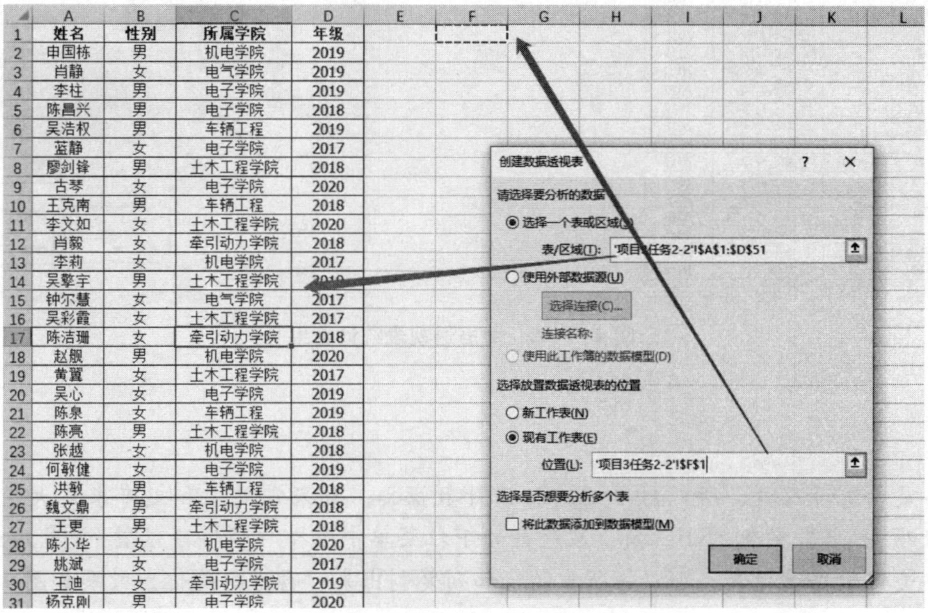

图 4-3-40　创建数据透视表

此时界面如图4-3-41所示。

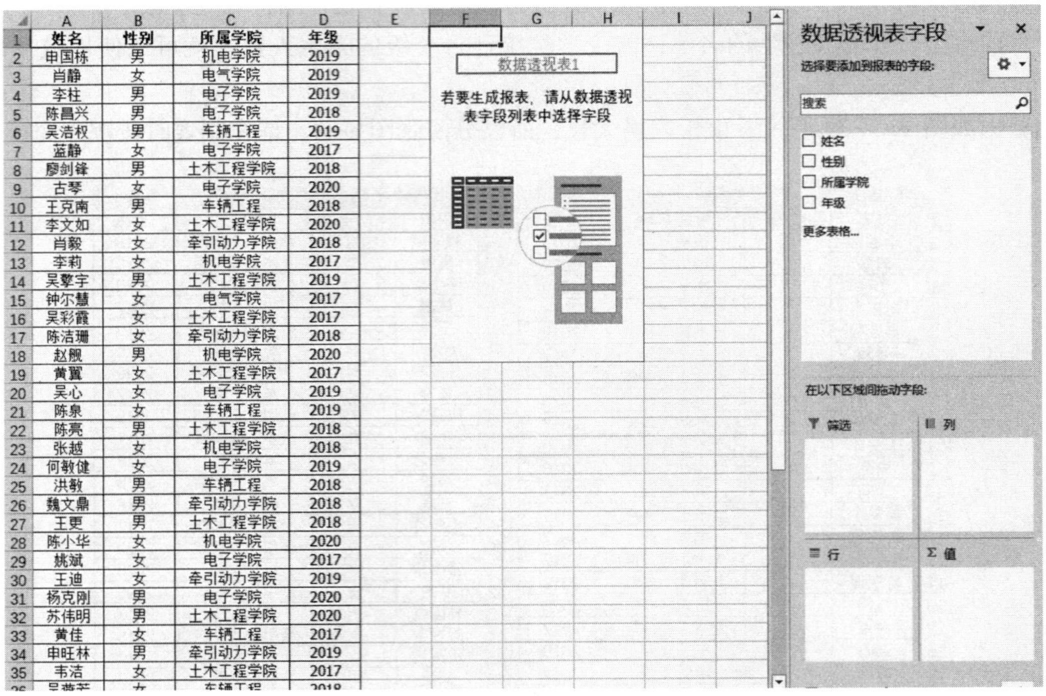

图4-3-41 数据透视表操作界面

在窗口右侧的"选择要添加到报表的字段"下方将"所属学院"拖动到"行"下；将"年级"拖动到"列"下；将"姓名"拖动到"值"下，则结果如图4-3-42所示。

图4-3-42 数据透视表统计结果

📖 **温馨提示**

这里因为是在统计人数，所以对姓名进行了计数操作。如果需要求和或者求最大值等其他操作，可单击"计数项:姓名"右侧的小三角，在展开的下拉菜单中选择"值字段设置"，然后选择所需操作项。如果需要美化数据透视表，可以将所需的行和列复制出来，再进行美化，效果如图4-3-43所示。

课堂笔记

西铁职院		年级				
		2017	2018	2019	2020	总计
学院别	车辆工程	2	3	3		8
	电气学院	1		1		2
	电子学院	2	3	3	2	10
	机电学院	2	1	1	3	7
	牵引动力学院		6	2	2	10
	土木工程学院	5	4	2	2	13
	总计	12	17	12	9	50

图 4-3-43　美化后的数据透视表

任务实施

1. 任务单——分类汇总和数据透视表（见活页）
2. 任务解析——分类汇总和数据透视表

子任务 1　解析（难度等级★★）

子任务 2　解析（难度等级★★★）

任务 3　图　　表

如图 4-3-44 所示，根据任务 2 中得到的某支部党员、群众人数统计的数据表格完成下面两个子任务。

	A	B	C
1	政治面貌 / 学院	党员	群众
2	大数据	2	3
3	计算机	5	3
4	软件	1	6
5	总计	8	12
6			

图 4-3-44　基础数据

子任务 1：制作如图 4-3-45 所示的柱形图图表，并将其移动到名为“Chart2”的新工作表中。

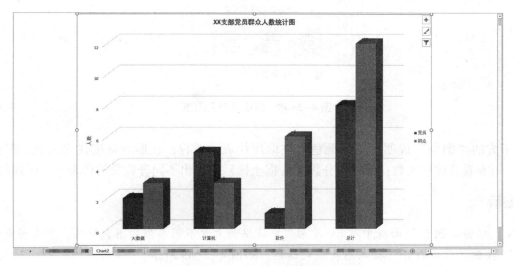

图 4-3-45　××支部党员群众人数统计图

子任务2：制作如图4-3-46所示的饼图图表。

知识准备

图表用于将工作表中的数据用各种不同的图形表现出来，便于理解和交流。

假设有如图4-3-47所示的一个统计表，统计出了某班每门课程在每个分数段的人数，本次任务将以更为直观的图表的形式显示统计结果。

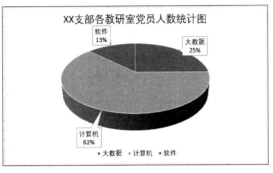

图4-3-46　××支部各教研室党员人数统计图

	A	B	C	D	E
1	分数段	英语	高数	政治	计算机
2	0-59分	3	5	1	0
3	60-69分	2	2	3	4
4	70-79分	6	15	14	10
5	80-89分	10	10	12	9
6	90-100分	11	0	2	9
7					

图4-3-47　课程分段人数统计表

1. 创建图表

激活表格中任意一个单元格，单击"插入"标签→"图表"面板→"插入柱形图或条形图"，选择下拉列表中的"三维柱形图"→"三维簇状柱形图"创建一个图表，如图4-3-48所示。

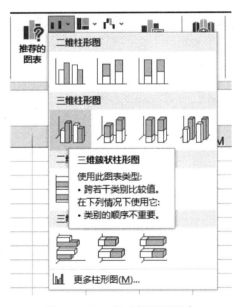

图4-3-48　创建柱形图图表

图表下方的"图例"说明了不同颜色的柱形所代表的课程；柱形的高度代表人数，左侧的刻度（纵坐标）可查看具体的人数；下方的分数段（横坐标）显示出不同分数段的代表4门课程的柱体。

温馨提示

"插入"标签"图表"面板中有Excel为用户提供的大量不同类型的图表样式，单击图表的"对话框启动器"按钮，可以打开"插入图表"对话框，如图4-3-49所示。

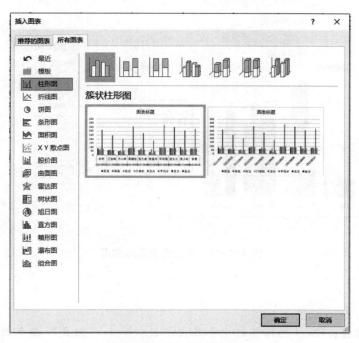

图 4-3-49　所有图表样式

2. 编辑美化图表

（1）更改图例位置

如图 4-3-50 所示，右键单击图例（图中红色箭头所指部分），在弹出的快捷菜单中选择"设置图例格式"。

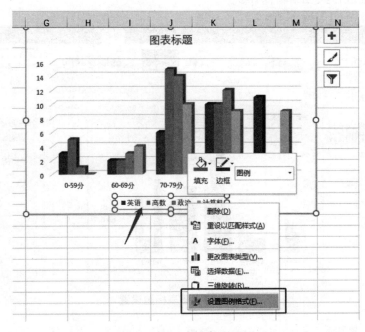

图 4-3-50　设置图例格式

窗口右边会显示出"设置图例格式"对话框，如图 4-3-51 所示，选择"图例选项"→"图例位置"中的"靠右"，图表中的图例就会出现在图表的右边了。

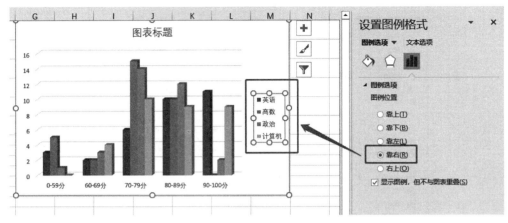

图 4-3-51　改变图例显示位置

📖 温馨提示

单击图表的任意位置，Excel 的标签栏中会多出"设计"和"格式"两个新标签，这两个标签中的工具可以对图表进行各类编辑、美化操作。在图表中的不同位置单击鼠标右键，会出现不同的快捷菜单，同样，也可以完成各种图表的编辑和设置。

（2）图表标题

单击"设计"标签→"图表布局"面板→"添加图表元素"→"图表标题"，可以看到当前图表标题位于"图表上方"，还可以选择"更多标题选项"，打开如图 4-3-52 右边所示的"设置图表标题格式"窗格来对图表标题进行其他编辑操作。

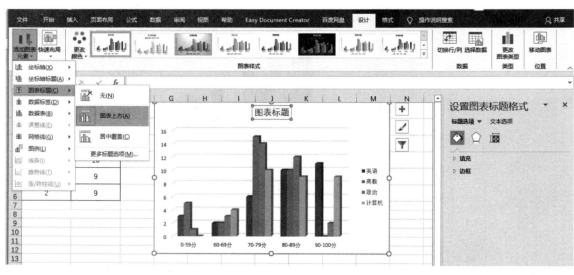

图 4-3-52　图表标题设置

修改图表标题的内容为"课程分数段人数统计"，效果如图 4-3-53 红色线框内所示。

（3）坐标轴标题

单击"设计"标签→"图表布局"面板→"添加图表元素"→"坐标轴标题"，选择其中的"主要横坐标轴"，如图 4-3-54 所示，在图表下方就会出现一个用于编辑横坐标轴标题的编辑框。

修改其内容为"分数段"，选中该编辑框，如图 4-3-55 所示。在"开始"标签→"字体"面板中可以修改该横坐标轴标题的字体、颜色等格式。

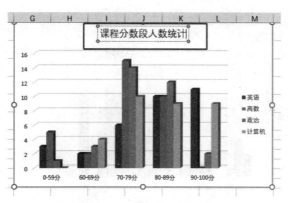

图 4-3-53　重命名图表标题

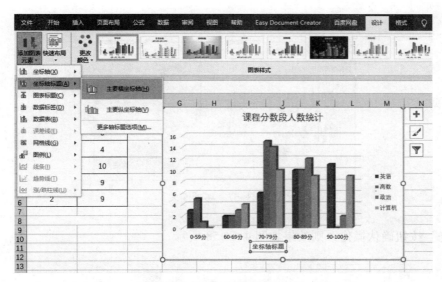

图 4-3-54　建立横坐标轴标题

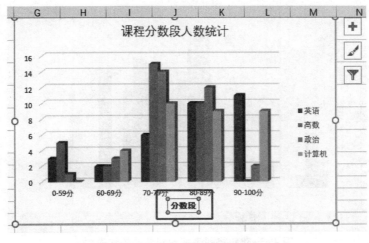

图 4-3-55　横坐标轴标题

同理为图表添加纵坐标轴标题，效果如图 4-3-56 所示。

鼠标右键单击图表的空白处，在弹出的快捷菜单中选择"移动图表"，打开"移动图表"对话框，选择"新工作表"，如图 4-3-57 所示。

课堂笔记

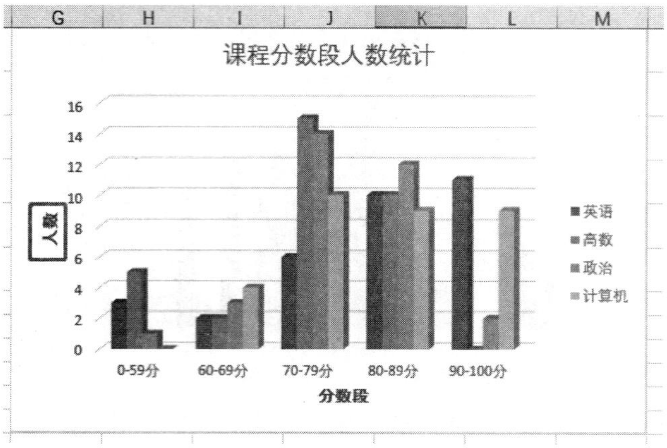

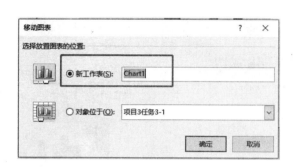

图 4-3-56　添加纵坐标轴标题

图 4-3-57　移动图表

单击“确定”按钮确认操作，则效果如图 4-3-58 所示。

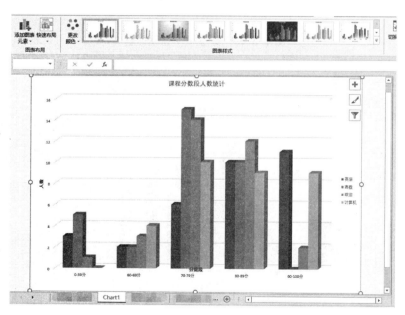

图 4-3-58　将图表移动到新的工作表中

任务实施

1. 任务单——图表（见活页）
2. 任务解析——图表

技能训练

子任务1 解析
（难度等级★★）

子任务2 解析
（难度等级★★）

技能训练要求

技能训练
操作演示

模块总结

本模块主要学习了如何使用 Excel 2016 来完成各类不同数据处理需求的操作方法。从简单的工作表的创建、数据的录入、格式的设置，到对数据进行计算和统计，再到数据的整理汇总，体现了 Excel 2016 强大的数据处理能力。可以看出，Excel 2016 能够帮助解决日常生活和工作中几乎所有的数据处理问题。

具体知识点如下：

①工作簿的概念，工作簿的新建、保存和关闭。
②工作表的基本概念，工作表的插入、复制、移动、删除和重命名；工作表窗口的拆分和冻结。
③单元格的基本操作。
④各类数据的输入和编辑。
⑤数据清单的概念和使用。
⑥工作表的格式化。
⑦条件格式的使用。
⑧工作表的页面设置、打印预览和打印。
⑨公式计算方法。
⑩相对引用和绝对引用的概念和使用。
⑪常用函数的使用，如 SUM 函数、IF 函数、AVERAGE 函数、MAX 函数、MIN 函数、ABS 函数、RANK 函数、COUNT 函数、COUNTIF 函数。
⑫记录的排序、筛选、查找和分类汇总。
⑬数据透视表的使用。
⑭图表的创建、编辑与美化。

题库

模块 5 演示文稿软件 PowerPoint 2016

模块导读

演示文稿软件是美国微软公司出品的办公软件系列重要组件之一。它已经成为人们工作生活的重要组成部分，不仅能够应用在工作汇报、企业宣传、产品推介、婚礼庆典、项目竞标、管理咨询等领域，还可以用于互联网上面对面会议、远程会议的展示。

知识目标

- PowerPoint 的基本功能和操作，演示文稿的视图模式和使用。
- 演示文稿中幻灯片的主体设置、背景设置、母版制作和使用。
- 幻灯片中文本、图形、SmartArt、图像、艺术字等对象的编辑和应用。
- 幻灯片中对象动画、幻灯片切换效果、链接操作等交互设置。
- 幻灯片放映设置，演示文稿的打包和输出。

技能目标

- 能使用 PowerPoint 软件进行幻灯片主体设置、背景设置和母版制作。
- 能够对文本、图形、SmartArt、图像、艺术字等对象进行编辑。
- 会设置对象动画、幻灯片切换效果和链接。
- 会设置幻灯片放映，会打包和输出演示文稿。

素质目标

- 具有正确的人生观。
- 具有积极进取、刻苦钻研精神。
- 具备协调能力，能够建立良好人际关系。

项目 1　创建西迁精神电子相册

1. 项目提出

"西迁精神"是以"胸怀大局、无私奉献、弘扬传统、艰苦创业"为主要内容的精神，它经历了60多年的沉淀和积累，是值得被我们大家学习和大力弘扬的。大学生党委组织开展"创历史印记新贡献，做西迁精神新传人"的系列活动，现征集大学生西迁精神电子相册作品。讲述以西交大"西迁人"为代表的老一辈知识分子爱国奋斗的宽广胸襟、家国情怀和涤荡心灵的西迁故事，解读西迁精神的深刻内涵。号召广大青年学子做新时代西迁精神传承人，在新的起点上志存高远，涵养家国情怀，在奋斗中释放青春激情。

相关知识点：
①建立与保存演示文稿。
②新建幻灯片。
③设置幻灯片版式。
④在幻灯片中插入对象。
⑤设置对象动画。

2. 项目分析

PowerPoint 2016 主要用于创建演示文稿，它能制作出集文字、图形、图像、声音及视频剪辑等多媒体元素于一体，具有动态性、交互性、可视性的演示文稿。本项目将通过 3 个任务来学习如何创建电子相册，熟练 PowerPoint 2016 的基本操作。

任务 1　制作电子相册封面幻灯片

知识准备

1. 创建 PowerPoint 2016 演示文稿

①方法 1：单击"开始"→"Microsoft PowerPoint 2016"。

②方法 2：双击桌面图标"Microsoft PowerPoint 2016" 。

利用上述方法启动 PowerPoint 2016 演示文稿，进入启动界面，如图 5-1-1 所示。在打开的 PowerPoint 窗口中显示最近使用的文档和程序自带的模板缩略图预览，此时单击左侧列表中的"新建"，在主界面继续单击"空白演示文稿"，即可创建空白 PowerPoint 2016 演示文稿，如图 5-1-2 所示。

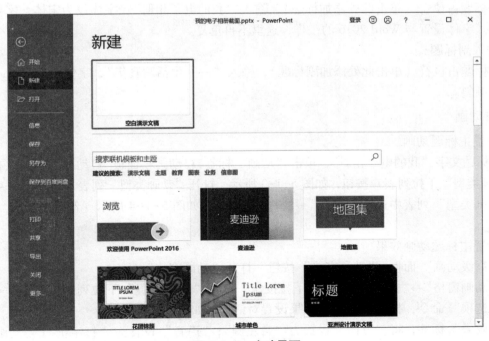

图 5-1-1　启动界面

图 5-1-2 空白演示文稿

温馨提示

学习了启动 Word 2016 和 Excel 2016，仿照 Word 2016 和 Excel 2016 的启动方法，也可以启动 PowerPoint 2016。例如，打开 Word 2016 和 Excel 2016 文档，即可启动 Word 2016 和 Excel 2016，同样，打开 PowerPoint 2016 文档，也可以启动 PowerPoint 2016。

2. 输入并设置文本

（1）输入主标题

单击主标题占位符（单击此处添加标题），输入"我的电子相册"，字体设为宋体，字号为 44 磅，字形为加粗。字体设置与 Word 2016 的一样，这里不再重复。

（2）输入副标题

单击副标题占位符（单击此处添加副标题），输入"——生活写真集"，字体设为宋体，字号为 32 磅，字形为倾斜。

3. 设置动画

（1）设置主标题动画

选定主标题文字"我的电子相册"，单击"动画"标签→"动画"面板→"动画类型"栏右侧的"其他"（"动画类型"下拉列表）按钮，如图 5-1-3 所示，打开"动画类型"列表，如图 5-1-4 所示。

在"动画类型"列表中选择"进入"→"擦除"命令，如图 5-1-4 所示（箭头所指为"擦除"动画命令）。

（2）设置主标题动画效果

单击"高级动画"面板→"动画窗格"按钮，打开"动画窗格"。

单击"动画窗格"→"标题 1"右侧的下拉按钮，打开"动画设置"下拉列表，如图 5-1-5 所示。单击"效果选项"命令，打开"擦除"效果设置对话框，如图 5-1-6 所示。

单击"效果"标签，将"方向"设置为"自左侧"；"声音"设置为"打字机"；"动画文本"设置为"按字母顺序"，如图 5-1-7 所示。

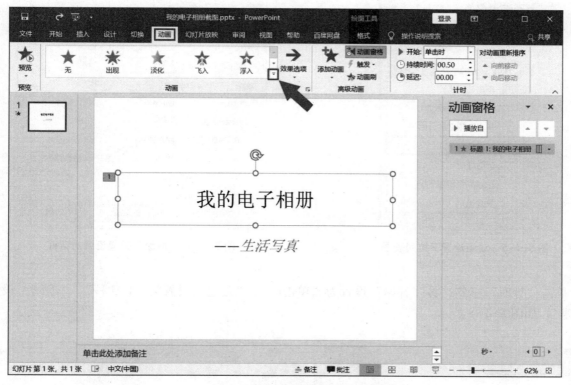

图 5-1-3　打开动画类型列表与动画窗格

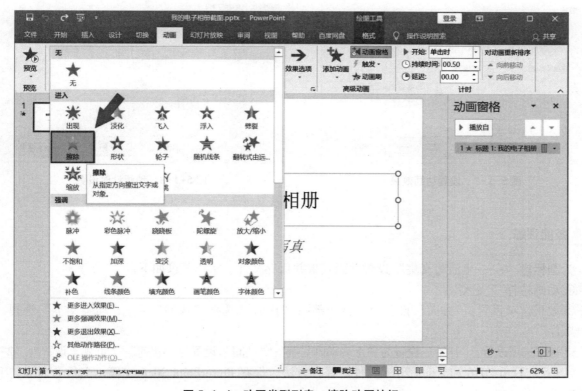

图 5-1-4　动画类型列表、擦除动画按钮

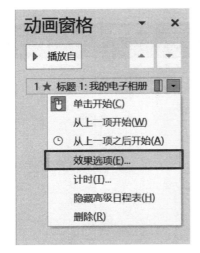

图 5-1-5 动画设置下拉列表图

图 5-1-6 "擦除"效果设置对话框

单击"计时"标签,将"开始"设置为"单击时","延迟"设置为"0.5 秒","期间"设置为"中速",如图 5-1-8 所示。

图 5-1-7 设置动画效果

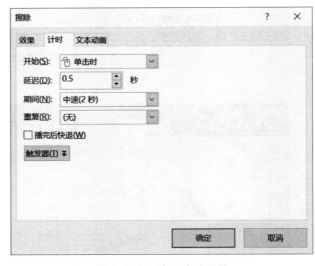

图 5-1-8 动画计时设置

技能训练

为副标题"——生活写真集"设置动画效果并保存文件,制作要求如下:
①动画选择"飞入"。
②效果选项设置:"方向"设置为"自底部";"声音"选择"风铃"声;"动画文本"选择"按字母顺序"。
③计时选项设置:"开始"设置为"上一动画之后";"期间"设置为"快速";"重复"设置为"2"。
④仿照 Word 2016 和 Excel 2016 文件的保存方法,保存 PowerPoint 2016 文稿,文件命名为"我的电子相册"。

任务实施

1. 任务单——制作"西迁精神"电子相册封面幻灯片(见活页)
2. 任务解析——制作"西迁精神"电子相册封面幻灯片

任务 2　制作电子相册导航幻灯片

1. 新建幻灯片

（1）选择目标位置

选择插入位置的方法是，在幻灯片浏览视图窗格选择目标位置并单击，或选择目标位置的上一张幻灯片并单击。这里要在第一张幻灯片下方插入，选择第一张幻灯片并单击，或第一张下方位置单击。

（2）插入新幻灯片

单击"开始"标签→"幻灯片"命令面板→"新建幻灯片"命令按钮，即可在第一张幻灯片下方插入一张新幻灯片，如图 5-1-9 所示。

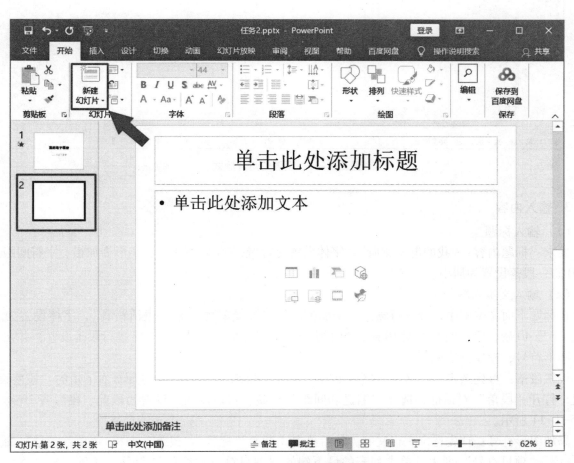

图 5-1-9　新建幻灯片

2. 设置幻灯片版式

如果新建幻灯片版式不符合要求，可对版式重新设置。方法是先选择目标幻灯片，这里是新建的第二张幻灯片；然后单击"开始"标签→"幻灯片"面板→"幻灯片版式"命令按钮，打开"Office 主题"版式列表，在列表中选择"标题和内容"版式单击即可，如图 5-1-10 所示。

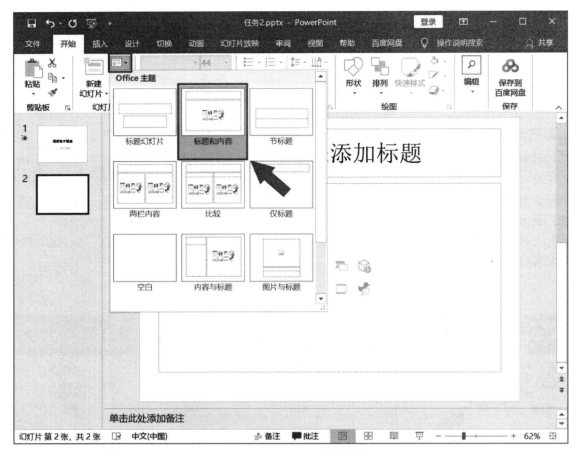

图 5-1-10　设置幻灯片版式

3. 输入内容

（1）输入标题

要求：标题内容："我的电子相册"。字体设置为行楷；字号为44磅；字形为加粗；字符间距加宽为10磅；段落设置为居中。

（2）输入文本内容

在标题下面文本框中，分三行输入"美丽家乡""温馨家庭"和"生活写真"，字体设置为"宋体"，字号40磅，字符间距加宽10磅。为了使页面构图美观，可对三行文字进行段落设置，并在行首加入图形符号，操作方法如下。

设置段落：首先选定三行文字，然后单击"开始"标签→"段落"命令面板右下角的"段落设置"按钮，打开"段落"对话框，选择"缩进和间距"标签，将段落间距设置为段前、段后各20磅，如图 5-1-11 所示。

添加图形符号：首先选定三行文字，然后单击"开始"标签→"段落"面板→"项目符号"命令按钮，打开"项目符号"列表，单击列表的最下端的"项目符号和编号"命令，打开"项目符号和编号"对话框，如图5-1-12所示。

在"项目符号和编号"对话框中，选择"项目符号"标签，单击项目符号列表下面的"自定义"按钮，打开"符号"对话框，如图 5-1-13 所示。在"符号"对话框中，单击"字体"栏下拉列表按钮，在字体列表中选择"Wingdings 2"并单击，打开"符号"列表，选择"☛"符号（或其他符号），单击"确定"按钮，返回"项目符号和编号"对话框，再单击"确定"按钮即可。

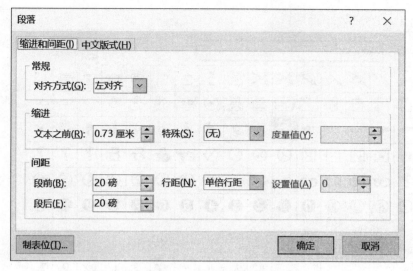

图 5-1-11 段落设置

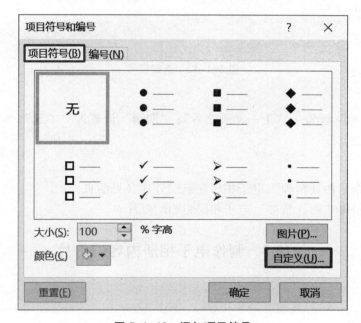

图 5-1-12 添加项目符号

4. 设置动画

（1）设置标题动画

选定标题文字"我的电子相册",单击"动画"标签→"动画"面板→"动画"下拉列表按钮,打开"动画类型"列表,单击"进入"→"缩放"命令按钮。动画效果："消失"设置为"对象中心"；"计时开始"设置为"上一动画之后"。

（2）设置文本动画

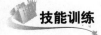

设置文本动画,要求如下：
①动画类型：擦除。
②动画效果："方向"设置为"自左侧"；"声音"选择"打字机"；"动画文本"选择"按字母顺序"。

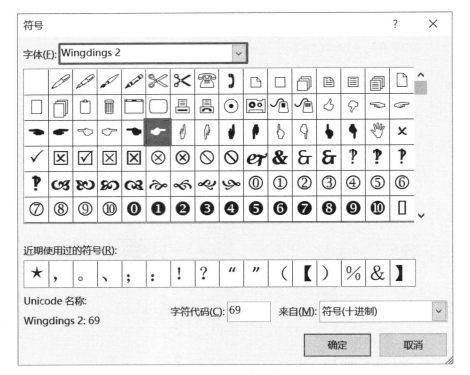

图 5-1-13　选择符号

③计时设置："开始"设置为"上一动画之后"；"期间"设置为"中速"。

任务实施

1. 任务单——制作"西迁精神"电子相册导航幻灯片（见活页）
2. 任务解析——制作"西迁精神"电子相册封面幻灯片

任务3　制作电子相册内容幻灯片

知识准备

1. 给幻灯片插入图片对象

①新建幻灯片，并将幻灯片版式设置为"图片与标题"版式，如图 5-1-14 所示。

②在幻灯片中插入对象。

方法1：单击"插入"标签→"图形"命令面板→"图片"命令按钮→"插入图片来自此设备"命令按钮，打开"插入图片"对话框。在"插入图片"对话框中选择图片存放的路径，选择好图片并单击"确定"按钮，即可向幻灯片中插入一幅图片。

方法2：单击图形框中的"图片"图标，打开"插入图片"对话框，接下来的操作与方法1的相同。

③编辑对象。编辑插入对象完全和 Word 2016 中的操作相同，这里不再重复叙述。

④输入图片标题或说明文字。在图形框下面的标题占位符中输入图片的标题，在"单击此处添加文本"的文本占位符中输入说明文字，并按要求设置好文字格。当然，也可以利用文本框在图片上设置标题和说明文字。制作好的示例幻灯片如图 5-1-15 所示。

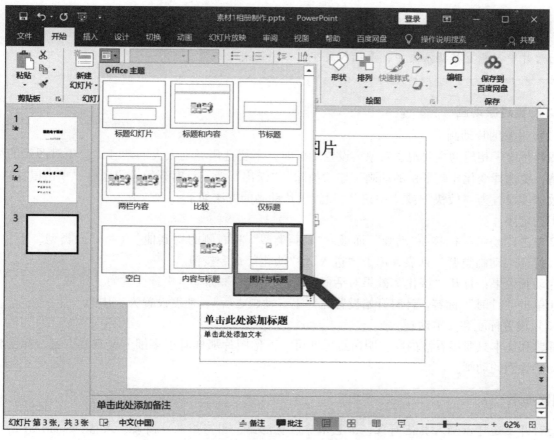

图 5-1-14　设置幻灯片版式

图 5-1-15　图片说明文字

📖 **温馨提示**

幻灯片中不能直接插入文字,要插入文字,必须使用文本框。

2. 设置对象动画

(1) 设置图片动画

图片是电子相册的主要观赏对象,设置动画时,不要选用晃动太大的动画,避免对图片的细节观赏不清,要选择变化比较平稳的动画,如"擦除""淡出"等。计时开始设置选择"单击鼠标时",动画播放速度设置为"较快"或"中速"。设置图片动画的方法如下:

①选定图片。

②单击"动画"标签→"动画"面板→"动画类型"栏右侧的"其他"("动画类型"下拉列表)按钮,打开"动画类型"列表,单击"进入"→"淡化"命令按钮。

③动画效果:打开"淡化"效果对话框,单击"效果"标签,声音设置为"风铃"。

④单击"计时"标签,计时开始设置为"上一动画之后";速度设置为"中速"。

(2) 设置标题和文本动画

标题和文本只要能看清内容,明白意思即可,不像图片那样有很多细节要观赏,可选择变化幅度大、动感强烈的动画。

📖 **温馨提示**

幻灯片上还可以插入其他对象,如艺术字、剪贴画、图形形状、图表、表格、SmartArt 图形和音频、视频等,这些对象插入、编辑与格式设置和 Word 2016 的完全一致,动画设置和前面讲的完全一样。自己也可以动手试一试,熟悉这些对象的操作。

技能训练

制作"我的电子相册"演示文稿中"温馨家庭"和"生活写真"这两部分内容的幻灯片,制作要求如下:

①在同一张幻灯片中插入多幅图片,其中一张幻灯片构图设置为多张图片叠放在一起。

②动画设置:每一张都单独设置,可以设置动画为"轮子"等,效果设置选择"轮辐图案 2"等,声音选择"风铃声"等,期间选择"中速 2 秒"。

图片选择、构图方式、动画类型、动画效果及动画计时方式,由同学们自己创意设计。

任务实施

1. 任务单——制作"西迁精神"电子相册内容幻灯片(见活页)

2. 任务解析——制作"西迁精神"电子相册内容幻灯片

项目 2 美化西迁精神电子相册

1. 项目提出

学习了 PowerPoint 2016 基本操作,可以自己制作出电子相册,但仔细这个相册可能并不令人满意。尽管在制作时进行了精心设计,感官上还是缺少美感,缺乏观赏性。要使相册更加完美,必须对相册在外观上进一步美化，使其更加精美。

相关知识点：

①应用主题；

②设置背景；

③母版制作。

2. 项目分析

本项目通过设置幻灯片主题、设置幻灯片背景和制作幻灯片母版 3 个任务，来学习如何美化电子相册，掌握 PowerPoint 2016 的外观设置操作。

任务 1　设置幻灯片主题

1. 应用内置主题和自定义主题

（1）应用内置主题

选定需要设置主题的幻灯片，单击"设计"标签→"主题"面板→"主题"栏右侧的"其他"下拉列表按钮，打开"主题"列表，如图 5-2-1 所示。把鼠标移到主题上，就会显示主题名称。在"主题"列表中选择"环保"主题并单击，即可给选定幻灯片插入"环保"主题，并按主题的颜色、字体和图形外观效果修饰选定幻灯片。如果没有选择幻灯片，默认状态下主题会加入全部幻灯片。

幻灯片主题效果演示

图 5-2-1　主题列表

（2）自定义主题

自定义主题颜色：选定已设置主题的幻灯片，单击"设计"标签→"主题"面板→"变体"栏右侧的"其他"下拉列表按钮，在"变体"列表中选择"颜色"，打开 Office 颜色列表，如图 5-2-2 所示。把鼠标移到主题颜色列表上，选定一款颜色，会按选择的主题颜色修饰带主题的幻灯片。

自定义主题字体：选定已设置主题的幻灯片，单击"设计"标签→"主题"面板→"变体"栏右侧的"其他"下拉列表按钮，在"变体"列表中选择"字体"，打开 Office 字体列表，如图 5-2-3 所示。把鼠标移到字体列表上，选定一款字体，会按选择的主题字体修饰带主题的幻灯片。

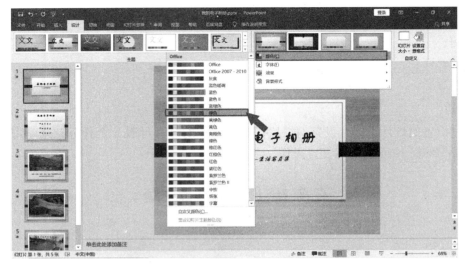

图 5-2-2　设置主题颜色

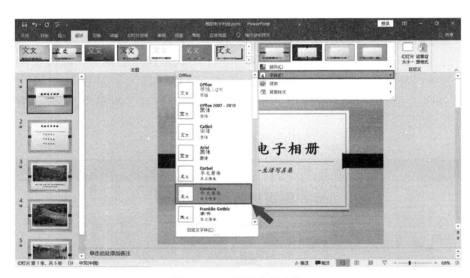

图 5-2-3　设置主题字体

📖 温馨提示

　　幻灯片的主题背景通常是以预设的格式与主题一起提供，也可以自定义主题背景。自己可以仿照自定义主题颜色和字体的方法，自定义主题背景。（提示：单击"设计"标签→"主题"面板→"变体"栏右侧的"其他"下拉列表按钮，在"变体"列表中选择"背景样式"，可以选择其他样式，也可以进一步设置"背景格式"。）

🏙 技能训练

为前面制作的演示文稿设置主题，具体要求如下：
①主题选择"画廊"。
②字体选择"宋体"。
③创意搭配主题颜色及背景。

任务实施

1. 任务单——为"西迁精神"电子相册设置主题（见活页）
2. 任务解析——制作"西迁精神"电子相册内容幻灯片

任务 2　设置幻灯片背景

背景是插入幻灯片最底层的对象，可以用于未设置主题的幻灯片，也可以用于设置了主题的幻灯片。选择要设置背景的幻灯片，单击"设计"标签→"自定义"面板→"设置背景格式"命令按钮，打开"设置背景格式"面板，如图 5-2-4 所示。

图 5-2-4　设置背景格式

1. 设置颜色背景

在"设置背景格式"面板上，选择"油漆桶"，在"填充"栏中选择"纯色填充"，单击"颜色"右侧油漆桶，打开主题颜色列表，选择一种合适的颜色（橙色，个性 5，淡色 40%）单击，如图 5-2-5 所示。如果选定了设置背景的幻灯片，则为选定幻灯片设置背景；如果要为所有幻灯片设置背景，则单击面板下方的"应用到全部"按钮，如果需要清除该效果，可以单击面板下方的"重置背景"按钮。

温馨提示

参照纯色背景设置方法，在"设置背景格式"面板"填充"栏中选择"渐变填充"，即可设置渐变填充的背景。

2. 设置图案填充背景

在"设置背景格式"面板上，选择"油漆桶"，在"填充"栏中选择"图案填充"，设置"前景"为黄色，"背景"为蓝色。在"图案"列表下方，可以选择一种合适的图案单击，如图 5-2-6 所示。

图 5-2-5　设置背景颜色

选定要设置背景的幻灯片，单击"关闭"按钮即可为选定幻灯片设置背景；如果要为所有幻灯片设置背景，则单击"全部应用"按钮；如果需要清除该效果，可以单击面板下方"重置背景"按钮。

图 5-2-6　设置背景图案

温馨提示

参照设置"图案背景"的方法可以设置"图片"或"纹理"背景。

技能训练

为演示文稿设置背景，具体要求如下：
① 背景设置为"画布"。
② 透明度设置为 10%。

任务实施

1. 任务单——为"西迁精神"电子相册设置背景（见活页）
2. 任务解析——制作"西迁精神"电子相册内容幻灯片

任务3　制作幻灯片母版

幻灯片母版包含了幻灯片中共同出现的内容与构成要素，如标题、文本、图形、日期和背景等。用设置好的母版创建演示文稿，可以使演示文稿具有统一的外观和风格。母版中还可以加入自己的信息，体现自己的特征和创作风格。制作母版时，首先要打开演示文稿，单击"视图"标签→"母版视图"面板→"幻灯片母版"命令按钮，打开"幻灯片母版视图"窗口，如图5-2-7所示。下面以制作电子相册母版为例，说明母版的制作方法。

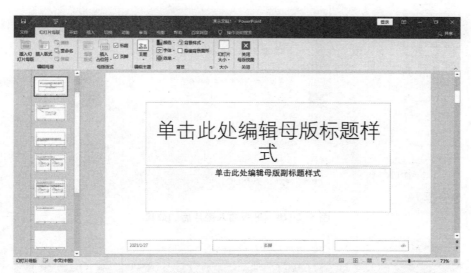

图 5-2-7　幻灯片母版视图

任务解析
（难度等级★）

任务解析
（难度等级★★★）

幻灯片母版
效果演示

1. 制作幻灯片母版

（1）在电子相册每张幻灯片中插入相同的对象

打开电子相册文件，在"幻灯片母版视图"窗口中，选择缩略图窗格中的"幻灯片"母版，选择"插入"标签→"图像"面板→"图片"命令按钮，选择插入图片来自"联机图片"，打开"插入图片"对话框，如图5-2-8所示。单击"必应图像搜索"，则打开"联机图片"对话框，输入搜索内容"卡通人物"，选中其中一幅图片，如图5-2-9所示。单击"插入"按钮即在幻灯片母版上插入一幅剪贴画，这幅剪贴画会插入每一张幻灯片中。当然，也可以给每一张幻灯片添加同样的背景或其他对象，使相册有一个统一、美丽的外观，如图5-2-10所示。

（2）在电子相册每张幻灯片中插入日期和编号

在"幻灯片母版视图"窗口中，选择缩略图窗格中的"幻灯片"母版，选择幻灯片底部的"日期"占位符，设置好日期的格式；然后选择"幻灯片编号"占位符，设置好幻灯片编号格式；最后删除掉"页脚"占位符。关闭"幻灯片母版视图"窗口，在"普通视图"窗口就可以显示出制作的内容，如图5-2-11所示。

图 5-2-8 "插入图片"对话框

图 5-2-9 "联机图片"对话框

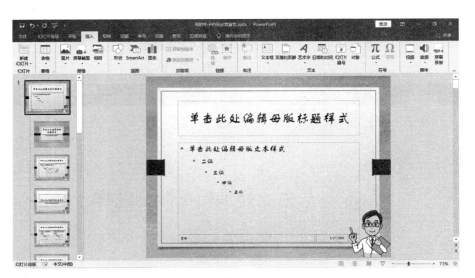

图 5-2-10 母版插入图片后的效果

图 5-2-11 在母版中插入日期和编号的效果

如果不能显示日期和编号,可以在普通视图下单击"插入"标签→"文本"面板→"页眉和页脚"命令按钮,打开"页眉和页脚"对话框。在"页眉和页脚"对话框中选择"日期和时间""幻灯片编号"

及"标题幻灯片中不显示"复选框,如图5-2-12所示。单击"全部应用"按钮,就会按要求显示日期和幻灯片编号。

2. 制作标题幻灯片母版

在"幻灯片母版视图"窗口中,选择缩略图窗格中的"标题幻灯片"母版,就可以在编辑区中设置标题和副标题占位符的格式,如设置字体和颜色等。还可以单击"幻灯片母版"标签→"母版版式"面板→"插入占位符"命令按钮,给幻灯片添加占位符,如给"标题幻灯片"左上角添加一个图片占位符,如图5-2-13所示。设置好后,单击"关闭母版视图"按钮,返回编辑状态,打开"开始"标签,插入一张新的幻灯片,单击"版式"按钮,可以在列表中看到设置的带有图片占位符的标题幻灯片,如图5-2-14所示。

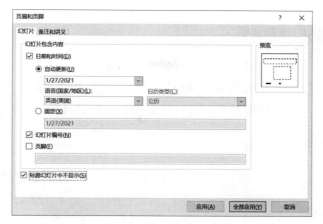

图 5-2-12　页眉和页脚的设置

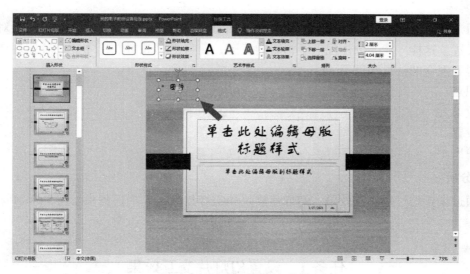

图 5-2-13　插入图片占位符

图 5-2-14　带有图片占位符的标题幻灯片版式

技能训练

制作幻灯片母版，具体要求如下：
①在"我的电子相册"演示文稿左上角添加文本"我的电子相册"。
②在相册每张幻灯片的页脚左侧添加日期，右侧添加作者（自己）的姓名。

任务实施

1. 任务单——制作"西迁精神"电子相册幻灯片母版（见活页）
2. 任务解析——制作"西迁精神"电子相册幻灯片母版

项目3　播放电子相册

1. 项目提出

通过项目1和项目2的操作，一个精美的电子相册制作出来了。要放映观看，还须对电子相册进行放映输出设置，这样才能充分体现电子相册的美感，使其更具观赏性；才能充分体现作者的创新意识，使作品得到观众的认可和赞美。

相关知识点：
①交互效果。
②放映设置。
③打包输出。

2. 项目分析

本项目通过设置幻灯片交互效果、幻灯片放映和幻灯片输出3个任务来学习PowerPoint 2016的放映输出。

任务1　设置幻灯片交互效果

知识准备

1. 设置幻灯片的切换样式和切换属性

（1）设置幻灯片的切换样式

选定需要设置切换样式的幻灯片，单击"切换"标签→"切换到此幻灯片"面板右侧的"其他"（"切换样式"列表）按钮，打开切换样式列表，如图5-3-1所示。把鼠标移到选定的切换样式上单击，就会给选定幻灯片插入选定的切换样式。

（2）设置幻灯片的切换属性

幻灯片切换属性如不另行设置，则为默认设置。如果对默认切换属性不满意，可以另行设置。其方法是：单击"切换"标签→"切换到此幻灯片"面板→"效果选项"命令按钮，展开效果选项下拉列表，选择一种切换效果即可，如图5-3-2所示。在"切换"标签→"计时"面板→"声音"命令组中可对幻灯片切换声音进行设置；在"切换"标签→"计时"面板→"换片方式"命令组中可设置自动换片时间。

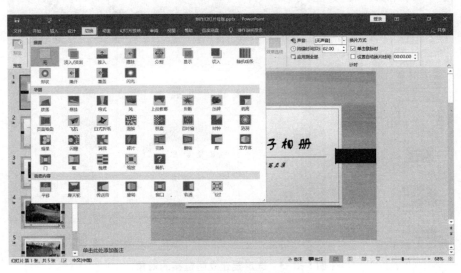

图 5-3-1　幻灯片切换样式列表

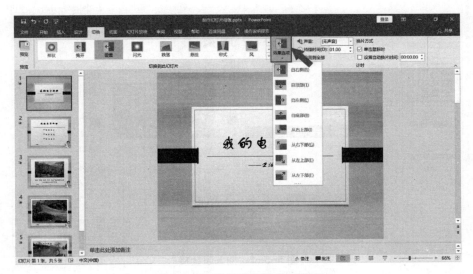

图 5-3-2　幻灯片切换效果选项

2. 设置超链接和动作

（1）设置超链接

选定要建立超链接的对象，如图 5-3-3 所示，选中文本"美丽家乡"。

单击"插入"标签→"链接"面板→"链接"命令按钮，打开"插入超链接"对话框。在对话框中选择"本文档中的位置"→"幻灯片标题"→"3 绿色、清新、宁静、和谐，犹如一幅美丽的风景画"，单击"确定"按钮即可，如图 5-3-4 所示。

（2）设置动作

选择要建立动作的幻灯片，在这张幻灯片中插入一个"动作"按钮（插入动作按钮的方法与 Word 2016 中的相同）。在插入动作按钮时，随即打开"操作设置"对话框。在"操作设置"对话框中，选择"单击鼠标"→"超链接到"单选按钮，然后打开"超链接到"选项列表，选择"下一张幻灯片"选项，如图 5-3-5 所示。最后单击"确定"按钮即可。在放映幻灯片时单击该按钮，即可返回下一张幻灯片。

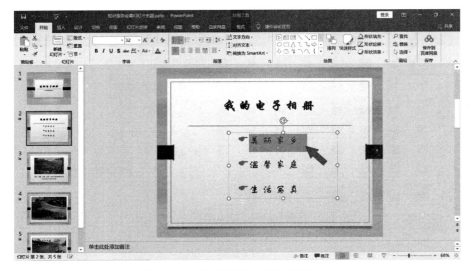

图 5-3-3　选定要建立超链接的对象

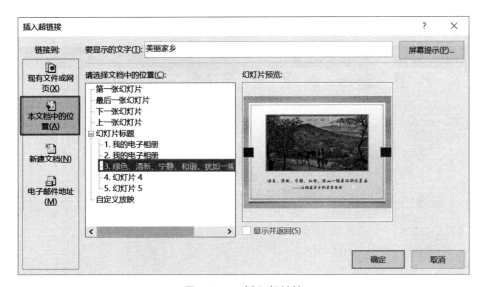

图 5-3-4　插入超链接

图 5-3-5　插入动作

技能训练

为"我的电子相册"演示文稿设置超链接,具体要求如下:
① 用第二张幻灯片中的"温馨家庭"文本建立超链接,链接到"温馨家庭"主题幻灯片。
② 用第二张幻灯片中的"生活写真"文本建立超链接,链接到"生活写真"主题幻灯片。
③ 分别在"温馨家庭"和"生活写真"主题幻灯片的结束处插入一个"返回"按钮,并建立超链接,返回到第二张幻灯片。

任务实施

1. 任务单——设置"西迁精神"电子相册交互效果(见活页)
2. 任务解析——设置"西迁精神"电子相册交互效果

任务2 设置幻灯片放映

知识准备

1. 设置放映方式

单击"幻灯片放映"标签→"设置"面板→"设置幻灯片放映"命令按钮,打开"设置放映方式"对话框,如图5-3-6所示。在"设置放映方式"对话框中,可对"放映类型""放映选项""放映幻灯片"等选项进行设置。

2. 设置自定义放映

一般情况下,幻灯片只能按顺序进行放映,在设置了超链接时,幻灯片可以跳动放映,但这种跳动只能按链接的顺序进行。自定义放映不仅能跳动放映,还能在全部幻灯片中选择一部分进行放映,并且能重复放映某些幻灯片。设置自定义放映的方法是:单击"幻灯片放映"标签→"开始放映幻灯片"面板→"自定义幻灯片放映"命令按钮,打开"自定义放映"对话框,如图5-3-7所示。

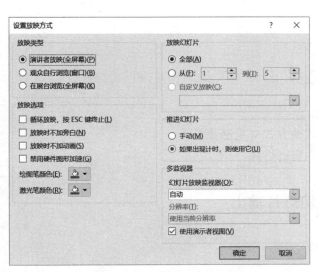

图5-3-6 设置放映方式

图5-3-7 自定义放映

在"自定义放映"对话框中单击"新建"按钮,打开"定义自定义放映"对话框。在"定义自定义放映"对话框中,将演示文稿中的幻灯片添加到"在自定义放映中的幻灯片"列表中,如图 5-3-8 所示,单击"确定"按钮即可。

图 5-3-8　定义自定义放映

3. 放映演示文稿

①方法 1:打开演示文稿文件,单击"幻灯片放映"标签→"开始放映幻灯片"面板→"从头开始"命令按钮,即可从头开始放映幻灯片;如果单击"从当前幻灯片开始"命令按钮,即可从当前位置开始放映幻灯片;如果单击"自定义幻灯片放映"命令按钮,即可按自定义方式开始放映幻灯片。

②方法 2:打开演示文稿文件,单击"状态栏"右侧的图标即可开始放映幻灯片。

③方法 3:打开演示文稿文件,按 F5 键即可开始放映幻灯片。

技能训练

设置"我的电子相册"演示文稿的放映方式,制作要求如下:
①自定义放映为"放映顺序",将目录幻灯片插入内容幻灯片中。
②放映类型选择"演讲者放映"。
③放映选项选择"循环放映,按 Esc 键结束"。
④设置自定义顺序为"放映顺序"。
⑤换片方式选择"手动"。

任务实施

1. 任务单——设置"西迁精神"电子相册的放映方式(见活页)
2. 任务解析——制作"西迁精神"电子相册内容幻灯片

任务 3　幻灯片输出

知识准备

1. 打包演示文稿

一个制作好的电子相册,在没有 PowerPoint 2016 程序的计算机上却不能播放,岂不令人沮丧?打包演示文稿可以解决这个问题。演示文稿可以打包到磁盘的文件夹或 CD（光盘）上，打包后的演示文稿无论计算机上有无 PowerPoint 2016 程序，都可以正常播放。打包演示文稿的方法是：

①单击"文件"菜单→"导出"子菜单→"将演示文稿打包成 CD"子菜单→"打包成 CD"命令，如图 5-3-9 所示，打开"打包成 CD"对话框，如图 5-3-10 所示。

图 5-3-9 选择"打包成 CD"命令

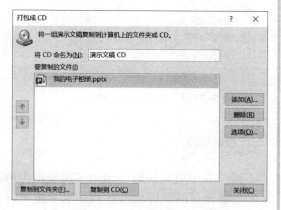
图 5-3-10 "打包成 CD"对话框

②在"打包成 CD"对话框的"将 CD 命名为"栏中，输入打包后的文件名，单击"复制到文件夹"按钮（也可以单击"复制到 CD"按钮，但必须有刻录设备和空白 CD 盘），打开"复制到文件夹"对话框，如图 5-3-11 所示。

③在"复制到文件夹"对话框中，按要求输入文件名和保存位置，单击"确定"按钮即可。

2. 将演示文稿设置成直接放映格式

选择"文件"菜单→"导出"子菜单，双击"更改文件类型"子菜单，单击"PowerPoint 放映"命令，如图 5-3-12 所示，打开"另存为"对话框，选择保存类型为 PowerPoint 放映（*.ppsx）格式，并保存文件，这样在没有 PowerPoint 程序的计算机上也能播放该文件。

图 5-3-11 "复制到文件夹"对话框

图 5-3-12 设置演示文稿直接播放命令

3. 打印演示文稿

（1）幻灯片页面设置

单击"设计"标签→"自定义"面板→"幻灯片大小"命令按钮，打开"幻灯片大小"对话框，如图 5-3-13 所示，在对话框内对幻灯片的大小、宽度、高度和方向等进行重新设置。

（2）幻灯片打印

单击"文件"菜单→"打印"子菜单→"打印"命令，在安装了打印机的情况下，设置好打印属性，即可对幻灯片进行打印，如图 5-3-14 所示。

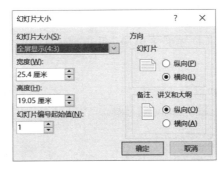

图 5-3-13　自定义幻灯片大小

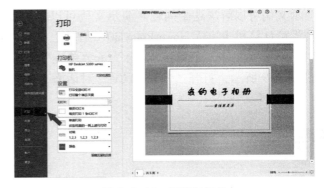

图 5-3-14　打印幻灯片

技能训练

将"我的电子相册"演示文稿输出为讲义,制作要求:
①输出后的文件名为"我的电子相册讲义"。
②保存位置为"我的文档"。

任务实施

1. 任务单——"西迁精神"电子相册输出(见活页)
2. 任务解析——制作"西迁精神"电子相册内容幻灯片

模块总结

本模块通过电子相册的制作过程,系统介绍了 PowerPoint 2016 设计、制作及放映演示文稿的基本方法与基本操作,主要内容包括:
①演示文稿的创建,幻灯片的设计、编辑与放映的操作。
②幻灯片中插入对象的编辑与属性设置,插入对象动画的设置。
③幻灯片页面、主题、背景及母版等外观设计。
④幻灯片的放映设置与打包、打印等输出设置。

通过本模块的学习,可以掌握演示文稿的基本制作方法。但 PowerPoint 2016 设计、制作及放映演示文稿的方法与操作远不止这些,例如,在介绍制作幻灯片时,只介绍了普通视图模式下的操作,视图模式还有浏览视图、备注视图和阅读视图等;幻灯片中插入的对象不仅有文本、图形、形状等,还有表格、音/视频等;插入对象的动画设置除了基本动画外,还可以设置运动轨迹、动画组合等;幻灯片放映只介绍了基本的放映方式,还可以在幻灯片放映时添加旁白、排练计时,使放映更加完美。所有这一切还有待进一步学习。

模块 6

计算机网络基础

模块导读

现今社会，人们已经完全离不开网络了。商场里、饭馆中、公交车上，网络无处不在。坐在电脑前，我们可以知道世界各地的新闻，只要鼠标轻轻一点、键盘轻轻一按，多彩多姿的世界立刻呈现在我们面前。网络的魔力非凡，使人为之着迷，通过本模块的学习，将了解计算机网络的基本概念和原理，了解计算机网络的相关技术，掌握信息浏览的方法，熟练信息的检索操作，充分利用电子邮件的收发功能，进行联网设置与操作，组建家庭局域网，实现资源共享。

知识目标

- 计算机网络的概念。
- 计算机网络的组成和分类。
- 计算机与网络信息安全的概念和防控。
- 因特网网络服务的概念。
- 网络的原理和应用。

技能目标

- 地址与域名地址。
- 网络配置方法。
- Internet Explorer 的使用。
- 收发电子邮件。
- 网络信息检索。
- 下载网络资源。

素质目标

- 具备法律观念，增强法律意识。
- 正确使用网络，做遵纪守法的好公民。
- 提倡网络文明，提防网络欺诈，提高网络安全意识。

项目1 网络搭建

1. 项目提出

"青年红色筑梦之旅"活动是中国"互联网+"大学生创新创业大赛的重要活动，旨在鼓励广大青年学生扎根中国大地，了解国情民情，接受革命传统教育，用创新创业成果服务乡村振兴战略、助力精准扶贫脱贫，走好新时代青年的新长征路。小王、小李、小张三人想报名参加此项比赛，他们每人都有一台笔记本电脑并且已经装好了Win10系统，首先他们想联网查看大赛的相关信息，可是他们应该如何操作才能实现呢？你有办法吗？若他们三人想组建一个小型局域网，又该如何操作呢？

相关知识点：
①Win10的基本操作。
②网络基本概念，TCP/IP协议、IP地址相关知识。
③IE浏览器的使用及搜索引擎的使用。

2. 项目分析

计算机网络，就是利用通信线路和通信设备，把分布在不同地理位置的具有独立功能的多台计算机、终端及其附属设备互相连接，按照网络协议进行数据通信，由功能完善的网络软件实现资源共享的计算机系统的集合。

下面首先通过任务1来学习如何为一台计算机设置IP地址，使之能够联入网络中。其次通过任务2学习如何使用Win10轻松建立小型局域网。最后，任务3带领大家在网络的浩瀚海洋中遨游。

任务1　设置IP地址

知识准备

1. 了解计算机网络

计算机网络主要由通信子网和资源子网组成。其中，资源子网包括主计算机、终端、通信协议及其他的软件资源和数据资源；通信子网包括通信处理机、通信链路及其他通信设备，主要完成数据通信任务。

计算机网络的功能主要有以下三个方面：
①资源共享：计算机资源主要指计算机硬件资源、软件资源和数据资源。
②信息交换：计算机网络为分布在不同地理位置的计算机用户提供了强有力的通信手段。通过计算机网络，用户可以做很多事情，比如发送邮件、购物、远程教育和远程医疗等。
③分布式处理：利用网络技术可以将许多小型机或微机连成具有高性能的计算机系统，使其具有解决复杂问题的能力。

不同网络的组成基本是一样的，一般由网络服务器、网络工作站、网络协议、网络操作系统、网络服务和网络设备六部分组成。

（1）网络服务器

实际就是为网络中的其他计算机和网络用户提供服务的一台高性能的计算机。常见的网络服务器有Internet服务器、数据库服务器和高性能计算机服务器等。

(2) 网络工作站

网络工作站是网络用户实际操作的计算机,网络用户可以通过工作站访问 Internet 上的各种信息资源。

(3) 网络协议

网络协议是由国际组织制定的一些网络通信规则和约定。它用来协调不同网络设备之间的信息交换,规定了每种设备识别来自另一设备的信息的规则。

(4) 网络操作系统

网络操作系统是在网络环境下,用户与网络资源之间的接口,负责整个网络系统的资源管理和任务分配,是网络中最重要的系统软件。

(5) 网络服务

网络服务是指计算机网络中信息处理和资源共享的能力,如电子邮件、打印共享、数据查询等。

(6) 网络设备

网络设备指网络中的计算机之间的连接设备,如通信电缆、网络接口适配器(网卡)、集线器、交换机、网桥和路由器等。

用户接入 Internet 主要有两种方法:

①通过局域网接入 Internet:是指用户所在的局域网使用路由器,通过数据通信网与 ISP(Internet Service Provider,Internet 服务提供商)相连接,再通过 ISP 的连接通道接入 Internet。

②通过电话网接入 Internet:是指用户计算机使用调制解调器,通过电话网与 ISP 相连接,再通过 ISP 的连接通道接入 Internet。用户在访问 Internet 时,通过拨号方式与 ISP 的远程接入服务器(RAS)建立连接,通过 ISP 的路由器访问 Internet。

不管使用哪种方法,首先都要掌握如何设置 IP 地址。这里先介绍 TCP/IP 协议、域名与 IP 地址的概念。

(1) TCP/IP 协议的基本概念

TCP/IP 协议是 Transmission Control Protocol/Internet Protocol 的简写,中文译名为传输控制协议/因特网互联协议,又名网络通信协议,是 Internet 最基本的协议、Internet 国际互联网络的基础,由网络层的 IP 协议和传输层的 TCP 协议组成。TCP/IP 定义了电子设备如何连入因特网,以及数据如何在它们之间传输的标准。TCP 保证所传送的信息是正确的,而 IP 负责信息的实际传送。协议采用了 4 层的层级结构,见表 6-1-1,每一层都使用它的下一层所提供的协议来完成自己的需求。TCP/IP 协议具有以下特点:

①开放的协议标准,独立于特定的计算机硬件与操作系统。

②用于多种异构网络的互联,可以运行于局域网、广域网,更适用于互联网。

③具有统一的网络地址分配方案。

④能提供多种可靠的用户服务,并具有较好的网络管理功能。

表 6-1-1 TCP/IP 的层次结构

应用层(直接支持用户的通信协议)
传输层(传输控制协议 TCP)
互连层(网际协议 IP)
主机至网络层(访问具体的 LAN)

(2) 域名与 IP 地址

Internet 上的计算机地址有两种表示形式:IP 地址与域名。

①IP 地址(Internet Protocol Address)是一种在 Internet 上的给主机编址的方式,也称为网际协议

地址。常见的IP地址分为IPv4与IPv6两大类。

IP地址是唯一的，它具有固定、规范的格式。其由网络地址与主机地址两部分组成，每台直接接到Internet上的计算机与路由器都必须有唯一的IP地址。IP地址是一个32位的二进制数，通常被分割为4个"8位二进制数"（也就是4个字节）。IP地址通常用"点分十进制"表示成（a.b.c.d）的形式，其中，a、b、c、d都是0~255之间的十进制整数。例如点分十进IP地址（100.7.8.6），实际上是32位二进制数（01100100.00000111.00001000.00000110）。

IP地址由各级Internet管理组织进行分配，它们被分为不同的类别。根据地址的第一段，分为五类：0~127为A类，128~191为B类，192~223为C类，D类和E类留作特殊用途。

IPv4就是有4段数字，每一段最大不超过255。由于互联网的蓬勃发展，IP地址的需求量越来越大。地址空间的不足必将妨碍互联网的进一步发展。为了扩大地址空间，通过IPv6重新定义地址空间。IPv6采用128位地址长度。在IPv6的设计过程中，除了一劳永逸地解决了地址短缺问题以外，还考虑了在IPv4中解决不好的其他问题。

②域名。由于IP地址结构是数字型的，较为抽象，难以记忆，因此TCP/IP专门设计了一种字符型的主机名字机制，即Internet域名系统DNS。主机名与它的IP地址一一对应。

域名是Internet上的主机的名字。Internet引进了域名系统（Domain Name System，DNS）。域名采用层次结构，每一层构成一个子域名，子域名之间用圆点隔开，自左至右分别为计算机名．网络名．机构名．最高域名。

通常，最高（顶级）域名以地域区分或以机构区分。

以地域区分的最高域名：cn代表中国、jp代表日本、uk代表英国、ca代表加拿大、fr代表法国等。

以机构区分的最高域名：gov代表政府机构、com代表商业机构、net代表网络机构、edu代表教育机构、mil代表军事机构、int代表国际机构等。

2. 查看电脑的IP地址

方法1：单击桌面左下角的"开始"菜单，选择"设置"，单击"网络和Internet"选项，打开如图6-1-1所示的对话框。在其中单击"更改适配器选项"，打开"网络连接"对话框，如图6-1-2所示。单击"属性"按钮，在打开的窗口中双击"Internet协议版本4（TCP/IPv4）"选项，打开"Internet协议版本4（TCP/IPv4）属性"对话框，如图6-1-3所示，在其中查看电脑的IP地址。

图6-1-1 "网络和Internet"对话框　　　　图6-1-2 "网络连接"对话框

方法 2：使用网络命令"ipconfig"查看。右击桌面左下角的"开始"→"运行"，在弹出的对话框中输入命令"cmd"，在打开的命令窗口中输入"ipconfig"后按 Enter 键，会出现如图 6-1-4 所示的结果，在其中可以查看电脑的 IP 地址。

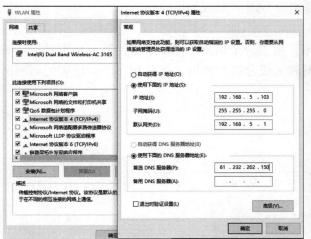

图 6-1-3　查看 IP 地址

图 6-1-4　使用"ipconfig"命令后的运行结果

3. 更改笔记本电脑上的 IP 地址

打开"Internet 协议版本 4（TCP/IPv4）属性"对话框，如图 6-1-3 所示，然后进行更改：子网掩码、默认网关、首选 DNS 服务器不变；IP 地址前三段不变，第四部分改成一个小于 255 的数即可。

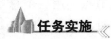

1. 任务单——查看电脑 IP 地址，并根据需要进行更改（见活页）
2. 任务解析——查看电脑 IP 地址，并根据需要进行更改

任务 2　家庭局域网的组建

1. 认识计算机网络

（1）计算机网络的分类

虽然网络类型的划分标准各种各样，但是根据地理范围划分是一种通用网络划分标准。按这种标准，可以把网络划分为局域网、城域网、广域网和互联网四种类型。

1) 局域网（Local Area Network，LAN）

局域网覆盖的地理范围有限，一般在几千米以内，适用于某一部门或某一单位。这是最常见、应用最广的一种网络。随着整个计算机网络技术的发展和提高，局域网得到充分的应用和普及，几乎每个单位都有自己的局域网，有的甚至家庭中都有自己的小型局域网。局域网在计算机数量配置上没有太多的限制，少的可以只有两台，多的可达几百台。它的特点是：传输速率高、误码率低、组网简单、成本低、使用方便灵活。

2）城域网（Metropolitan Area Network，MAN）

城域网是介于广域网与局域网之间的一种高速网络。城域网的覆盖范围在几千米到150 km左右，通常是在一座城市内，其范围比局域网的大，是一种扩大了的宽带局域网。MAN与LAN相比，扩展的距离更长，连接的计算机数量更多，在地理范围上可以说是LAN网络的延伸。在一个大型城市或都市地区，一个MAN网络通常连接着多个LAN网。如连接政府机构的LAN、医院的LAN、电信的LAN、企业的LAN等。由于光纤连接的引入，使MAN中高速的LAN互联成为可能。

3）广域网（Wide Area Network，WAN）

广域网也称远程网，范围在几十千米到几千千米，覆盖一个国家、一个地区，甚至全世界。广域网的通信子网可以利用公用分组交换网、卫星通信网和无线分组交换网，将分布在不同地区的局域网或计算机系统互联起来，达到资源共享的目的。

（2）计算机网络的拓扑结构

计算机网络的物理拓扑结构描述计算机网络中通信子网的终点与通信线路间的几何关系。它对网络的性能、网络协议的实现、网络的可靠性及网络通信成本都有重要影响。

通俗地讲，网络中的计算机等设备要实现互联，就需要以一定的结构方式进行连接，这种连接方式就叫作拓扑结构。目前常见的网络拓扑结构主要有以下五大类（图6-1-5）：

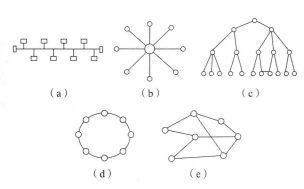

图6-1-5　网络的五种拓扑结构

(a) 总线型；(b) 星形；(c) 树形；(d) 环形；(e) 网状

1）总线型

总线型拓扑结构是一种共享通路的物理结构。这种结构中，总线具有信息的双向传输功能，普遍用于局域网的连接。总线一般采用同轴电缆或双绞线。它的特点是：安装容易，扩充或删除一个节点很容易，不需要停止网络的正常工作，节点的故障不会殃及系统。由于各个节点共用一个总线作为数据通路，因此信道的利用率高。但由于信道共享，连接的节点不宜过多，并且总线自身的故障可以导致系统的崩溃。

2）星形

星形拓扑结构是一种以中央节点为中心，把若干外围节点连接起来的辐射式互联结构。这种结构适用于局域网，近年来连接的局域网大都采用这种连接方式。它的特点是：安装容易，结构简单，费用低，通常以集线器（Hub）作为中央节点，便于维护和管理。

3）树形

树形拓扑结构就像一棵"根"朝上的树。与总线型拓扑结构的主要区别在于，总线型拓扑结构中没有"根"。这种拓扑结构的网络一般采用同轴电缆，用于军事单位、政府部门等上、下界限相当严格和层次分明的部门。它的特点是：容易扩展，故障也容易分离处理，但是整个网络对根的依赖性很大，一旦网络的根发生故障，整个系统就不能正常工作。

4）环形

环形拓扑结构是将网络节点连接成闭合结构。信号顺着一个方向从一台设备传到另一台设备，每台设备都配有一个收发器，信息在每台设备上的延时时间是固定的。这种结构特别适用于实时控制的局域网系统。它的特点是：安装容易，费用较低，电缆故障容易查找和排除。但当节点发生故障时，整个网络就不能正常工作了。

5）网状

此种结构不像上面四种结构那样有很明显的规则，这种结构中，节点的连接任意性较大，可随意连接。它的特点是：系统可靠性高，但由于结构复杂，必须采用路由协议、流量控制等方法。广域网中基本都采用网状拓扑结构。

小王、小李、小张三名同学报名参加了"青年红色筑梦之旅"活动，很多时候他们需要在一起协同完成任务，三人的电脑最好能够连入小型局域网，以方便他们之间分享各种资源信息，你有什么好的办法吗？

2. 创建家庭组

①在搭建"家庭组"之前，必须确保创建家庭组的这台电脑安装了Win10。如果用户电脑上安装的Win10是2018年3月后的版本，系统中可能不会出现"家庭组"选项。

②在Win10系统中单击"开始"→"控制面板"，打开"控制面板"窗口，单击"家庭组"选项，如图6-1-6所示，此时就可以打开"家庭组"对话框。因为还未创建过家庭组，所以在对话框中显示"创建家庭组"按钮，此时单击"创建家庭组"按钮，就可以创建一个全新的家庭组网络，即局域网。

③在打开的"创建家庭组"对话框中选择要共享的文件和设备，并设置权限级别，如图6-1-7所示。选择好后，单击"下一步"按钮，会出现如图6-1-8所示的"密码"对话框，单击"完成"按钮，整个过程结束。

图6-1-6 "控制面板"窗口

任务解析
（难度等级★★★）

图6-1-7 "创建家庭组"对话框　　　图6-1-8 "密码"对话框

3. 加入家庭组

在另外一台需加入网络的计算机上，单击"开始"→"控制面板"，打开"控制面板"窗口，在其中单击"家庭组"选项，在打开的"家庭组设置"窗口中，刚才的"创建家庭组"按钮变成了"立即加入"按钮。加入家庭组的电脑也需要选择希望共享的项目，选好之后，在下一步中输入刚才创建家庭组时得到的密码，就可以加入这个组了。

4. 通过家庭组传送文件

家中所有电脑都加入家庭组后，展开Win10资源管理器左侧的"家庭组"目录，就可以看到已加入的所有电脑了。只要是加入时选择了共享的项目，都可以通过家庭组自由复制和粘贴，和本地的移动和复制文件的操作一样。

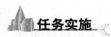任务实施

1. 任务单——通过家庭组功能组建小型局域网（见活页）

2. 任务解析——通过家庭组功能组建小型局域网

任务3　网上漫游

知识准备

1. 了解Internet

因特网（Internet，国际互联网络）是当今世界上最大的连接计算机的计算机网络通信系统。它是全球信息资源的公共网。该系统拥有成千上万个数据库，所提供的信息包括文字、资料、图像、声音等，其分类涉及政治、经济、科学、教育、法律、军事、物理、体育、医学等社会生活的各个领域。Internet被形象地称作"信息高速公路"。

Internet是一个通过网络互联设备——路由器，将分布在世界各地的数以万计的局域网、城域网及大规模的广域网连接起来，从而形成的世界范围的最大计算机网络，又称为全球性信息资源网。这些网络通过普通电话线、高速率专用线路、卫星、微波、光纤等将不同国家的大学、公司、科研部门、政府组织等的网络连接起来，为世界各地的用户提供信息交流、通信和资源共享等服务。Internet网络互联采用TCP/IP协议。

（1）Internet的发展简史

众所周知，互联网最早于1969年起源于美国国防部远景研究规划局（Advanced Research Projects Agency，ARPA）为军事实验而建立的网络，名为ARPANET。初期只有四台主机，其设计目标是当网络中的一部分因战争原因遭到破坏时，其余部分仍能正常运行；80年代初期，ARPA和美国国防部通信局研制成功用于异构网络的TCP/IP协议并投入使用；1986年，在美国国会科学基金会（National Science Foundation，NSF）的支持下，用高速通信线路把分布在各地的一些超级计算机连接起来，以NSFNET接替ARPANET，进而又经过十几年的发展形成Internet。其应用范围也由最早的军事、国防，扩展到美国国内的学术机构，进而迅速覆盖了全球的各个领域，运营性质也由科研、教育为主逐渐转向商业化。

90年代初，中国作为第71个国家级网加入Internet。目前，Internet已经在我国以迅猛的速度发展起来：截至2020年12月，我国网民总体规模为9.89亿，已占全球网民的1/5左右，互联网普及率为70.4%。我国手机网民规模达9.86亿，在我国网民使用的上网设备中，手机使用率达99.7%，手机作为第一大上网终端设备的地位更加稳固。同时，网民在手机电子商务类、休闲娱乐类、信息获取类、交通沟流类等应用的使用率都在快速增长，移动互联网带动整体互联网各类应用繁荣发展。

（2）Internet的特点

1）全球信息浏览

Internet已经与180个国家或地区的近2亿用户连通，快速、方便地与本地、异地其他网络用户进行信息通信是Internet的基本功能。一旦接入Internet网络，即可获得世界各地的有关政治、军事、经济、文化、科学、商务、气象、娱乐和服务等方面的最新信息。

2）检索、交互信息方便、快捷

Internet用户不必了解网络互联的细节，用户界面独立于网络，对Internet上提供的大量丰富信息资源能快速地传递、方便地检索。

3）灵活多样的接入方式

由于Internet所采用的TCP/IP协议采取开放策略，支持不同厂家生产的硬件、软件和网络产品，任何计算机，无论是大、中型计算机，还是小型、微型、便携式计算机，甚至是掌上电脑，只要采用TCP/IP协议，就可以实现与Internet的互联。

4）收费低廉

政府在 Internet 的发展过程中给予了大力的支持。Internet 的服务收费较低，并且还在不断下降。

（3）Internet 的结构与组成

从 Internet 实现技术的角度来看，它主要是由通信线路、路由器、主机、信息资源等部分构成。

①通信线路：用来将 Internet 中的路由器与路由器、路由器与主机连接起来。通信线路分为有线通信线路与无线通信信道，常用的传输介质主要有双绞线、同轴电缆、光纤电缆、无线与卫星通信信道。

传输速率是指线路每秒钟可以传输数据的比特数。通信信道的带宽越宽，传输速率也就越高，人们把"高数据传输速率的网络"称为"宽带网"。

②路由器：它的作用是将 Internet 中的各个局域网、城域网、广域网及主机互联起来。

③主机：是信息资源与服务的载体。主机可以分为服务器和客户机。

④信息资源：包括文本、图像、语音与视频等多种类型的信息资源。

（4）URL 与 HTTP

1）URL（Uniform Resource Locator）

统一资源定位符，也被称为网页地址，是表示因特网上资源的一种方法，通常可以理解为资源的地址。一个 URL 包括三部分：一个协议代码、一个装有所需文件的计算机地址，以及具体的文件地址和文件名。

①绝对 URL。绝对 URL 是指 Internet 上资源的完整地址，包括完整的协议种类、计算机域名和包含路径的文档名。形式为"协议://计算机域名/文档名"。例如 http://www.sohu.com/public/example.htm。

②相对 URL。相对 URL 是指 Internet 上资源相对于当前页面的地址，它包含从当前页面指向目的页面位置的路径。例如 public/example.htm，它表示当前页面所在目录下 public 子目录中的 example.htm 文档。

当使用相对 URL 时，可以使用句点（.）和双重句点（..）表示当前目录和上一级目录（父目录）。例如：./cat.gif 表示当前目录中的 cat.gif 文件，相当于 cat.gif；../public/index.htm 表示当前目录同级的 public 目录下的 index.htm 文件，也就是当前目录上一级目录下的 public 目录中的 index.htm 文件。相对 URL 本身并不能唯一地定位资源，但浏览器会根据当前页面的绝对 URL 正确地理解相对 URL。使用相对 URL 的好处在于：当用户需要移动站点时，只要保持站点中各资源的相对位置不变，就可以确保移动站点后各页面之间的超链接仍能正常工作。用户在编写网页时，通常使用的都是相对 URL（除非需要引用外部网页）。

2）HTTP

超文本（Hypertext）是组织文本、图形或计算机使用的其他信息的方法。它使得单个信息元素之间互相指向。这是一种非线性组织信息的方法。这里的"非线性"是指文本中遇到的一些相关内容通过链接组织在一起，用户可以很方便地浏览这些相关内容。这种文本的组织方式与人们的思维方式及工作方式比较接近。

超文本传输协议（Hypertext Transfer Protocol，HTTP）是一种客户程序和 WWW 服务器之间的通信协议。通过它由 Web 访问多媒体资源。

（5）Internet 提供的主要服务

1）信息查询服务

也称作 WWW（World Wide Web）服务，是近年来发展最迅速的服务，也成为 Internet 用户最喜爱的信息查询工具。WWW 是一种广域超媒体信息检索的原始规约，其目的是访问分散的巨量文档。它使用了超媒体与超文本的信息组织和管理技术，发布或共享的信息以 HTML 的格式编排，存放在各自的服务器上。用户启动一个浏览软件，利用搜索引擎进行检索和查询各种信息。

2）电子邮件服务（E-mail）

这是一种通过计算机网络与其他用户进行联系的快速、简便、高效的现代化通信手段。在 Internet

提供的全部服务中，E-mail 被使用得最广泛。绝大多数 Internet 的用户对因特网的熟识都是从收发电子邮件开始的。

使用电子邮件的首要条件是拥有一个电子邮件地址。它是由提供电子邮件服务的机构建立的，实际上是在该机构与 Internet 联网的计算机上为用户分配了一个专门用于存放往来邮件的磁盘存储区域。通过电子邮件，不仅可以传送文本信息，还可以传送图像文件、报表和计算机程序等。

每一个电子邮箱都有一个邮箱地址，称为电子邮件地址；电子邮件的地址格式为：用户名@主机名，主机名为拥有独立 IP 地址的计算机的名字，用户名指在该计算机上为用户建立的电子邮件账号，"@" 读作 at，是 E-mail 地址的专用标识符号。

3）远程登录服务（Telnet）

这是 Internet 提供的最基本的信息服务之一。用户要使用这种服务，首先要在远程服务器上登录，报出自己的账号和密码，使自己成为该服务器的合法用户。一旦登录成功，就可以实时使用该远程服务器对外开放的各种资源。

4）文件传输服务（FTP）

文件传输服务允许用户将一台计算机上的文件传送到另一台计算机上。利用这种服务，用户可以从 Internet 分布在世界不同地点的计算机中复制、下载各种文件。

FTP（File Transfer Protocol，文件传输协议）是一个用于在两台装有不同操作系统的机器中传输计算机文件的软件标准。它属于网络协议组的应用层。

当用户不希望在远程联机的情况下浏览存放在 Internet 联网的某台计算机上的文件时，他可以将这些文件复制到自己在本地的联网的计算机中，这样使用起来更加方便。

5）网络新闻服务

网络新闻服务是有共同爱好的 Internet 用户为了相互交换意见而组成的一种无形的用户交流网络，相当于 Internet 上的电子公告板。网络新闻服务是按照不同的专题组织的。志趣相投的用户借助网络上一些被称为新闻服务器的计算机展开各种类型的专题讨论。

2. 注册邮箱账户

电子邮件（E-mail）是通过 Internet 邮寄的电子信件，是人们在网上交换信息的一种手段。它比普通邮件更方便、迅速，也更便宜。随着计算机的普及，目前电子邮件已经成为人们通信和交换数据的重要途径。

电子邮箱相当于你在邮局租用了一个信箱，而邮箱地址类似于租用的信箱的编号。传统的信件是由邮递员送到你的家门口，而对于电子邮件，可以自己直接去查看信箱并将其存入其中。

要想通过 Internet 收发邮件，必须先向电子邮件服务商申请一个属于自己的个人信箱。只有这样，才能将电子邮件准确送给每个 Internet 用户，个人邮箱的密码只有用户本人知道，所以别人是无法读取用户的私人信件的。

电子邮件服务商提供的信箱有两种：一种是免费信箱，容量较低，服务也比较少；另一种是收费信箱，必须向 ISP 机构支付一定的费用。收费邮箱可以让用户得到更好的服务，无论是在安全性、方便性、还是在邮箱的容量上，都有很好的保障。目前，常见的电子邮件服务商有搜狐、雅虎、新浪、网易、QQ 等。

下面以网易免费电子信箱的申请过程为例，介绍申请个人免费电子信箱的方法，具体操作步骤如下：

①启动 Internet Explorer，在地址栏内输入 "http://www.126.com"，然后按下 Enter 键，打开网易主页。

②单击 "注册" 按钮，即可进入 "注册网易免费邮箱" 页面，根据提示输入账号、密码等信息，如图 6-1-9 所示。

③填写个人信息后，单击 "立即注册" 按钮，提示注册成功

图 6-1-9 "注册网易免费邮箱" 页面

后，即可拥有一个免费的电子邮箱。

3. 使用邮箱收发邮件

申请了电子邮箱后，就可以使用邮箱收发电子邮件了。下面以 jing_smart@126.com 电子邮箱为例，介绍在网页中收发电子邮件的方法。具体操作步骤如下：

①在网易主页上的"用户名"和"密码"框中分别输入用户名和密码。然后单击"登录"按钮，即可进入电子邮箱的页面。

②单击窗口左侧的"收件箱"链接，打开收件箱，可以看到每一封来信的标题、接收的日期和寄件人等，如图 6-1-10 所示。

图 6-1-10 "收件箱"页面

③单击邮件的标题，可以查看其具体内容。如果邮件有附件，单击附件的名称，即可打开"文件下载"对话框，再单击"保存"按钮，然后按照提示操作，就可以把附件下载到计算机中。

④单击"写邮件"按钮，即可打开撰写邮件的页面，然后在相应的位置填写收件人、邮件的主题和信件内容。

⑤单击"添加附件"按钮，打开"要上载的文件"对话框，单击"浏览"按钮，在打开的"选择文件"对话框中选择要作为附件发送的文件，然后单击"确定"按钮，则在"附件内容"框中会显示附件的名称。

⑥单击"发送"按钮，即可发送邮件。

4. 使用 Outlook 2016 收发邮件

目前有很多收发邮件工具的客户端软件，使用它们，则可以不用登录网页就能收发多个信箱的邮件。例如 Outlook 2016、Foxmail 等，其操作方式相似，下面以 Outlook 2016 为例进行介绍。

①启动 Outlook 2016。单击桌面左下角"开始"按钮，单击"Outlook 2016"，打开 Microsoft Outlook 2016 界面，如图 6-1-11 所示。初次使用的用户打开界面时，界面会显示向导，引导其完成邮箱账户的添加。

②添加邮箱账户。不论用户有几个邮箱账户，都可以一并添加到 Outlook 2016 中，让 Outlook 2016 来统一管理，省去了要多次登录不同邮箱进行操作的麻烦。

单击"文件"标签→"账户设置"，打开"账户设置"对话框。单击"新建"按钮，如图 6-1-12 所示。选择"手动设置或其他服务器类型"，单击"下一步"按钮，选择"POP 或 IMAP（P）"，单击"下一步"按钮，打开如图 6-1-13 所示的"POP 和 IMAP 账户设置"对话框，依次输入相应的信息。注意，密码是在 126 邮箱设置中得到的授权密码。输入完毕后，单击"其他设置"按钮，打开"Internet 电子邮件设置"对话框，分别按照图 6-1-14 和图 6-1-15 所示设置"发送服务器"标签和"高级"标签中的各项内容。设置完毕后，单击"确定"按钮，返回如图 6-1-13 所示的对话框中。

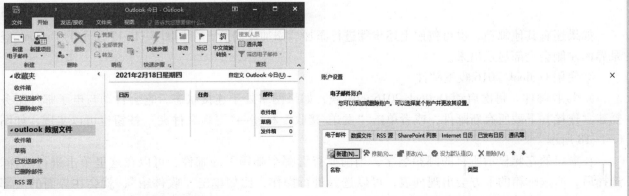

图 6-1-11 Outlook 2016 界面　　　　　　　　　图 6-1-12 "账户设置"对话框

图 6-1-13 "POP 和 IMAP 账户设置"对话框   图 6-1-14 "发送服务器"标签

继续单击"下一步"按钮，等待配置，若信息无误，就会配置成功，单击"关闭"按钮。在打开的"账户设置"对话框中，发现刚才的126邮箱已经成功添加了，如图6-1-16所示。这时单击右下角的"关闭"按钮，进入Outlook界面中，就会看到刚才添加的126邮箱，这说明今后可以直接在Outlook中处理126邮箱中的所有邮件了。

图 6-1-15 "高级"标签　　　　　　　　图 6-1-16 添加账户设置完成

如果还有其他邮箱，也可按照上述步骤进行添加。添加成功后，在如图6-1-17所示的Outlook登录界面左侧会全部显示出来。

③使用Outlook 2016收发邮件。

a. 接收邮件。每次启动Outlook 2016的时候，如果网络处于连接状态，它会自动与电子邮件服务器建立连接并下载所有新邮件，或者单击"发送/接收"标签→"更新文件夹"按钮也可以实现，如图6-1-18所示。

在窗口的左侧显示所有的邮箱名字，当前要查看哪个邮箱下的邮件，可以在这里单击进行选择。选择后，所选邮箱的下方会出现列表，可以选择进行操作，比如单击"收件箱"，就会在界面的中部窗口中出现相应邮箱中的邮件，未看过的信件是加粗显示的，如图6-1-19所示。

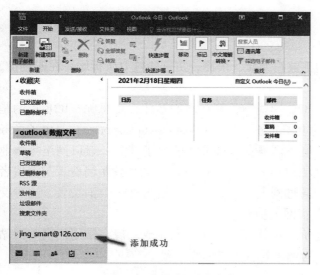

图 6-1-17　显示添加的账户

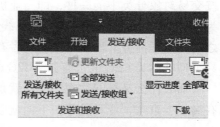

图 6-1-18　"发送/接收"标签

b. 阅读邮件。在收件箱中单击要阅读的信件，在窗口右侧会显示信件的内容；或者双击要阅读的信件，打开一个新窗口显示邮件内容。

c. 发送邮件。单击"开始"标签→"新建电子邮件"，可以打开新建邮件窗口，如图 6-1-20 所示。在"收件人"和"抄送"栏中分别填入相应的电子邮件地址，多个地址之间用逗号或分号隔开，并在"主题"栏中填写主题。在窗口下边正文区域输入邮件的具体内容，待完成并检查无误后，单击"发送"按钮，将邮件发送出去。

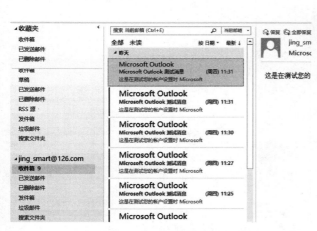

图 6-1-19　Outlook 2016 操作界面

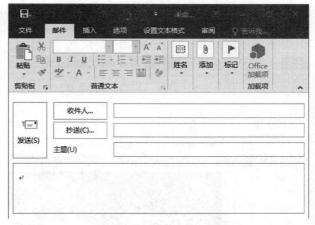

图 6-1-20　新建邮件窗口

技能训练

自己注册一个邮箱账户，并用 Outlook 2016 进行管理。

任务实施

1. 任务单——使用 Outlook 处理邮件（见活页）
2. 任务解析——使用 Outlook 处理邮件

任务4　网上购物

现如今越来越多的年轻人喜欢网上购物，人们都被它方便、快捷、实惠的魅力所折服。在购物前，先来了解一些电子商务的基本概念。

在一些涉及电子商务的书上经常能看到B2B、B2C这些词，那么它们是什么意思呢？B2B指的是Business to Business，即商家（泛指企业）对商家的电子商务。B2C（Business to Customer）是电子商务按交易对象分类中的一种，即商业机构对消费者的电子商务。这种形式的电子商务一般以网络零售业为主，主要借助于Internet开展在线销售活动。C2C即Customer to Customer，意思就是消费者与消费者之间的电子商务。比如一个消费者有一台旧电脑，通过网上拍卖，把它卖给另外一个消费者，这种交易类型就称为C2C电子商务。C2C电子商务主要是指网上拍卖。

那么什么又是网购呢？网购就是购买、讨价还价、付款等，都在网上完成。现在常用的网购网站有淘宝、京东、亚马逊等，下面就以在淘宝上购物为例来看看需要哪些步骤。

知识准备

1. 账号申请

（1）淘宝账号

淘宝账号是选购商品时的账号。启动IE，在地址栏中输入"http://www.taobao.com"，按Enter键，打开淘宝主页。在页面的左上角单击"免费注册"按钮，如图6-1-21所示。在打开的"免费注册"页面中，根据提示输入用户名、密码等相关信息，即可注册成功。

注册成功后，单击"账户设置"按钮，可对账户信息做详细设置，比如支付宝绑定设置、收货地址设置等。这些都是非常有用的，如图6-1-22所示。

图6-1-21　淘宝主页

图6-1-22　淘宝账户设置

（2）支付宝账号

支付宝账号是用于付款的"网上钱包"的名称。注意：淘宝账号有一个密码，用于登录；支付宝有两个密码，一个用于登录支付宝，一个用于使用支付宝付款。

在淘宝账号注册成功的同时，会获得一个和淘宝账号相同的支付宝账号，以此账号登录，可进行账户设置。在支付宝页面的上方单击"账户设置"按钮，进入"账户设置"页面，在其中进行进一步详细设置，主要是登录密码和支付密码设置，如图6-1-23所示。

设置好后，在购物前可对支付宝进行充值，如图6-1-24所示。单击"充值"按钮，打开"支付宝充值"页面，如图 6-1-25 所示。在此页面选择你的某张银联储蓄卡，根据提示进行充值（当然，在这里要先开通储蓄卡的网银服务）。

图 6-1-23　支付宝账户设置

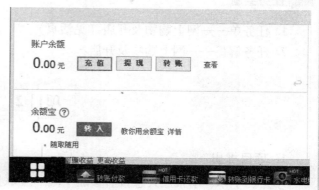

图 6-1-24　"支付宝充值"页面（1）

也可以不给支付宝充值，直接用开通网银功能的储蓄卡或信用卡也能够付费购物。

2. 购物

①启动 IE，打开淘宝页面，在淘宝中搜寻自己要买的物品。找到要买的物品，在物品页面选择好颜色及数量后，单击"立刻购买"按钮。如果还没决定好是否购买，可以单击"加入购物车"按钮，如图 6-1-26 所示。

图 6-1-25　"支付宝充值"页面（2）

图 6-1-26　"购买物品"页面

②在打开的"确认订单信息"页面中，选择收货地址，确认订单信息，如果没有问题，单击"提交订单"按钮，如图 6-1-27 所示。

③打开"网上支付"页面，在此页面上可以选择用哪张卡来付款。选择好后，根据提示，进行付款操作，如图 6-1-28 所示。

图 6-1-27　"确认订单信息"页面

图 6-1-28　"网上支付"页面

④至此，整个购物过程完成，等待卖家发货。收到货物后，网上确认收货，网上给予评价。

任务实施

1. 任务单——网上购物及开店（见活页）
2. 任务解析——网上购物及开店

项目 2 信息检索

1. 项目提出

小王、小李、小张三人想报名参加中国"互联网+"大学生创新创业大赛，在构思项目、撰写项目策划书的过程中需要查阅大量的资料和文献，那么他们如何能高效地完成信息检索工作呢？

相关知识点：
①信息检索技术。
②网络搜索引擎。
③CNKI 使用方法。
④专利检索技巧。

2. 项目分析

在本项目中，首先通过任务 1 介绍信息检索技术都有哪些，如何通过搜索引擎高效搜索有用信息；然后通过任务 2 学习如何利用信息检索技术高效搜索有用信息；最后通过任务 3 了解专利检索的技巧。

任务 1 跟我一起来检索

知识准备

1. 了解网络信息资源检索

信息检索技术是指应用于信息检索过程的原理、方法、策略、设备条件和检索手段等因素的总称。计算机网络信息检索技术主要有布尔逻辑检索技术、截词检索技术、全文检索技术等。

（1）布尔逻辑检索技术

布尔逻辑检索也称作布尔逻辑搜索，是建立的最早的检索理论，也是检索系统中应用最广泛的检索技术，它是利用布尔逻辑运算符连接各个检索词，然后由计算机进行相应逻辑运算，以找出所需信息的方法。目前的搜索引擎、各文献数据库都是以布尔逻辑检索技术为基础进行检索的。布尔逻辑运算符有 3 种：逻辑与（AND）、逻辑或（OR）、逻辑非（NOT）。这 3 种运算符表示不同的逻辑关系。

逻辑与（AND）是一种用于交叉概念或限定关系的组配，可以缩小检索范围，提高查准率。一般可以使用"＊"或"&"来表示。其检索表达式为"A AND B"或"A＊B"，表示被检索的文献记录中必须同时含有 A 和 B 才符合要求。例如，希望了解空调的产品信息，检索式可表达为"空调＊产品目录"或"空调 AND 产品目录"。

逻辑或（OR）是一种用于并列关系的组配，可以扩大检索范围，提高查全率。一般可以使用"+"来表示。其检索表达式为"A OR B"或"A+B"，即表示检索记录中含有 A 或 B 中的任意一词即符合要求。例如，检索计算机算法或计算机程序设计语言的相关文献，检索式可表达为"计算机算法 OR 计算机程序设计语言"。

任务解析
（难度等级★★）

任务解析
（难度等级★★★★）

"一起来检索"
演示

逻辑非（NOT）是一种表示排斥关系的组配，用于从原来的检索范围中排除不需要的概念或影响检索结果的概念。一般可以使用"-"来表示，其检索表达式为"A NOT B"或"A-B"，即检索结果中含有 A 但不含有 B 的记录。例如，检索除因特网之外的计算机相关文献，则检索式可表达为"computer-Internet"或"computer NOT Internet"。再如，检索山西省以外的高等职业院校，检索式可表达为"高等职业院校 NOT 山西省"。

利用布尔逻辑关系可以构造多层次的布尔逻辑检索式，以表达复杂的检索需求，大大提高检索的查全率和查准率。在执行检索过程中，逻辑运算有其特定顺序，运算符优先顺序为 NOT、AND、OR。也可以利用括号改变其执行顺序。

例如："工业模具设计与制造"，用布尔逻辑关系来表示其检索式，可构造为"工业 AND（模具设计 OR 模具制造）"。

（2）截词检索技术

截词是指在检索词的合适位置进行截断，然后使用截词符进行处理，这样既可以节省输入的字符数目，又可以达到较高的查全率。尤其在西文检索系统中，使用截词符处理自由词，对提高查全率的效果非常显著。在截词检索技术中，较常用的是后截词和中截词两种方法。如果按所截断的字符数目来分，又可分为有限截词（一个截词符只代表一个字符）和无限截词（一个截词符可代表多个字符）两种。截词算符在不同的系统中有不同的表达形式。需要注意的是，并不是所有的搜索引擎都支持这种技术。

不同的系统所用的截词符也不同，常用的有？、$、*等。下面以无限截词举例说明：

①后截断，前方一致。如 comput？表示 computer、computers、computing 等。
②前截断，后方一致。如?computer 表示 minicomputer、microcomputer 等。
③中截断，中间一致。如?comput？表示 minicomputer、microcomputers 等。

（3）全文检索技术

全文检索以原始记录中词与词之间的特定位置关系为检索对象进行运算。它不依赖主题词表而直接使用原文中的自由词进行检索，并通过位置算符来确定词与词之间的特定位置关系。位置算符也叫全文查找逻辑算符，它是为了弥补有些提问检索式难以用逻辑运算符准确表达提问要求的缺陷，避免误检，同时提高检索深度而设定的。位置算符还可以用来组配带有逻辑算法的检索式、带有前缀和后缀的检索词等。常用的位置算符有 WITH、NEAR 等。

（4）表单式检索

表单式检索其实是数据库的检索平台。为便于用户使用，将以上检索方式集中，设计成许多明晰易懂的选项，以表单形式提供给使用者，供使用者根据需要选择，方便、快捷。

2. 网络搜索引擎

所谓搜索引擎，就是根据用户需求与一定的算法，运用特定策略从互联网检索出指定信息反馈给用户的一门检索技术。搜索引擎依托于多种技术，如网络爬虫技术、检索排序技术、网页处理技术、大数据处理技术、自然语言处理技术等，为信息检索用户提供快速、高相关性的信息服务。

常用的搜索引擎有百度、谷歌、雅虎、360 等。以百度为例，在地址栏中键入百度的网址"http://www.baidu.com"，就可以打开百度的主页，如图 6-2-1 所示。

（1）检索途径

使用百度搜索引擎，最常用的是关键词检索途径。百度的首页很简洁，在检索输入框的页面左上方排列了十几项功能模块，如新闻、网页、贴吧、音乐、图片、视频、地图等，默认是网页搜索。用户直接单击这些链接，可以打开感兴趣的网页。当然，也可以在搜索框中输入关键字进行查询。

（2）检索方法和技巧

百度搜索引擎支持任意的关键词检索，无论是中文、英文、数字，还是各种形式文字的混合。输入的查询内容可以是一个词语、多个词语或一句话。其中，在输入多个词语进行检索时，各个

图 6-2-1　百度网站主页

词之间应用空格隔开。例如，可以输入"mp3 下载"或者"明月几时有，把酒问青天"等检索内容。

百度搜索引擎严谨认真，要求"一字不差"。例如，分别搜索"李白"和"李太白"，会得到不同的结果。因此，在搜索时，可以试用不同的词语进行检索。

百度搜索引擎支持布尔逻辑检索，支持通配符的使用。百度支持"逻辑与"关系检索，但在检索时不需要使用"AND"或"+"这样表示逻辑与关系的通配符，只需在输入的多个检索词间以空格加以隔开，系统将自动在各检索词之间添加"+"；百度支持"逻辑非"关系检索，用"-"限定其后的检索词一定不出现在检索结果中。例如，要搜索"计算机编程语言"但不包含"Java"的信息，可在检索输入框内输入"计算机编程语言-Java"；同时，百度还支持"逻辑或"关系检索，可使用通配符"/"来搜索相关信息。例如，要查询"人工智能"或"人脸识别"相关资料，只需在检索输入框内键入"人工智能/人脸识别"，单击"搜索"按钮即可。

技能训练

启动 IE，将 IE 的主页设置为"百度"，打开"百度新闻"页面，浏览新闻信息。

任务实施

1. 任务单——跟我一起来搜索（见活页）
2. 任务解析——跟我一起来搜索

任务 2　CNKI 文献检索

知识准备

中国知识基础设施工程，即 CNKI 工程，是以实现全社会知识资源传播共享与增值利用为目标的信息化建设项目，由清华大学、清华同方发起，始建于 1999 年 6 月。在全国学术界、教育界、出版界、图书情报界等社会各界的密切配合下，CNKI 工程集团经过多年努力，采用自主开发并具有国际领先水平的数字图书馆技术，建成了世界上全文信息量规模最大的"CNKI 数字图书馆"，并正式启动建设《中国知识资源总库》及 CNKI 网络资源共享平台，通过产业化运作，为全社会知识资源高效共享提供最丰富的知识信息资源和最有效的知识传播与数字化学习平台。打开百度，在搜索框中搜索中国知网，单击相应选项就可以打开知网的官网网页，或者直接在地址栏中输入网址"https://www.cnki.net/"，也可以打开中国知网的官方网站。

1. 文献检索

基于智能检索新技术和网络首发出版新模式的文献检索功能，能够更精准地检索各类中外文文献，检索内容更前沿、更快速。在搜索引擎左侧选择"文献检索"，即可进行文献的检索，如图 6-2-2 所示。

图 6-2-2　中国知网网页（1）

在查询时，还可以进行单库与跨库的选择。知网将常用资源（如学术期刊、博硕、会议等）聚集起来，既可以在多个数据库中同时检索，也可以通过勾选标签，跳转到单个数据库进行检索，从而方便、快捷地找到所需文献。

2. 知识元检索

基于文献碎片化处理技术的知识元检索功能，以问答形式进行检索与知识发现，能够快速地查找词条、数据、图片等知识元信息，如图 6-2-3 所示。

图 6-2-3　中国知网网页（2）

3. 引文检索

基于文章注释和参考文献的引文检索功能，通过揭示各种类型文献之间的相互引证关系，提供科学研究交流的新模式和高校的科研管理及统计分析工具，如图 6-2-4 所示。

图 6-2-4　中国知网网页（3）

4. 高级检索

中国知网提供高级检索、专业检索、作者发文检索、句子检索等多种高级检索模式，通过增加检索词、限定检索方向等方式，实现更便捷、更精确的文献检索，如图 6-2-5 和图 6-2-6 所示。

（1）高级检索

高级检索一般分为三个步骤进行。

①输入内容检索条件，这里有主题、关键词、篇名、全文、作者、作者单位等选项，可根据已知

图 6-2-5　中国知网网页（4）

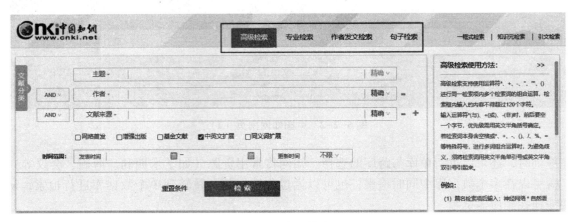

图 6-2-6　高级检索页面

条件进行选择，如图 6-2-7 所示。同时，还提供布尔逻辑检索式的或、与、非，以扩大或缩小检索范围。

图 6-2-7　检索条件

②输入检索控制条件。

③对检索结果进行分组筛选。检索结果分组筛选主要通过分组和排序两种分析方法对检索结果进行最优筛选。分组分析方法，即按照学科类别、来源数据库、研究层次、文献来源、文献作者、作者单位、中文关键词、支持基金、发表年度等进行分组。排序分析方法即按照相关度、发表时间、被引频次、下载频次进行排序。

（2）专业检索

专业检索需要构建检索式，可参照说明进行。此方法用于图书情报专业人员查新与信息分析等工作。

（3）作者发文检索

作者发文检索是通过作者姓名、单位等信息，查找作者发表的全部文献及被引下载情况。通过作者发文检索不仅能找到某一作者发表的文献，还可以通过对结果的分组筛选情况来全方位地了解作者主要研究领域、研究成果等情况。

（4）句子检索

句子检索是通过输入的两个关键词，查找同时包含这两个词的句子。查找出的是包括句子的小段落，并有该段落的作者、文章名称、出版信息，方便读者追踪原文。此项功能旨在于期刊论文中进行全文深度检索，是CNKI独有的功能。由于句子中包含了大量的事实信息，通过检索句子可以为检索者提供有关事实的问题的答案，如图6-2-8所示。

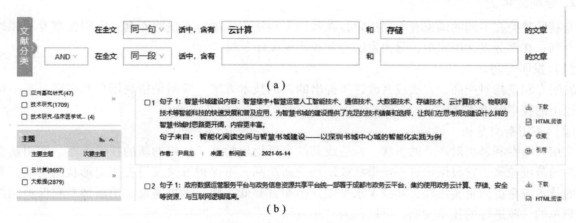

图 6-2-8　句子检索结果

任务实施

1. 任务单——CNKI文献检索（见活页）
2. 任务解析——在中国知网上查询相关文献资料

任务3　专利文献信息检索

知识准备

专利（patent），从字面上是指专有的权利和利益。一般是由政府机关或者代表若干国家的区域性组织根据申请而颁发的一种文件，这种文件记载了发明创造的内容，并且在一定时期内产生这样一种法律状态，即对于获得专利的发明创造，在一般情况下，他人只有经专利权人许可才能予以实施。

1. 专利的特点

（1）排他性

排他性也即独占性。它是指在一定时间（专利权有效期内）和区域（法律管辖区）内，任何单位或个人未经专利权人许可都不得实施其专利；对于发明和实用新型，不得为生产经营目的制造、使用、许诺销售、销售、进口其专利产品；对于外观设计，不得为生产经营目的制造、许诺销售、销售、进口其专利产品，否则属于侵权行为。

（2）区域性

区域性是指专利权是一种有区域范围限制的权利，它只有在法律管辖区域内有效。除了在有些情况下，依据保护知识产权的国际公约，以及个别国家承认另一国批准的专利权有效以外，技术发明在哪个国家申请专利，就由哪个国家授予专利权，而且只在专利授予国的范围内有效，而对其他国家则不具有法律的约束力，其他国家不承担任何保护义务。但是，同一发明可以同时在两个或两个以上的国家申请专利，获得批准后，其发明便可以在所有申请国获得法律保护。

（3）时间性

时间性是指专利只有在法律规定的期限内才有效。专利权的有效保护期限结束以后，专利权人所享有的专利权便自动丧失，一般不能续展。发明便随着保护期限的结束而成为社会公有的财富，其他人便可以自由地使用该发明来创造产品。专利受法律保护的期限的长短由有关国家的专利法或有关国际公约规定。世界各国的专利法对专利的保护期限规定不一。

2. 专利的种类

专利的种类在不同的国家有不同规定，在我国专利法中，规定有发明专利、实用新型专利和外观设计专利；在部分发达国家中，分为发明专利和外观设计专利。

（1）发明专利

发明专利是指对产品、方法或其改进所提出的新的技术方案。发明是指利用自然规律对某一特定问题提出的技术解决方案。

（2）实用新型专利

实用新型专利是指对产品的形状、构造或其结合所提出的适于实用的新的技术方案。实用新型专利保护的范围较窄，它只保护有一定形状或结构的新产品，不保护方法及没有固定形状的物质。实用新型的技术方案更注重实用性，其技术水平较发明而言要低一些，多数国家实用新型专利保护的都是比较简单的、改进性的技术发明，可以称为"小发明"。

（3）外观设计专利

外观设计专利是指对产品的形状、图案或其结合及色彩与形状、图案的结合所做出的富有美感并适于工业应用的新设计（如手机造型、计算机机箱造型等）。

外观设计专利实质上是保护美术思想的，而发明专利和实用新型专利保护的是技术思想。虽然外观设计和实用新型与产品的形状有关，但两者的目的却不相同，前者的目的在于使产品形状产生美感，而后者的目的在于使具有形态的产品能够解决某一技术问题。

3. 专利文献信息检索

专利文献作为技术信息最有效的载体，囊括了全球90%以上的最新技术情报，比一般技术刊物所提供的信息早5~6年，而且70%~80%发明创造只通过专利文献公开，并不见诸于其他科技文献，相对于其他文献形式，专利更具有新颖、实用的特征。可见，专利文献是世界上最大的技术信息源，另据实证统计分析，专利文献包含了世界科技技术信息的90%~95%。掌握一定的专利基本知识和专利查找方法，可以从专利文献阅读中获得新思考、激发新设想、学习新思路，有助于个人职业发展，有利于社会的技术进步。

（1）概念

专利文献信息检索，就是根据一项或数项特征，从大量的数据库中挑选出符合某一特定要求的专利文献的过程。

专利文献信息检索是一项复杂的工作，是由多种因素构成的，如检索种类、检索目的、检索方式、检索系统、检索范围、检索入口、检索方法及检索经验。这些因素共同制约专利检索的过程，直接影响专利文献信息检索的效果。

（2）分类

①专利技术信息检索。

专利技术信息检索指从任意一个技术主题对专利文献进行检索，其目的是找出相关参考文献。专利技术信息检索的信息特征主要有主题词和IPC号，有时辅以专利相关人、日期等。专利技术信息检索得到的文献称为参考文献。

②专利技术方案检索。

专利技术方案检索是指针对发明创造的技术方案，对包括专利文献在内的全世界范围内的各种公开出版物进行的检索，其目的是找出可进行新颖性和创造性对比的文件，确定发明创造的技术方案是否具有新颖性和创造性。专利技术方案检索的信息特征主要有主题词和IPC分类号，有时辅以发明人名称。专利技术方案检索到的文献称为对比文件。专利技术方案检索又被称为专利新颖性和创造性检索、专利性检索、专利对比文件检索。通常情况下专利审查、专利侵权诉讼、专利无效诉讼时所需要进行的检索，都属于专利技术方案检索。

③同族专利检索。

同族专利检索是指以某一专利或专利申请为线索，查找与其同属于一个专利族的所有成员的过程。同族专利检索的信息特征主要是申请号（包括优先申请号）和文献号。同族专利检索得到的信息为同属于一个专利族的所有成员的文献号。

④专利法律状态检索。

专利法律状态检索是指对一项专利或专利申请当前所处的状态所进行的检索，其主要目的是了解该项专利是否有效。专利法律状态检索的信息特征主要是申请号或文献号。专利法律状态检索得到的信息为特定专利或专利申请当前所处的状态。

⑤专利引文检索。

专利引文检索是指查找特定专利所引用或被引用的信息的过程，其目的是找出专利文献中刊出的申请人在完成发明创造过程中曾经引用过的参考文献或专利审查机构在审查过程中由审查员引用过并被记录在专利文献中的审查对比文件，以及被其他专利作为参考文献或审查对比文件所引用并记录在其他专利文献中的相关信息。专利引文检索的信息特征主要是文献号。

⑥专利相关人检索。

专利相关人检索是指查找某申请人或专利权人或发明人的专利的过程。专利相关人检索的信息特征主要是申请人或专利权人或发明人的名称/名字。专利相关人检索得到的信息为相关申请人或专利权人或发明人的专利文献。

（3）检索技巧

目前专利检索都利用专利网站数据库提供的检索平台，其检索方式和使用方式也与其他数据库趋于一致，按提示和帮助操作即可，非常方便。

①关键词选择。

关键词选择要注意产品发明和方法发明的区分。产品发明，如物品（机械、器具、装置、设备、仪器、部件、元件等）、材料（合金、玻璃、水泥、油墨、涂料、组合物等）。方法发明，如产品的制造方法（产品的机械制造方法、化学制造法和生物制造法等）、其他方法（通信方法、测试方法、计量方法、修理方法、使用方法等）。在选择关键词时，对于产品发明，要选择该产品的名称做关键词；对于方法发明，关键词只选择该产品的名称是不够的，但"方法""制造"等词是很宽泛的词，它们不能给检索增添实际内容，因此只能用其分类与产品名称进行组配，而不应该用其做关键词。国际专利分类为产品发明和方法发明分别设立了相应的分类位置。

②专利分类号确定方法。

专利分类号的确定有一定难度，一般人员选择分类号检索的较少，但在需要了解某项产品或工艺等整体专利授予情况时，为了检索得更全面，需要使用分类号途径。分类号的确定可借助于专利数据库的检索平台。

在确定专利分类号时，要将与技术主题相关的所有可能的分类号都确定下来。例如，检索一个产品发明时，要确定与该产品有关的分类号、与该产品的制造有关的分类号、与该产品功能有关的分类号、与该产品应用有关的分类号。

利用专利分类号，能保证检索的查全率和查准率。在检索时，为能检索得全面，并且消除人为因素，将分类确定到小类即可。若检索出的文献数量太多，即分类范围太宽，可用一个或几个主题词分类加以限制。这样既可以避免漏检现象,也可以使一般检索者不再感觉分类困难。

③专利文献的筛选方法。

专利文献包含三方面的信息:技术信息、法律信息、外在信息。不同的检索用户,对信息的需求也不同。对于进行新产品、新技术的开发和研究的检索者,最关心的是技术信息,因此,在阅读专利文献时,要着重阅读"说明书"的各部分内容;关心专利保护范围的检索者,最感兴趣的是法律信息,因此,在阅读专利文献时,应该着重阅读"权利要求书";准备进行扩大检索等工作的检索者,要了解的是专利文献的外在信息,在阅读专利文献时,重点阅读"扉页"即可。

(4)常用国内专利检索系统

中华人民共和国国家知识产权局检索途径为 https://www.cnipa.gov.cn。

首先,启动 IE,在地址栏中输入地址"https://www.cnipa.gov.cn",按 Enter 键,即打开国家知识产权局官方网站,如图 6-2-9 所示。向下滚动页面,找到"专利检索及分析系统"选项,单击后进入"专利检索及分析"页面,单击搜索框中的小三角,会出现一排选项,在里面根据需要进行选择,结合前面讲解的搜索技巧,就可以开始专利的检索工作了,如图 6-2-10 所示。

图 6-2-9 "国家知识产权局"主页

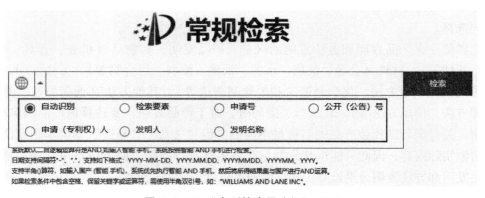

图 6-2-10 "专利检索及分析"页面

任务实施

1. 任务单——专利文献检索(见活页)
2. 任务解析——在国家知识产权局的网站上查询相关专利文献

模块总结

　　计算机网络就是利用通信线路和通信设备，把分布在不同地理位置的具有独立功能的多台计算机、终端及其附属设备互相连接，按照网络协议进行数据通信，由功能完善的网络软件实现资源共享的计算机系统的集合。

　　计算机网络由于覆盖的地理范围和规模分类不同，形成了三种类型的计算机网络：局域网、城域网和广域网。TCP/IP协议是当前最流行的层次化计算机网络协议族。它的参考模型分为四个层次结构：应用层、传输层、互连层、网络层。目前，全世界正在向下一代Internet过渡，使用IPv6协议来解决安全、IP地址短缺等问题。

　　要在巨量的文献信息中找到所需的文献，必须掌握一定的技能，也就是文献信息检索的技能，并借助检索工具查找到所需的文件。本模块主要介绍了搜索引擎检索、CNKI检索、专利文献检索。

任务解析
（难度等级★★★）

模块 7

走进神秘的前沿技术世界

模块导读

伴随着计算机技术的飞速发展,近些年涌现出以云计算、大数据及人工智能技术等为代表的前沿技术。这些技术的出现正在逐渐改变着我们的生活方式与工作模式。作为年轻一辈的我们,更应该主动了解和掌握前沿技术的使用,增强自身技术水平与综合素养。在本模块中,将讲解云计算、大数据和人工智能技术的相关基础概念,并要求同学们能跟着模仿完成各项目中提到的任务。

知识目标

➢ 了解云计算技术的相关知识。
➢ 了解大数据技术的相关知识。
➢ 了解人工智能技术的相关知识。

技能目标

➢ 熟悉云计算技术的应用场景及相关技术。
➢ 熟悉大数据技术的应用场景及相关技术。
➢ 熟悉人工智能技术的应用场景及相关技术。

素质目标

➢ 具有正确的人生观。
➢ 具有积极进取、勇于钻研、善于探索的精神。
➢ 具备协调能力,能够建立良好的人际关系。

项目 1 云计算技术揭秘

1. 项目提出

伴随着近些年人们计算机使用水平的日益提高,尤其是众多单位和公司业务量的大幅度提升之后,对计算机的存储能力与计算能力都有很高要求,这种形式下,计算机硬件不得不逐年地增加配置,软件也必须做出更新才能适应工作的需求。但作为一家单位或者公司,也要考虑成本方面的问题,不可能一直在计算机的硬件和软件上不停地投入大量的资金。在这种情形之下,提出了"云计算"技术的概念。"云计算"技术的提出与成熟的商用在很大程度上解决了人们在数据的存储、计算能力等方面的"瓶颈"问题。

相关知识点：

① 云计算技术的概述。
② 云计算技术的产生背景。
③ 云计算技术的发展历程。
④ 云计算技术的特点。
⑤ 云计算技术的实现形式。
⑥ 云计算技术的服务类型。
⑦ 云计算技术的安全威胁。
⑧ 云计算技术的应用。
⑨ 云计算技术的发展问题。
⑩ 云计算技术的完善措施。

2. 项目分析

云计算技术的出现给整个计算机应用领域带来了革命性的变化，也使得人们在使用计算机完成工作任务时多了许多帮助。本项目将通过两个任务来学习云计算的基本概念、发展历史、应用场景及相关技术。

任务1　初识云计算技术

1. 云计算技术概述

"云"实质上就是一个网络，狭义上讲，云计算就是一种提供资源的网络，使用者可以随时获取"云"上的资源，按需求量使用，并且可以看成是无限扩展的，只要按使用量付费就可以了。"云"就像自来水厂一样，我们可以随时汲水，并且不限量，按照自己家的用水量付费给自来水厂就可以了。

从广义上说，云计算是与信息技术、软件、互联网相关的一种服务，这种计算资源共享池叫作"云"，云计算把许多计算资源集合起来，通过软件实现自动化管理，只需要很少的人参与，就能让资源被快速提供。也就是说，计算能力作为一种商品，可以在互联网上流通，就像水、电、煤气一样，可以方便地取用，并且价格较为低廉。

总之，云计算不是一种全新的网络技术，而是一种全新的网络应用概念，云计算的核心概念就是以互联网为中心，在网站上提供快速且安全的云计算服务与数据存储，让每一个使用互联网的人都可以使用网络上的庞大计算资源与数据中心。

云计算是继互联网、计算机后在信息时代的又一种新的革新，是信息时代的一个大飞跃。未来的时代可能是云计算的时代。虽然目前有关云计算的定义有很多，但概括来说，基本含义是一致的，即云计算具有很强的扩展性和需要性，可以为用户提供一种全新的体验，云计算的核心是可以将很多的计算机资源协调在一起，因此，使用户通过网络就可以获取到无限的资源，同时，获取的资源不受时间和空间的限制。

2. 云计算技术的产生背景

互联网自1960年开始兴起，主要用于军方、大型企业等之间的纯文字电子邮件或新闻集群组，直到1990年才开始进入普通家庭。随着Web网站与电子商务的发展，网络已经成为目前人们离不开的生活必需品之一。云计算这个概念首次在2006年8月的搜索引擎大会上提出，成为互联网的第三次革命。

近几年来，云计算也正在成为信息技术产业发展的战略重点，全球的信息技术企业都在纷纷向云计算转型。举例来说，每家公司都需要进行数据信息化操作，存储相关的运营数据，进行产品管理、人员管理、财务管理等，而进行这些数据管理的基本设备就是计算机。

对于一家企业来说，一台计算机的运算能力是远远无法满足数据运算需求的，那么公司就要购置一台运算能力更强的计算机，也就是服务器。而对于规模比较大的企业来说，一台服务器的运算能力显然是不够的，需要购置多台服务器，甚至是一个具有多台服务器的数据中心，并且服务器的数量会直接影响这个数据中心的业务处理能力。除了高额的初期建设成本之外，计算机的运营支出中，花费在用电上的费用要比投资成本高得多，再加上计算机和网络的维护支出，总的费用是中小型企业难以承担的，于是云计算的概念便应运而生了。

3. 云计算技术的发展历程

从云计算这个概念提出到今天，云计算取得了飞速的发展与翻天覆地的变化。现如今，云计算被视为计算机网络领域的一次革命，因为它的出现，社会的工作方式和商业模式也在发生巨大的改变。

追溯云计算的根源，它的产生和发展与之前所提及的并行计算、分布式计算等计算机技术密切相关。但云计算的历史可以追溯到 1956 年，Christopher Strachey 发表了一篇有关虚拟化的论文，正式提出了虚拟化的概念。虚拟化是今天云计算基础架构的核心，是云计算发展的基础。而后随着网络技术的发展，逐渐孕育了云计算的萌芽。

20 世纪 90 年代，计算机网络出现了大爆炸，出现了以思科为代表的一系列公司，随即网络出现泡沫时代。2004 年，Web 2.0 会议举行，Web 2.0 成为当时的热点，这也标志着互联网泡沫破灭，计算机网络发展进入了一个新的阶段。在这一阶段，让更多的用户方便、快捷地使用网络服务成为联网发展亟待解决的问题。与此同时，一些大型公司也开始致力于开发大型计算能力的技术，为用户提供了更加强大的计算处理服务。2006 年 8 月 9 日，Google 首席执行官埃里克·施密特（Eric Schmidt）在搜索引擎大会上首次提出"云计算"（Cloud Computing）的概念。这是云计算发展史上第一次正式地提出这一概念，有着巨大的历史意义。

2007 年以来，"云计算"成为计算机领域最令人关注的话题之一，同样也是大型企业、互联网建设着力研究的重要方向。因为云计算的提出，互联网技术和 IT 服务出现了新的模式，引发了一场变革。2008 年，微软发布其公共云计算平台，由此拉开了微软的云计算大幕。同样，云计算在国内也掀起了风波，许多大型网络公司纷纷加入云计算的阵列。2009 年 1 月，阿里软件在江苏南京建立首个"电子商务云计算中心"。同年 11 月，中国移动云计算平台"大云"计划启动。现在云计算已经发展到较为成熟的阶段。2019 年 8 月 17 日，北京互联网法院发布《互联网技术司法应用白皮书》。发布会上，北京互联网法院互联网技术司法应用中心揭牌成立。

任务实施

1. 任务单——制作云计算相关技术汇报材料（1）（见活页）
2. 任务解析——制作云计算相关技术汇报材料

任务 2　深入云计算技术

知识准备

1. 云计算技术的服务类型

云计算技术的服务类型通常分为三类，即基础设施即服务（IaaS）、平台即服务（PaaS）和软件即

IaaS、PaaS、SaaS 知多少

服务（SaaS）。这3种云计算服务有时称为云计算堆栈，因为它们构建堆栈，并且下一层为上一层提供服务。以下是这3种服务的概述：

（1）基础设施即服务（IaaS）

基础设施即服务是主要的服务类别之一，它向云计算提供商的个人或组织提供虚拟化计算资源，如虚拟机、存储、网络和操作系统。

（2）平台即服务（PaaS）

平台即服务是一种服务类别，为开发人员提供通过全球互联网构建应用程序和服务的平台。PaaS为开发、测试和管理软件应用程序提供按需开发环境。

（3）软件即服务（SaaS）

软件即服务也是其服务的一类，通过互联网提供根据用户使用情况来弹性收取费用的应用程序，云计算提供商托管和管理软件应用程序，允许其用户连接到应用程序，并通过全球互联网访问应用程序。

2. 云计算技术的安全威胁

（1）云计算安全中隐私被窃取

现今，随着时代的发展，人们运用网络进行交易或购物，网上交易在云计算的虚拟环境下进行，交易双方会在网络平台上进行信息之间的沟通与交流。而网络交易存在着很大的安全隐患，不法分子可以通过云计算对网络用户的信息进行窃取，同时，还可以在用户与商家进行网络交易时，窃取用户和商家的信息。当不法分子在云计算的平台中窃取信息后，就会采用一些技术手段对信息进行破解，同时对信息进行分析，以发现用户更多的隐私信息，甚至不法分子还会通过云计算来盗取用户和商家的信息。

（2）云计算中资源被冒用

云计算的环境有着虚拟的特性，而用户通过云计算在进行网络交易时，需要在保障双方网络信息都安全的情况下才能进行网络的操作。但是云计算中储存的信息很多，同时，云计算中的环境也比较复杂，云计算中的数据会出现滥用现象，这样会影响用户的信息安全，也造成一些不法分子利用被盗用的信息进行欺骗用户亲人的行为。此外，还会有一些不法分子利用在云计算中盗用的信息进行违法交易，从而造成云计算中用户的经济损失。这些都是云计算信息被冒用引起的，同时，这些都严重威胁了云计算的安全。

（3）云计算中容易出现黑客的攻击

黑客攻击指的是利用一些非法的手段进入云计算的安全系统，给云计算的安全网络带来一定的破坏的行为。黑客入侵到云计算后，给云计算的操作带来未知性，同时造成的损失也很大，所以黑客入侵给云计算带来的危害大于病毒给云计算带来的危害。此外，黑客入侵的速度远大于安全评估和安全系统的更新速度，并且技术也无法对黑客攻击进行预防，这也是造成当今云计算不安全的原因之一。

（4）云计算中容易出现病毒

在云计算中，大量的用户通过云计算将数据存储到其中，当大量云计算出现异常时，就会出现一些病毒。这些病毒的出现会导致以云计算为载体的计算机无法正常工作。同时，这些病毒还能进行复制，并通过一些途径进行传播，这样就会导致以云计算为载体的计算机出现死机的现象。此外，因为互联网的传播速度很快，导致云计算或计算机一旦出现病毒，就会很快地传播，这样会产生很大的攻击力。

3. 云计算技术的应用

较为简单的云计算技术已经普遍服务于现如今的互联网服务中，最为常见的就是网络搜索引擎和网络邮箱。大家最为熟悉的搜索引擎莫过于谷歌和百度了。在任何时刻，只要用过移动终端，就可以在搜索引擎上搜索任何自己想要的资源，通过云端共享数据资源。而网络邮箱也是如此，在过去，寄写一封邮件是一件比较麻烦的事情，同时也是很慢的过程，而在云计算技术和网络技术的推动下，电子邮箱成为社会生活中的一部分，只要在网络环境下，就可以实现实时的邮件寄发。其实，云计算技术已经融入现今的社会生活。

（1）存储云

存储云，又称云存储，是在云计算技术基础上发展起来的一个新的存储技术。云存储是一个以数据存储和管理为核心的云计算系统。用户可以将本地的资源上传至云端上，可以在任何地方连入互联网来获取云上的资源。大家所熟知的谷歌、微软等大型网络公司均有云存储的服务，在国内，百度云和微云则是市场占有量最大的存储云。存储云向用户提供了存储容器服务、备份服务、归档服务和记录管理服务等，大大方便了使用者对资源的管理。

（2）医疗云

医疗云，是指在云计算、移动技术、多媒体、4G通信、大数据及物联网等新技术基础上，结合医疗技术，使用"云计算"来创建医疗健康服务云平台，实现了医疗资源的共享和医疗范围的扩大。云计算技术的运用，使医疗云提高了医疗机构的服务效率，方便居民就医。像现在医院的预约挂号、电子病历、医保等，都是云计算与医疗领域结合的产物。医疗云还具有数据安全、信息共享、动态扩展、布局全国的优势。

（3）金融云

金融云，是指利用云计算的模型，将信息、金融和服务等功能分散到庞大分支机构构成的互联网"云"中，旨在为银行、保险和基金等金融机构提供互联网处理和运行服务，同时共享互联网资源，从而解决现有问题并且达到高效、低成本的目标。在2013年11月27日，阿里云整合阿里巴巴旗下资源并推出阿里金融云服务。其实，这就是现在基本普及了的快捷支付，因为金融与云计算的结合，只需要在手机上简单操作，就可以完成银行存款、购买保险和基金买卖等操作。现在，不但阿里巴巴推出了金融云服务，而且苏宁金融、腾讯等企业均推出了自己的金融云服务。

（4）教育云

教育云，实质上是教育信息化的一种发展。具体地，教育云可以将所需要的任何教育硬件资源虚拟化，然后将其传入互联网中，以向教育机构和学生老师提供一个方便、快捷的平台。现在流行的慕课就是教育云的一种应用。慕课（MOOC）指的是大规模开放的在线课程。现阶段慕课的三大优秀平台为Coursera、edX及Udacity。在国内，中国大学MOOC也是非常好的平台。在2013年10月10日，清华大学推出来MOOC平台——学堂在线，许多大学现已使用学堂在线开设一些课程的慕课。

任务实施

1. 任务单——制作云计算相关技术汇报材料（2）（见活页）
2. 任务解析——制作云计算相关技术汇报材料

项目2　大数据技术揭秘

1. 项目提出

伴随着科学技术的飞速发展，全球各个国家贸易往来日益频繁。众多企事业单位产生的数据量呈现海量级别的增长，传统的数据获取模式与处理方法已经不能有效适应新形势的需要。这种形式之下，我们需要有更加高级的数据获取、存储、处理和展示能力，大数据技术也应运而生。尤其是在突然袭来的新冠肺炎疫情蔓延之下，全国乃至全世界人民齐心协力，共同抗击疫情的同时，大数据技术更是在这场给全人类造成巨大危害和损失的灾难面前表现出了强大的能量。通过大数据技术的各种应用，有效地配合了疫情防控工作的开展，使得各国的疫情防控工作得到有序进行。

相关知识点：
① 大数据技术概述。
② 大数据技术的特征。
③ 大数据技术的结构。
④ 大数据技术的应用。
⑤ 大数据技术的意义。
⑥ 大数据技术的趋势。
⑦ 大数据技术的发展。

2. 项目分析

大数据技术的出现给整个社会带来了很多机遇和挑战，也在一定程度上慢慢地改变着我们日常的生活方式。本项目将通过两个任务来学习大数据技术的基本概念、特征、结构、应用与意义。

任务1　初识大数据技术

1. 大数据技术概述

对于大数据，研究机构Gartner给出了这样的定义："大数据"是需要新处理模式才能具有更强的决策力、洞察发现力和流程优化能力来适应海量、高增长率和多样化的信息资产。

麦肯锡全球研究所给出的定义是：一种规模大到在获取、存储、管理、分析方面大大超出了传统数据库软件工具能力范围的数据集合，具有海量的数据规模、快速的数据流转、多样的数据类型和低的价值密度四大特征。

大数据技术的战略意义不在于掌握庞大的数据信息，而在于对这些含有意义的数据进行专业化处理。换而言之，如果把大数据比作一种产业，那么这种产业实现盈利的关键，在于提高对数据的"加工能力"，通过"加工"实现数据的"增值"。

从技术上看，大数据与云计算的关系就像一枚硬币的正反面一样密不可分。大数据必然无法用单台的计算机进行处理，必须采用分布式架构。它的特色在于对海量数据进行分布式数据挖掘。但它必须依托云计算的分布式处理、分布式数据库和云存储、虚拟化技术。

随着云时代的来临，大数据也吸引了越来越多的关注。分析师认为，大数据通常用来形容一个公司创造的大量非结构化数据和半结构化数据，这些数据在下载到关系型数据库用于分析时，会花费过多时间和金钱。大数据分析常和云计算联系到一起，因为实时的大型数据集分析需要像MapReduce一样的框架来向数十、数百甚至数千的电脑分配工作。

大数据需要特殊的技术，以有效地处理大量的数据。适用于大数据的技术，包括大规模并行处理（MPP）数据库、数据挖掘、分布式文件系统、分布式数据库、云计算平台、互联网和可扩展的存储系统。

2. 大数据技术的特征

容量（Volume）：数据的大小决定所考虑的数据的价值和潜在的信息。

种类（Variety）：数据类型的多样性。

速度（Velocity）：获得数据的速度。

可变性（Variability）：妨碍了处理和有效地管理数据的过程。

真实性（Veracity）：数据的质量。

价值（Value）：合理运用大数据，以低成本创造高价值。

大数据与数据化

什么是大数据

3. 大数据技术的结构

大数据包括结构化、半结构化和非结构化数据，非结构化数据越来越成为数据的主要部分。据IDC的调查报告显示：企业中80%的数据都是非结构化数据，这些数据每年都按指数增长60%。大数据就是互联网发展到现今阶段的一种表象或特征而已，没有必要神话它或对它保持敬畏之心，在以云计算为代表的技术的衬托下，这些原本看起来很难收集和使用的数据开始容易被利用起来了，通过各行各业的不断创新，大数据会逐步为人类创造更多的价值。

想要系统地认识大数据，必须要全面而细致地分解它，可以从三个层面来展开：

第一层面是理论。理论是认知的必经途径，也是被广泛认同和传播的基线。在这里从大数据的特征定义理解行业对大数据的整体描绘和定性；从对大数据价值的探讨来深入解析大数据的珍贵所在；洞悉大数据的发展趋势；从大数据隐私这个特别而重要的视角审视人和数据之间的长久博弈。

第二层面是技术。技术是大数据价值体现的手段和前进的基石。在这里分别从云计算、分布式处理技术、存储技术和感知技术的发展来说明大数据从采集、处理、存储到形成结果的整个过程。

第三层面是实践。实践是大数据的最终价值体现。在这里分别从互联网的大数据、政府的大数据、企业的大数据和个人的大数据四个方面来描绘大数据已经展现的美好景象及即将实现的蓝图。

4. 大数据技术的应用

①洛杉矶警察局和加利福尼亚大学合作利用大数据预测犯罪的发生。

②Google流感趋势利用搜索关键词预测禽流感的散布。

③统计学家内特·西尔弗利用大数据预测2012年美国选举结果。

④麻省理工学院利用手机定位数据和交通数据建立城市规划。

⑤梅西百货根据需求和库存的情况，基于SAS的系统对多达7 300万种货品进行实时调价。

⑥医疗行业早就遇到了海量数据和非结构化数据的挑战，而近年来很多国家都在积极推进医疗信息化发展，这使得很多医疗机构有资金来做大数据分析。

1. 任务单——制作大数据相关技术汇报材料（见活页）
2. 任务解析——制作大数据相关技术汇报材料

任务2　深入大数据技术

知识准备

1. 网络爬虫概述

网络爬虫（又称为网页蜘蛛，网络机器人，在FOAF社区中更经常性地被称为网页追逐者），是一种按照一定的规则，自动地抓取万维网信息的程序或者脚本。其另外一些不常使用的名字有蚂蚁、自动索引、模拟程序或者蠕虫等。

2. 网络爬虫的分类

网络爬虫按照系统结构和实现技术，大致可以分为以下几种类型：通用网络爬虫（General Purpose Web Crawler）、聚焦网络爬虫（Focused Web Crawler）、增量式网络爬虫（Incremental Web Crawler）、深层网络爬虫（Deep Web Crawler）。实际的网络爬虫系统通常是几种爬虫技术相结合实现的。

3. 相关知识介绍

为了获取大量的互联网数据，我们自然想到使用爬虫代替人工完成这些重复的工作。目前有很多种获取网络数据的手段和工具，主要分为可视化的爬虫工具和爬虫代码两种方式。可视化爬取工具是由一些互联网公司研发并提供给广大爱好者进行使用的。现阶段主要采用的爬虫代码多为 Python 程序设计语言编写，会采用 Python 自身和第三方提供的库来实现数据爬取。

1. 任务单——爬取指定网页数据（见活页）
2. 任务解析——爬取指定网页数据

项目3　人工智能技术揭秘

1. 项目提出

通过前面两个项目的学习，同学们对云计算与大数据技术的基本概念、应用场景及其他一些相关知识有了初步了解，这对于学习前沿科学技术起到了打牢基础的作用。但是当今世界发展速度非常快，尤其是对数据的应用不能停留在云计算和大数据技术层面。作为数据智能化应用的人工智能技术已慢慢开始成为广大技术爱好者竞相追捧的热点，各个国家也相继出台多个政策大力发展这些技术，人工智能技术在各个行业的应用也是方兴未艾。同学们更是应该好好地了解这项先进的技术，感受其魅力所在，用这项技术做出自己的贡献。

相关知识点：
①人工智能技术概述。
②人工智能技术的发展阶段。
③人工智能技术的结构。
④人工智能技术的应用。
⑤人工智能技术的意义。
⑥人工智能技术的威胁。
⑦人工智能技术的趋势。

2. 项目分析

人工智能技术的出现给整个社会带来了很多机遇和挑战，也在一定程度上慢慢改变着人们的生活及工作模式。本项目将通过两个任务来学习人工智能技术的基本概念、特征、结构、应用与意义。

任务1　初识人工智能技术

知识准备

1. 人工智能技术概述

人工智能（Artificial Intelligence，AI），是研究、开发用于模拟、延伸和扩展人的智能的理论、方法、技术及应用系统的一门新的技术科学。

人工智能是计算机科学的一个分支，它试图了解智能的实质，并生产出一种新的能以人类智能相似的方式做出反应的智能机器，该领域的研究包括机器人、语言识别、图像识别、自然语言处理和专家系统等。人工智能从诞生以来，理论和技术日益成熟，应用领域也不断扩大，可以设想，未来人工智能带来的科技产品，将会是人类智慧的"容器"。人工智能可以对人的意识、思维过程进行模拟。人工智能不是人的智能，但能像人那样思考，也可能超过人的智能。

人工智能知多少

人工智能基本概念

人工智能是一门极富挑战性的科学，从事这项工作的人必须懂得计算机知识、心理学和哲学。人工智能是涉及知识十分广泛的科学，它由不同的领域组成，如机器学习、计算机视觉等。总的说来，人工智能研究的一个主要目标是使机器能够胜任一些通常需要人类智能才能完成的复杂工作。但不同的时代、不同的人对这种"复杂工作"的理解是不同的。2017年12月，人工智能入选"2017年度中国媒体十大流行语"。

2. 人工智能技术的发展阶段

1956年夏季，以麦卡赛、明斯基、罗切斯特和香农等为首的一批有远见卓识的年轻科学家在一起聚会，共同研究和探讨用机器模拟智能的一系列有关问题，并首次提出了"人工智能"这一术语，它标志着"人工智能"这门新兴学科的正式诞生。IBM公司"深蓝"电脑击败了人类的世界国际象棋冠军更是人工智能技术的一个完美表现。

从1956年正式提出人工智能学科算起，60多年来，其取得了长足的发展，成为一门广泛的交叉和前沿科学。总的说来，发展人工智能的目的就是让计算机这台机器能够像人一样思考。当计算机出现后，人类开始真正有了一个可以模拟人类思维的工具，在以后的岁月中，无数科学家为这个目标努力着。如今人工智能已经不再是几个科学家的专利了，全世界几乎所有大学的计算机系都有人在研究这门学科，学习计算机的大学生也必须学习这样一门课程。在全人类不懈的努力下，如今计算机似乎已经变得十分聪明了。例如，1997年5月，IBM公司研制的深蓝（DEEP BLUE）计算机战胜了国际象棋大师卡斯帕洛夫（KASPAROV）。大家或许不会注意到，在一些地方，计算机帮助人进行其他原来只属于人类的工作，计算机以它的高速和准确性为人类发挥着它的作用。人工智能始终是计算机科学的前沿学科，计算机编程语言和其他计算机软件都因为有了人工智能的进展而得以存在。

2019年3月4日，十三届全国人大二次会议举行新闻发布会，大会发言人张业遂表示，已将与人工智能密切相关的立法项目列入立法规划。

3. 人工智能技术的应用

（1）深度学习悟空电话机器人为企业提升80%的销售业绩

深度学习是基于现有的数据进行操作学习。深度学习是机械学习中的新领域，它能够模仿人脑的机制来解释数据，完成对声音、文本的解析。

（2）自然语言处理是人工智能的学科

自然语言处理是用自然语言同计算机进行通信的一种技术。机器人可以代替人查询资料、解答问题、摘录文摘、汇编资料等。

（3）计算机视觉

计算机视觉是用摄像机和电脑代替人眼对目标进行识别、跟踪、测量的一项技术。其在人们的生活中应用的例子很多，比如，人脸检测、人脸支付、人脸打卡等。

（4）智能机器人

智能机器人的发展方向就是给机器装上"大脑芯片"，使用各种传感器实现听觉、触觉和嗅觉等。

（5）自动程序设计

自动程序设计的任务是设计一个程序系统，根据程序要求实现目标的描述，然后自动生成一个具体的程序。该研究的重大贡献之一是把程序调试的概念作为问题求解的策略来使用。

（6）数据挖掘

数据挖掘一般是指从大量的数据中通过算法搜索隐藏于其中的信息的过程。它通常与计算机科学有关，并通过统计、在线分析处理、情报检索、机器学习、专家系统（依靠过去的经验法则）和模式识别等诸多方法来实现上述目标。它的分析方法包括分类、估计、预测、相关性分组或关联规则、聚类和复杂数据类型挖掘。

任务实施

1. 任务单——制作人工智能相关技术汇报材料（见活页）
2. 任务解析——制作人工智能相关技术汇报材料

任务 2　深入人工智能技术

知识准备

1. 计算机视觉概述

计算机视觉是一门研究如何使机器"看"的科学，更进一步地说，就是指用摄影机和电脑代替人眼对目标进行识别、跟踪和测量等机器视觉，并进一步做图形处理，使其成为更适合人眼观察或传送给仪器检测的图像。作为一个科学学科，计算机视觉研究相关的理论和技术，试图建立能够从图像或者多维数据中获取"信息"的人工智能系统。这里所指的信息指香农定义的，可以用来帮助做一个"决定"的信息。因为感知可以看作是从感官信号中提取信息，所以计算机视觉也可以看作是研究如何使人工系统从图像或多维数据中"感知"的科学。

2. 人脸识别技术

人脸识别，是基于人的脸部特征信息进行身份识别的一种生物识别技术。用摄像机或摄像头采集含有人脸的图像或视频流，并自动在图像中检测和跟踪人脸，进而对检测到的人脸进行脸部识别的一系列相关技术，通常也叫作人像识别、面部识别。

任务实施

1. 任务单——人脸识别（见活页）
2. 任务解析——人脸识别

模块总结

本模块主要学习了云计算、大数据及人工智能技术的概念，阐述了每一个前沿技术的发展历程，对各个前沿技术的相关知识进行了描述。其中，大数据和人工智能技术是要重点学习和掌握的环节。此外，对涉及的数据获取、数据展示及人脸识别技术做了初步的引入与讲解。

计算机视觉

人脸识别

题库

模块 8

NCRE 考试指南

模块导读

全国计算机等级考试（National Computer Rank Examination，NCRE），是经原国家教育委员会（现教育部）批准，由教育部考试中心主办，面向社会，用于考查应试人员计算机应用知识与技能的全国性计算机水平考试体系。

NCRE 由教育部考试中心负责实施考试，制定有关规章制度，编写考试大纲，命制试题、答案及评分参考，进行成绩认定，颁发合格证书，研制考试必需的计算机软件，开展考试研究和评价等。

知识目标

➢ 掌握 NCRE 等级考试一级计算机基础及 MS Office 应用考试大纲。
➢ 熟练掌握 NCRE 考试各模块知识点。

技能目标

➢ 能使用网络资源，完成 NCRE 线上报名。
➢ 熟练掌握 NCRE 考试系统操作。
➢ 熟练掌握 NCRE 考试各模块知识点具体操作。

素质目标

➢ 具有正确的价值观。
➢ 具备诚信意识，珍视诚信记录。

全国计算机等级考试系统专用软件（以下简称"考试系统"）是在 Windows 平台下开发的应用软件。它是开放式的考试，具有自动计时、断电保护、自动阅卷和回收等功能。

项目 1　考试说明

计算机技术的应用在我国各个领域发展迅速，为了适应知识经济和信息社会发展的需要，操作和应用计算机已成为人们必须掌握的一种基本技能。许多单位、部门已经把掌握一定的计算机知识和应用技能作为人员聘用、职务晋升、职称评定、上岗资格的重要依据之一。

NCRE 统一命题，统一考试，全部实行上机考试，其中一级考试时长为 90 分钟，实行百分制计分，但以等级形式通知考生其成绩。成绩等级为"优秀"（90～100 分）、"良好"（80～89 分）、"及格"（60~79分）。

每年考试时间为3月、9月、12月，其中12月份的考试由各省级承办机构根据情况自行决定是否开考，报名者不受年龄、职业、学历限制，考试可根据省级承办机构公布的流程在网上或考点进行报名。

同次考试，考生最多可报三个科目，并且不允许重复报考同一科目，严禁考生同时在多个省级承办机构报名。教育部考试中心将在考后30个工作日内向省级承办机构下发考试成绩数据；考生可登录中国教育考试网（www.neea.edu.cn）进行成绩查询。

为了更好地让考生在应考前了解和掌握考试系统环境及模式，熟练操作考试系统，提高应试能力，下面将详细介绍如何使用考试系统，以及一级计算机基础及MS Office应用（以下简称一级MS）考试的内容。

任务1 诚信考试

诚信是一种无价的美好品德，其对于每个人都至关重要。一个有良好信誉的人，就可以受人尊重地通行于社会。

"诚信考试"是对知识的尊重。考试作为一种评价手段，历来是检验教学质量和学习效果及选拔、培养人才的重要手段。通过对考试结果的分析，可以了解并提升"教"与"学"的质量。因此，考试也就特别需要"公平"与"公正"。而只有过程的公平，才能保证结果的公正，才能保证评价的真实、可靠，也才能为我们的下一步行动提供最为切实的指导。这就需要诚信作保证。

"分数诚可贵，人格价更高。"诚信，赋予了考试更多的意义，我们要以诚信的态度对待每一场考试，考出真实水平，弘扬诚信正义。千里之行，始于足下，良好的考风，应当从现在做起，我们应把道德原则和道德规范化为自己的信念和实际行动，以纯洁的心灵吸纳无尽的知识，让舞弊远离考场，让诚信常驻心中。

我们作为莘莘学子中的一员，应当以诚信为本，让我们诚实地面对自己，守住内心的一份坚持，从自己做起，从现在做起，交出一份诚信的答卷。让我们为学校的学风建设共同努力，为严肃考风考纪呈现一道诚信、文明、自觉、向上的美丽风景线。诚信是中华民族的传统美德，也是公民的一项基本道德责任，是为人处世之本，当代大学生必须具备诚实守信的品德，方能在日后竞争激烈的社会中立于不败之地，因为诚信是做人之本。

考试作弊行为破坏考试制度和人才选拔制度，妨碍公平竞争，破坏社会诚信，具有严重的社会危害性。"法网恢恢，疏而不漏"，希望组织者不要存侥幸心理，也希望每位考生都能严格遵守考场纪律，诚信考试，拒绝作弊（图8-1-1）。

图8-1-1 诚信考试

中华人民共和国教育法（节选）

《中华人民共和国教育法》是中国教育工作的根本大法，是依法治教的根本大法。

2021年4月29日，第十三届全国人民代表大会常务委员会第二十八次会议通过《全国人民代表大会常务委员会关于修改〈中华人民共和国教育法〉的决定》，自2021年4月30日起施行。

（下文摘自第七十九条和第八十条）

第七十九条　考生在国家教育考试中有下列行为之一的，由组织考试的教育考试机构工作人员在考试现场采取必要措施予以制止并终止其继续参加考试；组织考试的教育考试机构可以取消其相关考试资格或者考试成绩；情节严重的，由教育行政部门责令停止参加相关国家教育考试一年以上三年以下；构成违反治安管理行为的，由公安机关依法给予治安管理处罚；构成犯罪的，依法追究刑事责任：

（一）非法获取考试试题或者答案的；

（二）携带或者使用考试作弊器材、资料的；

（三）抄袭他人答案的；

（四）让他人代替自己参加考试的；

（五）其他以不正当手段获得考试成绩的作弊行为。

第八十条　任何组织或者个人在国家教育考试中有下列行为之一，有违法所得的，由公安机关没收违法所得，并处违法所得一倍以上五倍以下罚款；情节严重的，处五日以上十五日以下拘留；构成犯罪的，依法追究刑事责任；属于国家机关工作人员的，还应当依法给予处分：

（一）组织作弊的；

（二）通过提供考试作弊器材等方式为作弊提供帮助或者便利的；

（三）代替他人参加考试的；

（四）在考试结束前泄露、传播考试试题或者答案的；

（五）其他扰乱考试秩序的行为。

图8-1-2　作弊违法

任务2 考试大纲解读

全国计算机等级考试一级计算机基础及 MS Office 应用考试大纲（2021 年版）

◆ 基本要求

①具有微型计算机的基础知识（包括计算机病毒的防治常识）。
②了解微型计算机系统的组成和各部分的功能。
③了解操作系统的基本功能和作用，掌握 Windows 的基本操作和应用。
④了解文字处理的基本知识，熟练掌握文字处理软件 Word 的基本操作和应用，熟练掌握一种汉字的（键盘）输入方法。
⑤了解电子表格软件的基本知识，掌握电子表格软件 Excel 的基本操作和应用。
⑥了解多媒体演示软件的基本知识，掌握演示文稿制作软件 PowerPoint 的基本操作和应用。
⑦了解计算机网络的基本概念和因特网（Internet）的初步知识，掌握 IE 浏览器软件和 Outlook 软件的基本操作和使用。

◆ 考试内容

1. 计算机基础知识

①计算机的发展、类型及其应用领域。
②计算机中数据的表示与存储。
③多媒体技术的概念与应用。
④计算机病毒的概念、特征、分类与防治。
⑤计算机网络的概念、组成和分类；计算机与网络信息安全的概念和防控。
⑥因特网网络服务的概念、原理和应用。

📖 解读

考查题型：选择题。主要考查考生对计算机基础知识的了解，此部分出题范围广，在选择题中所占的比重较大，需要考生全面复习常用的计算机知识。

2. 操作系统的功能和使用

①计算机软、硬件系统的组成及主要技术指标。
②操作系统的基本概念、功能、组成及分类。
③Windows 操作系统的基本概念和常用术语，文件、文件夹、库等。
④Windows 操作系统的基本操作和应用：
a. 桌面外观的设置，基本的网络配置。
b. 熟练掌握资源管理器的操作与应用。
c. 掌握文件、磁盘、显示属性的查看、设置等操作。
d. 中文输入法的安装、删除和选用。
e. 掌握对文件、文件夹和关键字的搜索。
f. 了解软、硬件的基本系统工具。

📖 解读

考查题型：选择题和 Windows 基本操作。选择题主要考查计算机软、硬件系统和操作系统的相关知识，Windows 基本操作主要考查文件和文件夹的创建、移动、复制、删除、更名、查找及属性的设置。

3. 文字处理软件的功能和使用

①Word 的基本概念，Word 的基本功能、运行环境、启动和退出。

②文档的创建、打开、输入、保存、关闭等基本操作。

③文本的选定、插入与删除、复制与移动、查找与替换等基本编辑技术；多窗口和多文档的编辑。

④字体格式设置、文本效果修饰、段落格式设置、文档页面设置、文档背景设置和文档分栏等基本排版技术。

⑤表格的创建、修改；表格的修饰；表格中数据的输入与编辑；数据的排序和计算。

⑥图形和图片的插入；图形的建立和编辑；文本框、艺术字的使用和编辑。

⑦文档的保护和打印。

解读

考查题型：字处理题。主要考查文档格式及表格格式的设置。表格的设置包括表格的建立，行列的添加、删除，单元格的拆分、合并，表格属性的设置。表格数据的处理包括输入数据及数据格式的设置、排序及计算。

4. 电子表格软件的功能和使用

①电子表格的基本概念和基本功能，Excel 2016 的基本功能、运行环境、启动和退出。

②工作簿和工作表的基本概念和基本操作，工作簿和工作表的建立、保存和退出；数据输入和编辑；工作表和单元格的选定、插入、删除、复制、移动；工作表的重命名和工作表窗口的拆分与冻结。

③工作表的格式化，包括设置单元格格式、设置列宽和行高、设置条件格式、使用样式、自动套用模式和使用模板等。

④单元格绝对地址和相对地址的概念，工作表中公式的输入和复制，常用函数的使用。

⑤图表的建立、编辑、修改和修饰。

⑥数据清单的概念，数据清单的建立，数据清单内容的排序、筛选、分类汇总，数据合并，数据透视表的建立。

⑦工作表的页面设置、打印预览和打印，工作表中链接的建立。

⑧保护和隐藏工作簿与工作表。

解读

考查题型：电子表格题。主要考查了工作表和单元格的插入、复制、移动、更名和保存，单元格格式的设置，在工作表中插入公式及常用函数的使用，数据的排序、筛选及分类汇总，图表的创建和格式的设置。

5. PowerPoint 的功能和使用

①PowerPoint 2016 的基本功能、运行环境、启动和退出。

②演示文稿的创建、打开、关闭和保存。

③演示文稿视图的使用，幻灯片的基本操作（编辑版式、插入、移动、复制和删除）。

④幻灯片的基本制作方法（文本、图片、艺术字、形状、表格等插入及格式化）。

⑤演示文稿主题选用与幻灯片背景设置。

⑥演示文稿放映设计（动画设计、放映方式设计、切换效果设计）。

⑦演示文稿的打包和打印。

解读

考查题型：演示文稿题。主要考查幻灯片的创建、插入、移动和删除，幻灯片字符格式的设置，文字、图片、艺术字、表格及图表的插入，超链接的设置，幻灯片主题选用及背景设置，幻灯片版式、应用设计模板的设置，幻灯片切换、动画效果及放映方式的设置。

6. 因特网（Internet）的功能和使用

①了解计算机网络的基本概念和因特网的基础知识，主要包括网络硬件和软件，TCP/IP 协议的工作原理，以及网络应用中常见的概念，如域名、IP 地址、DNS 服务等。

②能够熟练掌握浏览器、电子邮件的使用和操作。

📖 **解读**

考查题型：选择题和上网题。选择题主要考查计算机网络的概念和分类、因特网的概念及接入方式、TCP/IP 协议的工作原理、域名、IP 地址、DNS 服务的概念等。上网题主要考查网页浏览、保存，电子邮件的发送、接收、回复、转发，以及附件的收发及保存。

◆ **考试方式**

上机考试，考试时长 90 分钟，满分 100 分。

1. 题型及分值

①单项选择题（计算机基础知识和网络的基本知识）。	20 分
②Windows 7 操作系统的使用。	10 分
③Word 2016 操作。	25 分
④Excel 2016 操作。	20 分
⑤PowerPoint 2016 操作。	15 分
⑥浏览器（IE）的简单使用和电子邮件收发。	10 分

2. 考试环境

操作系统：Windows 7。
考试环境：Microsoft Office 2016。

项目 2　考点分析

本项目针对 NCRE 一级 MS Office 主要考点——计算机基础及 Word、Excel、PowerPoint 操作试题，做考点分析。

任务 1　计算机基础知识归纳

考点 1　计算机的发展

1946 年，世界上第一台计算机 ENIAC（Electronic Numerical Integrator And Computer，电子数字积分式计算机）在美国宾夕法尼亚大学研制成功。冯·诺依曼在总结 ENIAC 的研制过程和制定 ENDAC 计算机方案时提出了两点意见：

①采用二进制。在计算机内部，程序和数据采集用二进制代码表示。
②存储程序控制。计算机之所以能按人们的意图自动进行工作，最直接的原因是其采用了存储程序控制。

计算机具有运算器、控制器、存储器、输入设备和输出设备 5 个基本功能部件。人们根据计算机采用电子元件的不同，将计算机发展划分为四个过程：

①第一代计算机，主要元件是电子管。

②第二代计算机，主要元件是晶体管。

③第三代计算机，主要元件采用小规模集成电路（SSI）和中规模集成电路（MSI）。

④第四代计算机，主要元件采用大规模集成电路（LSI）和超大规模集成电路（VLSI）。

考点2　计算机的特点、用途和分类

计算机的特点有处理速度快、计算精度高、存储容量大、可靠性高、全自动工作、适用范围广、通用性强。

计算机的应用主要分为数值计算和非数值计算两大类。信息处理、计算机辅助设计、计算机辅助教学、过程控制等均属于非数值计算，其应用领域远远大于数值计算。

计算机种类众多，可以从不同角度对它们进行分类：

①按性能分类。

按计算机的主要性能（如字长、存储容量、运算速度、外部设备、允许同时使用一台计算机的用户多少），计算机可分为超级计算机、大型计算机、小型计算机、微型计算机、工作站和服务器6类。这是最常用的分类方法。

②按处理数据的类型分类。

按处理数据的类型不同，可将计算机分为数字计算机、模拟计算机和混合计算机。

③按使用范围分类。

按使用范围大小，计算机可以分为专用计算机和通用计算机。

考点3　计算机的新技术

①人工智能。主要内容是研究、开发能以与人类智能相似的方式做出反应的智能机器，包括机器人、指纹识别、人脸识别、自然语言处理等。

②网格计算。主要内容是针对复杂科学进行计算的新型计算模式。这种模式利用互联网，把分散在不同地理位置的电脑组织成一个"虚拟的超级计算机"，其中每一台参与计算的计算机就是一个"结点"，而整个计算是由成千上万的"结点"组成的"一张网格"，所以这种计算方式称为网格计算。

③中间件。主要内容是介于应用软件和操作系统之间的系统软件。中间件抽象了典型的应用模式，应用软件制造者可以基于标准的中间件进行再开发。中间件可分为多种，例如，交易中间件、消息中间件、专用系统中间件、面向对象中间件、数据访问中间件、远程过程调用中间件、Web服务器中间件、安全中间件等。

④云计算。主要内容是基于互联网的相关服务的增加、使用和交付模式。云计算的特点是超大规模、虚拟化、高可靠性、通用性、高可扩展性、按需服务、价廉。

考点4　未来计算机的发展趋势

①未来计算机的发展趋势为巨型化、微型化、网络化、智能化。

②未来新一代的计算机包括模糊计算机、生物计算机、光子计算机、超导计算机、量子计算机。

考点5　信息技术

一般来说，信息技术包括了信息基础技术、信息系统技术和信息应用技术。

①信息基础技术。

信息基础技术是信息技术的基础，包括新材料、新能源、新器件的开发和制造技术。

②信息系统技术。

信息系统技术是指有关信息的获取、传输、处理、控制的设备和系统的技术。感测技术、通信技术、计算机与智能技术和控制技术是它的核心和支撑技术。

③信息应用技术。

信息应用技术是针对各种实用目的的技术。如信息管理、信息控制、信息决策等技术门类。

考点6　数制的转换

①非十进制数转换成十进制数。

非十进制数转换成十进制数的方法是按权展开求和。

$(11010)_2 = 1\times2^4+1\times2^3+0\times2^2+1\times2^1+0\times2^0 = (26)_{10}$

$(111.01)_2 = 1\times2^2+1\times2^1+1\times2^0+0\times2^{-1}+1\times2^{-2} = (7.25)_{10}$

转换方法：按照从右到左的顺序用二进制的每个数去乘以2的相应次方（从0开始），小数点后依次为2^{-1}、2^{-2}等。

$(117)_8 = 1\times8^2+1\times8^1+7\times8^0 = (79)_{10}$

$(117.2)_8 = 1\times8^2+1\times8^1+7\times8^0+2\times8^{-1} = (79.25)_{10}$

转换方法：按照从右到左的顺序用八进制的每个数去乘以8的相应次方（从0开始），小数点后依次为8^{-1}、8^{-2}等。

$(A2B)_{16} = 10\times16^2+2\times16^1+11\times16^0 = (2560+32+11)_{10} = (2603)_{10}$

$(A.A)_{16} = 10\times16^0+10\times16^{-1} = (10.625)_{10}$

转换方法：按照从右到左的顺序用十六进制的每个数去乘以16的相应次方（从0开始），小数点后依次为16^{-1}、16^{-2}等。

②十进制数转换成其他进制数。

将十进制数转换成其他进制数，可将此数分成整数和小数部分分别转换，然后拼接起来即可。

十进制整数转换成二进制整数的方法是"除2取余法"，而小数部分则是"乘2取整法"。

将十进制数125.8125转换为二进制数：

```
2|125    余数              0.8125    取整
2|62     1            ×        2
2|31     0               1.6250      1
2|15     1       取小数  ×        2
2|7      1               1.2500      1
2|3      1       取小数  ×        2
2|1      1               0.5000      0
 0       1       取小数  ×        2
                         1.0000      1
```

先对整数部分125进行转换，125除以2后得62余1，在余数位写1；继续用62除以2得31余0；依此类推，直到商为0为止。按照箭头所示顺序将余数连起来，因此得到125的二进制表示形式为1111101。

再对小数部分0.8125进行转换，用0.8125乘以2得1.6250，取其整数部分1记在上式中最右列的取整列下；再取1.6250的小数部分0.6250乘以2得1.25，取整数部分1，同样记在取整列下，依此类推。当然，不是所有小数部分的转换最后都能精确转换（即最后一次乘以2后得1），因此，只需满足转换精度后，转换即可停止。

同理，十进制整数转换成八进制整数的方法是"除8取余法"，而小数部分则是"乘8取整法"；十进制整数转换成十六进制整数的方法是"除16取余法"，而小数部分则是"乘16取整法"。

也可以按照以下方法将十进制数先转换为二进制数，再按照二进制数和八进制数及十六进制数的关系进一步转换为八进制数、十六进制数。

③二进制数与十六进制数间的转换。

由于16是2的4次幂，所以可以用4位二进制数来表示1位十六进制数。

十六进制数转换成二进制数：

对每1位十六进制数用与其等值的4位二进制数代替。

$(1AC0.6D)_{16}$ = （1101011000000. 01101101)$_2$
 = （1 1010 1100 0000. 0110 1101)$_2$
     1   A   C   0 . 6   D

二进制数转换成十六进制数：

其方法是从小数点开始，整数部分向左，小数部分向右，每4位分成1节，整数部分最高位不足4位或小数部分最低位不足4位时补"0"，然后将每节依次转换成十六进制数，再把这些十六进制数依次连接即可。

（0101 1110 0101. 0001 1001 1010)$_2$ = $(5E5.19A)_{16}$
   5   E   5 . 1   9   A

同理，由于8是2的3次幂，所以可以用3位二进制数来表示一位八进制数。

（010 111 100 101. 000 110 011 010)$_2$ = $(2745.0632)_8$
  2   7   4   5 . 0   6   3   2

考点7　计算机中数据的单位

①位（bit），是度量数据的最小单位，在数字电路和计算机技术中采用二进制，代码只有0和1，无论0还是1，在CPU中都是1位。

②字节，一个字节（Byte）由8位二进制数组成。字节是信息组织和存储的基本单元，也是计算机体系结构的基本单元。早期的计算机并无字节的概念，20世纪50年代中期，随着计算机逐渐从单纯用于科学计算扩展到数据处理领域，为在体系结构上兼顾表示"数"和"字符"，就出现了"字节"。为了便于衡量存储器的大小，统一以字节为单位。常用的存储单元大小表示为KB、MB、GB、TB。1 KB=1 024 B，1 MB=1 024 KB，1 GB=1 024 MB，1 TB=1 024 GB。

考点8　计算机病毒的预防

计算机病毒实质上是一种特殊的计算机程序，它是"能够侵入计算机系统的，并给计算机系统带来故障的一种具有自我复制能力的特殊程序"。计算机病毒一般具有以下重要特点：寄生性、传染性、破坏性、潜伏性和隐蔽性。

计算机病毒主要通过移动存储设备和计算机网络两大途径进行传播。具体的防范措施如下：①专机专用；②利用写保护；③慎用网上下载工具；④分类管理数据；⑤建立备份；⑥采用病毒预警软件或防病毒卡；⑦定期检查；⑧扫描系统漏洞，及时更新系统补丁；⑨不要打开陌生的可疑邮件。

考点9　存储器（Memory）

存储器是存放程序和数据的部件，可存储原始数据、中间计算结果及命令等信息。主存储器（内存）是用来暂时存放处理程序、待处理的数据和运算结果的主要存储器，直接和中央处理器交换信息。主存储器的存储速度最快，其中Cache的存储速度高于DRAM。主存储器包含只读存储器和随机存储器。

①只读存储器（ROM）。

特点：

a. 其中的信息只能读出，不能写入，并且只能被CPU随机读取。

b. 内容永久性，断电后信息不会丢失，可靠性高。

分类：

a. 可编程的只读存储器PROM。

b. 可擦除、可编程的只读存储器 EPROM。
c. 掩膜型只读存储器 MROM。
用途：主要用来存放固定不变的控制计算机的系统程序和数据。
②随机存取存储器（RAM）。
特点：
a. CPU 可以随时直接对其读/写；当写入时，原来存储的数据被冲掉。
b. 加电时信息完好，但断电后数据会消失，且无法恢复。
分类：
a. 静态 RAM（SRAM）：集成度低、价格高、存取速度快、不需刷新。
b. 动态 RAM（DRAM）：集成度高、价格低、存取速度较慢、需刷新。
用途：存储当前使用的程序、数据、中间结果与和外存交换的数据。
③辅助存储器。

用于存储暂时不用的程序和数据。目前，常用的辅助存储器有硬盘、磁带和光盘存储器，硬盘也可称为磁盘。操作系统是以扇区为单位对磁盘进行读取操作的，磁盘的磁道是一个个同心圆，最外边的磁道编号为 0，次序由外向内增大。磁道存储容量是电磁原理，与圆周、体积等大小无关。把内存中的数据传送到计算机硬盘中去，称为写盘；把硬盘上的数据传送到计算机中内存中去，称为读盘。当前流行的移动硬盘或优盘进行读/写时，用的计算机接口是 USB。优盘又称 U 盘，在断电后还能保持存储的数据不丢失。其优点是质量小、体积小、即插即用。优盘有基本型、增强型和加密型 3 种，用来度量计算机外部设备传输速率的单位是 MB/s。USB 1.1 和 USB 2.0 的区别之一在于传输率不同，USB 1.1 的传输率是 12 MB/s，USB 2.0 的传输率是 480 MB/s；CD 光盘可以分为只读型光盘 CD-ROM、一次性写入光盘 CD-R 和可擦除型光盘 CD-RW，DVD-ROM 为大容量只读外部存储器。

考点 10　计算机的主要性能指标

①字长。指计算机 CPU 一次能够并行处理的二进制数据的位数，字长总是 8 的倍数，如 16 位、32 位、64 位。
②时钟频率。指计算机 CPU 的时钟频率，主频的单位为兆赫兹（MHz）或吉赫兹（GHz）。
③运算速度。计算机每秒能执行的加法指令数目，通常所说的计算机的运算速度一般用百万次每秒（MIPS）来描述。
④存储容量。分为内存容量与外存容量。这里主要指内存容量，目前微型机主流内存容量已达数 GB。
⑤存取周期。指 CPU 从内存储器中存取数据所需要的时间，存储周期越短，运算速度越快。

任务 2　Windows 7 基本操作

考点 1　文件（文件夹）的基本操作

本知识点考核的概率约为 99%。
①文件（文件夹）的复制与粘贴。
本知识点考核的概率约为 98%，其操作步骤如下：
步骤 1：右键单击需要复制的文件（文件夹），选择"复制"命令。
步骤 2：打开目标文件夹，右键单击空白处，选择"粘贴"命令。
②文件（文件夹）的重命名。
本知识点考核的概率约为 99%，其操作步骤如下：
步骤 1：右键单击需重命名的文件（文件夹），选择"重命名"命令。

步骤2：在文件（文件夹）名称处填入题目要求的名称。

③文件（文件夹）的删除。

本知识点考核的概率约为99%，其操作步骤如下：

步骤1：右键单击需删除的文件（文件夹），选择"删除"命令。

步骤2：在弹出的"确认文件夹删除"对话框中单击"是"按钮。

④创建快捷方式。

本知识点考核的概率约为38%，其操作步骤如下：

步骤1：右键单击需要建立快捷方式的文件（文件夹），选择"创建快捷方式"命令。

步骤2：移动快捷方式至目的文件夹。

⑤新建文件。

本知识点考核的概率约为15%，其操作步骤如下：

步骤1：右键单击指定的位置。

步骤2：选择"新建"→"文本文档"命令（根据题目要求选择新建文件类型）。

步骤3：在文件名称处填入题目要求的文件名称。

⑥新建文件夹。

本知识点考核的概率约为78%，其操作步骤如下：

步骤1：右键单击指定的位置。

步骤2：选择"新建"→"文件夹"命令。

步骤3：在文件夹名称处填入题目要求的文件名称。

⑦文件（文件夹）的移动。

本知识点考核的概率约为79%，其操作步骤如下：

步骤1：右键单击将要移动的文件（文件夹），选择"剪切"命令（注意题目要求，合理选择"剪切"或"复制"命令）。

步骤2：打开目标文件夹，右键单击空白处，选择"粘贴"命令。

考点2 设置属性

本知识点考核的概率约为99%，其操作步骤如下：

①设置文件（文件夹）属性。

步骤1：右键单击目标文件（文件夹），选择"属性"命令。

步骤2：在弹出的对话框"常规"选项卡中，可直接设置"只读""隐藏"属性。通过"高级"按钮可对文件的"存档"属性进行设置。

步骤3：单击"确定"按钮。

②设置显示/隐藏所有隐藏文件（文件夹）。

步骤1：打开"计算机"，单击"工具"选项卡中"文件夹选项"按钮，如图8-2-1所示。

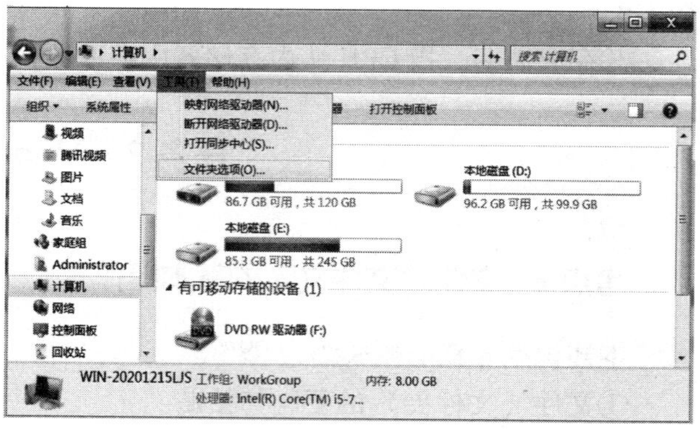

步骤2：弹出的对话框中选择"查看"选项卡，在"高级设置"栏中拖动下拉条，找到"隐藏文件和文件夹"选项，单击"显示隐藏的文件、文件夹和驱动器"，如图8-2-2所示。

图8-2-1 设置文件属性

考点3 搜索文件（文件夹）

本知识点考核的概率约为10%，其操作步骤如下：

步骤1：打开搜索的根目录，单击常用工具栏中的 🔍 按钮，如图8-2-3所示。
步骤2：在文本框中输入要搜索的文件名或文件夹名。
步骤3：按Enter键。

图8-2-2　文件属性

图8-2-3　查找文件

任务3　Word部分

考点1　Word基本操作

Word基本操作主要包括文字输入、新建文件、插入文件、删除段落和保存文件。本知识点考核的概率约为100%，操作如下：

①输入文字。

直接在光标闪动处将文字输入Word文档。

②新建文件。

选择"文件"→"新建"命令。

③插入文件。

步骤1：打开需要插入文件的Word文档，在页面最上方选择"插入"标签，并在切换后的标签界面的"文本"面板中选择"对象"命令，如图8-2-4所示。

图8-2-4　"插入"标签"文本"面板中的对象命令

步骤2：

a. 若选择"对象"下拉菜单中的"对象"选项，则插入的内容会以文件的形式显示在被插入的文件当中，选择此选项后，在新弹出的对话框中可选择新建一个空白对象（文件）或选择一个已存在的文件作为插入对象。若选择了"由文件创建"，则单击"浏览"按钮，并选择已存在文件的位置后双击或单击标签下方的"打开"按钮即可。

b. 若选择了"文件中的文字"选项，则会将需要插入的文件内容以文字的形式出现在被插入文件光标所在区域。单击此选项后，在弹出的"地址标签"对话框中双击需要插入的文件，或单击标签下方的"插入"按钮即可。

④删除段落。

步骤1：鼠标左键选定需要删除的段落。

步骤2：按下 Backspace 键（或空格键，或用鼠标右键选择"剪切"）。

⑤保存文件。

步骤1：选择"文件"菜单中的"保存"或"另存为"命令，如对未命名文件进行保存，或对当前文件进行更名操作，则弹出相应对话框。

步骤2：在"文件"菜单中"另存为"对话框中选择保存路径，输入文件名，选择保存类型，然后单击"保存"按钮。

考点2　字体的设置

本知识点考核的概率约为100%，其操作步骤如下：

步骤1：鼠标左键拖动选中需要设置字体的段落，并在相应文字之上右键单击，并选择"字体"选项。

步骤2：在屏幕弹出的对话框的"字体"标签下，可以对字体、字形、字号和颜色等进行设置（也可以直接在最上方"开始"标签的"字体"面板中进行设置）。

步骤3：单击对话框中的"高级"标签，可以设置文字间的距离。

步骤4：设置完成后，单击"确定"按钮。

考点3　段落的设置

本知识点考核的概率约为96%，其操作步骤如下：

步骤1：鼠标左键拖动选中需要设置字体的段落，并在相应文字之上右键单击，选择"段落"选项。

步骤2：在弹出的相应对话框的"缩进和间距"标签中，可以对段落缩进、间距、行距、对齐方式等进行设置。

步骤3：设置完成后，单击"确定"按钮。

以上操作也可以直接在最上方"开始"标签的"段落"面板中进行设置，或者鼠标单击"开始"标签的"段落"面板右下角的箭头图标，调出段落对话框，按照步骤2进行设置（以上所有操作均可通过鼠标右键选择相应菜单完成，也可以通过最上方标签中提供的按钮完成，在此仅提供一种操作方式，其他方式不再重复描述）。

考点4　表格的设置

Word 中考查表格的操作主要包括插入表格、设置表格属性、合并或拆分单元格等。本知识点考核的概率约为100%，操作如下：

①插入表格。

选择页面上方"插入"标签"表格"下拉菜单中的"插入表格"选项，在弹出的对话框中设置需要插入表格的行、列数及列宽等属性。设置完成后，单击"确定"按钮。

②设置表格属性。

鼠标选定表格（在鼠标移动至表格上方并出现时，单击此图标，或鼠标左键拖拽选定全部或部分表格），右击，选择"表格属性"命令，弹出相应对话框，在此对话框中可以对表格的行高、列宽、单元格、对齐方式、缩进和环绕等进行设置。设置完成后，单击"确定"按钮。

③合并或拆分单元格。

鼠标选定所要合并的单元格后，单击右键，选择"合并单元格"命令（或将鼠标放置在选定区域后，在"设计"标签中选择"擦除"命令，擦除多余边框实现合并），可以合并选中的单元格；鼠标选定所要拆分的单元格后，单击右键，选择"拆分单元格"选项，弹出二级对话框，设置要拆分的行、列数，完成后单击"确定"按钮（在单击表格区域后，会自动在最上方出现"表格工具"标签，选择其中的"设计"或"布局"中的功能键，也可以完成单元格的合并与拆分）。

考点5　分栏

本知识点考核的概率约为37%，其操作步骤如下：

步骤1：选定所要分栏的文字，选择上方"页面布局"标签的"页面设置"面板中的"分栏"命令。

步骤2：在"分栏"命令的下拉菜单中选择所要分栏数目，也可以在"更多分栏"中设置栏宽等，设置完成后，单击"确定"按钮。

考点6　首字下沉

本知识点考核的概率约为16%，其操作步骤如下：

步骤1：首先选择所要设置的文字，并在上方"插入"标签的"文本"面板中选择"首字下沉"命令，在弹出的下拉菜单中选择"首字下沉"样式。

步骤2：也可以在下拉菜单中选择"首字下沉选项"，设置下沉位置、下沉行数、字体、距正文距离等，设置完成后，单击"确定"按钮。

考点7　查找和替换

本知识点的考核概率约为50%，其操作步骤如下：

步骤1：选择"开始"标签"编辑"面板中的"查找"命令，在新弹出的导航中，输入将要查找的内容，单击"放大镜"按钮，直到找到所需内容（也可以使用Ctrl+F组合键，调出查找界面。后续快捷键操作不再重复叙述）。

步骤2：单击"替换"标签，并在新页面中的"替换为"一栏中输入需要替换的内容，单击"替换"按钮或"全部替换"按钮，则可实现替换功能。

考点8　插入页码、尾注和脚注、符号、文本框

本知识点的考核概率约为50%，操作如下：

①插入页码。

在上方选择"插入"标签，在"页眉和页脚"下拉菜单中设置页码的位置、对齐方式和格式等，设置完成后，单击"确定"按钮。

②插入尾注和脚注。

将光标放在需要插入尾注和脚注的位置，选择上方"引用"标签的"脚注"面板，选择尾注或脚注下拉菜单。在新弹出的对话框中，对插入内容及编号方式进行设置和选择，然后单击"插入"按钮。

③插入符号。

将光标放在需要插入符号的位置，并选择"插入"→"符号"命令，之后在弹出的对话框选定所要插入的符号（或在特殊字符标签中查找），然后单击"确定"按钮。

④插入文本框。

将光标放在需要插入文本框的位置，单击"插入"标签下"文本"面板中的"文本框"命令，选择文本框样式，拖拽鼠标改变文本框大小。

考点9　页眉页脚

本知识点的考核概率约为1%。本知识点考核概率较低，但是十分重要，尤其体现在考生今后的毕

业论文排版中。其具体操作步骤如下：

步骤1：单击"插入"标签的"页眉和页脚"面板，单击下拉菜单，出现页眉或页脚样式操作界面。

步骤2：在页眉、页脚中的光标闪动处可添加文字。在弹出的"页眉和页脚"工具栏中可以对插入页码的格式进行设置，选择"在页眉和页脚间切换"命令进行对页眉和页脚的设置。设置完成后，单击"关闭"按钮。

考点10 数据排序

本知识点的考核概率约为23%，其操作步骤如下：

步骤1：鼠标选定所要排序的数据或文字，选择"开始"标签"段落"面板中的"排序"命令，之后则会弹出相应的对话框。

步骤2：设置好"主要关键字""类型"及"升序"或"降序"后，单击"确定"按钮。

考点11 公式计算

本知识点的考核概率约为33%，其具体操作步骤如下：

步骤1：将光标放在需要计算结果的单元格内，系统会自动在最上方的标签区域最末端出现"表格工具"标签，单击"布局"标签"数据"面板中的公式"fx"按钮后，会弹出相应的对话框。

步骤2：在"粘贴函数"下拉列表中选择所需公式，或在"公式"文本框中直接输入所需计算公式的函数名称，按题目要求选择数据格式，最后单击"确定"按钮。

考点12 边框和底纹

本知识点的考核概率约为20%，其具体操作步骤如下：

步骤1：鼠标选定需要添加边框和底纹的对象，选择"设计"标签下的"页面背景"面板中的"页面边框"命令，之后在弹出的"边框"标签中选择需要的边框和设置边框的相关属性。

步骤2：在弹出的对话框中选择"底纹"标签，在"底纹"标签中选择和设置需要的底纹样式及颜色等属性。设置完成后，单击"确定"按钮。

考点13 英文大小写转换

本知识点的考核概率约为1%，其具体操作步骤如下：

选定需要转换大小写的字符，选择"开始"标签"字体"面板中的"更改大小写"命令"Aa"，在弹出的菜单中选择需要转换的种类，完成后单击"确定"按钮即可。

考点14 添加项目符号和编号

本知识点的考核概率约为20%，其具体操作步骤如下：

①添加项目符号。

选定需要添加项目符号的文字，选择"开始"标签下"段落"面板中的"项目符号"按钮，在弹出的下拉菜单中单击需要添加项目符号的类型即可。

②添加项目编号。

选定需要添加项目符号的文字，选择"开始"标签下"段落"面板中的"项目符号"命令，在弹出的下拉菜单中单击需要添加项目编号的类型即可。注意区分添加项目符号还是编号。

考点15 设置文本框属性

本知识点考核的概率约为5%，具体操作如下：

单击目标文本框，系统会自动在最上方标签最右端生成一个新的"文本框工具"标签，单击其中的"格式"标签后，在新生成的标签页面中的"文本框样式"等区域，可以对文本框的颜色、线条大小、版式等属性进行设置。

任务4 Excel 部分

考点1 基础操作

本知识点主要包括工作表命名、建立数据表、复制工作表和保存文件，考核的概率约为99%，其具体操作步骤如下：

①工作表重命名。

步骤1：右键单击工作表标签处，选择"重命名"命令。

步骤2：输入题目要求的工作表名称，按下 Enter 键。

②建立数据表。

根据题目要求，在数据表的指定位置输入相应的内容和数据。

③复制工作表。

步骤1：选定需要复制的工作表内容，单击右键，选择"复制"命令。

步骤2：打开目标工作表，右键单击指定位置，选择"粘贴"命令。

注意合理使用粘贴方式：保留源格式；合并格式；图片；只保留文本。

④保存文件。

步骤1：选择"文件"菜单中的"保存"或"另存为"命令，如对未命名文件进行保存或对当前文件进行更名操作，则弹出相应的对话框。

步骤2：在"另存为"对话框中选择保存路径，输入文件名，选择保存类型，然后单击"保存"按钮。

考点2 单元格设置

本知识点考核的概率约为86%，其具体操作步骤如下：

①单元格内容格式。

鼠标右键单击需要设置的单元格，选择"设置单元格格式"命令，在弹出的新对话框中选择"数字"标签，并设置其中单元格的数字格式。

②单元格对齐方式。

选择"对齐"标签，设置水平和垂直方向的对齐方式，在"文本控制"栏可对单元格进行合并。

③单元格字体设置。

选择"字体"标签，设置单元格中字体的字号、字形、颜色、下划线、上下标和着重号等。

④单元格边框格式。

选择"边框"标签，对选定单元格的边框样式及颜色进行设置。

考点3 行、列设置

行、列设置主要包括行高和列宽的设置及行、列的删除。

本知识点考核的概率约为6%，其具体操作步骤如下：

①行高和列宽的设置。

步骤1：选定需要设置的行或列。

步骤2：在选定的行或列上右键单击鼠标，选择"列宽"或"行高"命令，弹出相应的对话框，按照题目要求输入数值，单击"确定"按钮即可。

②删除行列。

选定需要删除的行或列，右键单击选定的区域，选择"删除"命令后，会弹出"删除"对话框，选择合适的删除方式后，单击"确定"按钮即可。

考点 4　筛选

本知识点考核的概率约为 12%，其具体操作步骤如下：

步骤 1：选中需要进行筛选的区域，在最上方选择"数据"标签下"排序和筛选"面板中的"筛选"命令。

步骤 2：单击首行出现的向下箭头，选择合适的筛选命令，如升序或降序，或者按照文字排序等。设置好筛选条件后，单击"确定"按钮。

考点 5　排序

本知识点考核的概率约为 12%，其具体操作步骤如下：

步骤 1：选中需要进行排序的区域，在最上方选择"数据"标签下"排序和筛选"面板中的"排序"命令。

步骤 2：按照题目要求设置主要关键字后，也可添加次要关键字。确定排序依据及升降序方式后，单击"确定"按钮。

温馨提示

有标题行选项表示标题行（首行）不参加排序，否则，标题行也参加排序。

考点 6　公式计算

本知识点考核的概率约为 92%，其具体操作步骤如下：

步骤 1：将光标放在需要计算结果的位置，选择"插入"标签中"函数库"面板工具栏中的"插入函数"按钮"fx"。

步骤 2：在弹出的对话框中选择函数类别和函数名，单击"确定"按钮，选定计算区域后，单击"确定"按钮。

考点 7　图表的建立

本知识点考核的概率约为 78%，其具体操作步骤如下：

步骤 1：选定需要建立图表的数据，选择"插入"标签下"图表"面板中的图表类型。

步骤 2：在新弹出的下拉菜单中选择需要建立的图表类型和子图表类型。

步骤 3：单击生成的图标后，系统会自动在最上方标签的最后方增加"图标工具"标签，在这里可以对图标的样式、数据、布局等进行设置。

步骤 4：双击生成的图表的空白区域及图表区域，会分别弹出"设置图表区格式"及"设置数据系列格式"等标签，可以对图标样式进行一一设置。

考点 8　表格的自动套用格式

本知识点考核的概率约为 18%，其具体操作步骤如下：

步骤 1：选中需要进行套用格式设置数据区域，单击"开始"选项"样式"面板中的"套用表格格式"命令。

步骤 2：在展开的下拉菜单中按题目要求选择需要的格式，单击"确定"按钮。

考点 9　数据透视表的操作

本知识点考核的概率约为 2%，其具体操作步骤如下：

步骤1：选定需要建立数据透视表的数据区域，单击"插入"标签中的"数据透视表"或"数据透视图"命令。

步骤2：在新弹出的"创建数据透视表/图"对话框中选择分析数据区域及放置透视表位置选项，单击"确定"按钮。

步骤3：在"数据透视表字段列表"对话框中勾选要添加到报表的字段后，拖动相应的属性到行/列区域或数据区域完成布局。

考点10　图表区域格式设定

本知识点考核的概率约为2%，其具体操作步骤如下：

步骤1：右键单击图表区，在弹出的快捷菜单中选择"设置图表区域格式"命令。

步骤2：按照题目要求对图表区的边框、区域、字体等进行设置。

步骤3：完成后单击"确定"按钮。

任务5　PPT部分

考点1　文字设置

本知识点考核的概率约为76%，其具体操作步骤如下：

步骤：选定将要设置的文字，在最上方"开始"标签的"字体"面板中可以对字体、字形、字号、颜色、下划线、上标、下标和阴影等进行设置（也可在选定字体区域单击右键，选择"字体"命令进行设置）。

考点2　移动幻灯片

本知识点考核的概率约为50%，其具体操作步骤如下：

在"幻灯片"视图下，按住鼠标左键，选中需要移动的幻灯片，拖拽到题目要求的位置。

考点3　插入幻灯片

本知识点考核的概率约为40%，其具体操作步骤如下：

步骤1：在"幻灯片"视图下，鼠标选中所要插入幻灯片前一位置，在最上方的"开始"标签的"幻灯片"面板中单击"新建幻灯片"命令。

步骤2：在新弹出的对话框中按题目要求选择相应的版式，单击即可完成新幻灯片的插入。

考点4　应用模板/主题

本知识点考核的概率约为68%，其具体操作步骤如下：

在上方"设计"标签的"主题"面板中单击需要的模板，即可将此模板应用到幻灯片当中。

考点5　版式设计

本知识点考核的概率约为44%，其具体操作步骤如下：

步骤1：在"开始"标签的"幻灯片"面板中选择"版式"下拉菜单，选择所需要的版式，单击即可。

步骤2：单击在幻灯片上出现的版式区域可以发现，在最上方的标签区域的最后出现了"绘图工具"→"格式"标签，单击后按题目要求对所选择版式的形状、艺术字等进行设计，单击该版式即可应用到幻灯片中。

考点 6　背景设置

本知识点考核的概率约为32%，其具体操作步骤如下：

步骤1：在上方的"设计"标签的"背景"面板中单击"背景样式"选项，在弹出的菜单中选择"设置背景格式"选项。

步骤2：在新弹出的对话框中，选择"填充"命令。若选择"渐变填充"，则需要选择预设颜色及光圈角度等参数；若选择"图片或纹理填充"，则需要选择相应的纹理及平移选项等参数。

步骤3：完成后单击"全部应用"按钮，将所设计的背景应用于所有幻灯片。

考点 7　动画设置

本知识点考核的概率约为90%，其具体操作步骤如下：

步骤1：选定幻灯片，单击上方的"动画"标签。

步骤2：单击当前幻灯片中需要添加动画的对象，并单击最上方的"动画"标签"高级动画"面板中的"添加动画"按钮，对动画效果进行设置，单击右侧的"添加窗格"按钮，可在新弹出的对话框中调整动画的放映顺序（也可单击右下方的"重新排序"按钮）。

步骤3：单击上方"动画"标签中的"预览"按钮，即可观看刚设置的动画效果。

考点 8　切换效果

本知识点考核的概率约为94%，其具体操作步骤如下：

步骤：选定幻灯片，单击上方的"切换"标签中的"切换到此幻灯片"面板，选择幻灯片切换效果。在右侧"计时"面板中，可对换片方式及持续时间、音效等进行设置，完成后单击"全部应用"按钮，将所设计的背景应用于所有幻灯片。

考点 9　插入剪贴画

本知识点考核的概率约为46%，其具体操作步骤如下：

步骤1：选定要插入剪贴画的位置，单击"插入"标签下"图像"面板中的"剪贴画"命令。

步骤2：在右侧弹出的对话框的"搜索文字"的文本框中输入想要查找的内容，单击"搜索"按钮，选择搜索出来的剪贴画。

步骤3：单击需要插入的剪贴画即可插入相应的剪贴画。

考点 10　设置图片缩放比例

本知识点考核的概率约为4%，其具体操作步骤如下：

步骤1：右键单击需要缩放的图形，单击"设置图片格式"命令。

步骤2：在弹出的"设置对象格式"对话框的"大小"标签中，设置图片的缩放比例。

步骤3：设置完成后，单击"关闭"按钮。

考点 11　插入艺术字

本知识点考核的概率约为23%，其具体操作步骤如下：

步骤1：选定要插入艺术字的位置，单击上方"插入"标签"文本"面板中的"艺术字"命令。

步骤2：在弹出的菜单中选定所要插入艺术字的样式，单击即可。

步骤3：在弹出的文本框中输入要插入的艺术字内容即可。

考点 12　插入图表

本知识点考核的概率约为28%，其具体操作步骤如下：

步骤1：在要插入图表的区域单击"插入"标签"插图"面板中的"图标"图标，双击所需图标的样式即可。

步骤2：新弹出的Excel表中的数据区域按题目要求修改数据，完成后关闭Excel文件即可。

步骤3：如题目另有要求，可在新生成的"图表工具"标签中对图表类型、布局、样式等进行设置。

考点13　为幻灯片插入备注

本知识点考核的概率约为1%，其具体操作步骤如下：

步骤：单击幻灯片备注区域，直接输入备注内容即可。

考点14　插入日期

本知识点考核的概率约为15%，其具体操作步骤如下：

步骤1：选定幻灯片，单击上方"插入"标签下"文本"面板中的"日期和时间"命令。

步骤2：在新弹出的"页眉和页脚"对话框中设置日期和时间，也可勾选"自动更新"选项，单击"全部应用"按钮。

📖 **温馨提示**

"应用"是日期应用于当前幻灯片，"全部应用"是日期应用于所有幻灯片。

考点15　插入超链接

本知识点考核的概率约为13%，其具体操作步骤如下：

步骤1：选中要插入超链接的对象，单击上方"插入"标签下"链接"面板中的"超链接"命令。

步骤2：在新弹出的"插入超链接"对话框的"查找范围"选项中选择要链接的文件所在的位置，如选定"当前文件夹"选项，并在最左侧选择"文档中的位置"选项，则可以直接链接到当前所在文件中的另外一张幻灯片。

步骤3：完成后单击"确定"按钮。

任务6　Internet部分

📖 **温馨提示**

由于考场环境不允许访问外网，而本部分测试又需要访问网络，因此请各位考生注意，在作答本部分试题时，一定要从考试平台启动IE浏览器或Outlook，切忌直接从桌面启动。

考点1　保存网页

本知识点考核的概率约为43%，其具体操作步骤如下：

步骤1：通过考试平台"工具箱"→"启动Internet Explorer仿真"打开IE浏览器，如图8-2-5所示。在地址栏键入题目要求网址，按下Enter键打开指定的网页。

步骤2：执行"文件"→"另存为"，选择题目要求保存的位置，填入需要保存的名称，单击"保存"按钮。

考点2　发送邮件及附件

本知识点考核的概率约为30%，其操作步骤如下：

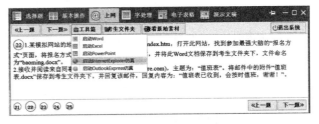

图 8-2-5 启动 Internet Explorer

步骤 1：通过考试平台启动 Outlook 后，单击常用工具栏中的"创建电子邮件"按钮，如图 8-2-6 所示：

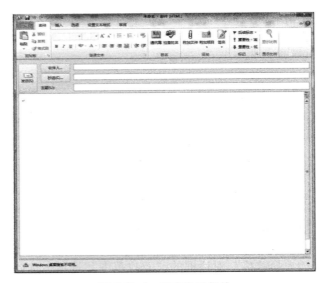

图 8-2-6 创建电子邮件

步骤 2：窗口的上半部分为信头，在"收件人"文本框中输入收件人的邮件地址，下半部分为信体，输入邮件的内容。

步骤 3：单击"插入"按钮，选择"附件文件"命令，弹出如图 8-2-7 所示的对话框，选择题目要求的文件，单击"打开"按钮，最后单击"发送"按钮。

图 8-2-7 插入附件

考点3 接收邮件并保存

本知识点考核的概率约为31%，其具体操作步骤如下：

步骤1：通过考试平台启动 Outlook 后，通过单击窗口左侧"发送/接收"窗格中的"发送/接收所有文件夹"来接收邮件，如图8-2-8所示。

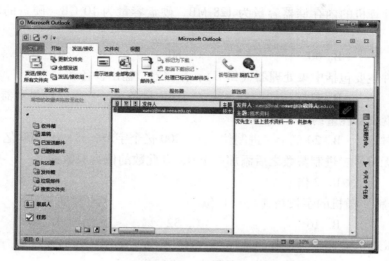

图 8-2-8 接收邮件

步骤2：按题目要求选择邮件，双击打开邮件，选择"文件"→"另存为"命令（或者在附件上单击鼠标），在弹出的对话框中选择题目要求保存的位置，填入需要保存的名称，单击"保存"按钮。

考点4 回复邮件

本知识点考核的概率约为10%，其具体操作步骤如下：

步骤1：选择需要回复的邮件，单击"答复"按钮，弹出"回复"对话框。

步骤2：在信体部分输入要回复的内容，如果有附件，还可以插入附件，最后单击"发送"钮。

考点5 转发邮件

本知识点考核的概率约为2%，其具体操作步骤如下：

步骤1：选择需要转发的邮件，单击"转发"按钮，弹出"转发"对话框。

步骤2：在"收件人地址"文本框中输入发送地址，单击"发送"按钮。

项目3　试题与解析

任务1　模拟试题

一、选择题

1. 下列叙述中，正确的是（　　）。
   A. CPU 能直接读取硬盘上的数据　　B. CPU 能直接存取内存储器
   C. CPU 由存储器、运算器和控制器组成　　D. CPU 主要用来存储程序和数据

2. 1946 年首台电子数字计算机 ENIAC 问世后，冯·诺依曼在研制 EDVAC 计算机时，提出两个重要的改进，它们是（　　）。

A. 引入 CPU 和内存储器的概念　　　　　　B. 采用机器语言和十六进制
C. 采用二进制和存储程序控制的概念　　　　D. 采用 ASCII 编码系统

3. 汇编语言是一种（　　）。

A. 依赖于计算机的低级程序设计语言　　　　B. 计算机能直接执行的程序设计语言
C. 独立于计算机的高级程序设计语言　　　　D. 面向问题的程序设计语言

4. 假设某台式计算机的内存储器容量为 128 MB，硬盘容量为 10 GB。硬盘的容量是内存容量的（　　）倍。

A. 40　　　　　　　B. 60　　　　　　　C. 80　　　　　　　D. 100

5. 计算机的硬件主要包括中央处理器（CPU）、存储器、输出设备和（　　）。

A. 键盘　　　　　　B. 鼠标　　　　　　C. 输入设备　　　　D. 显示器

6. 20 GB 的硬盘表示容量约为（　　）。

A. 20 亿个字节　　　B. 20 亿个二进制位　C. 200 亿个字节　　D. 200 亿个二进制位

7. 在一个非零无符号二进制整数之后添加一个 0，则此数的值为原数的（　　）。

A. 4 倍　　　　　　B. 2 倍　　　　　　C. 1/2　　　　　　D. 1/4

8. Pentium（奔腾）微机的字长是（　　）位。

A. 8　　　　　　　B. 16　　　　　　　C. 32　　　　　　　D. 64

9. 下列关于 ASCII 的叙述中，正确的是（　　）。

A. 一个字符的标准 ASCII 占一个字节，其最高二进制位总为 1
B. 所有大写英文字母的 ASCII 值都小于小写英文字母 a 的 ASCII 值
C. 所有大写英文字母的 ASCII 值都大于小写英文字母 a 的 ASCII 值
D. 标准 ASCII 表有 256 个不同的字符编码

10. 在 CD 光盘上标记有"CD-RW"字样，"RW"标记表明该光盘是（　　）。

A. 只能写入一次，可以反复读出的一次性写入光盘
B. 可多次擦除型光盘
C. 只能读出，不能写入的只读光盘
D. 其驱动器单倍速为 1 350 KB/s 的高密度可读写光盘

11. 一个字长为 5 位的无符号二进制数能表示的十进制数值范围是（　　）。

A. 1~32　　　　　　B. 0~31　　　　　　C. 1~31　　　　　　D. 0~32

12. 计算机病毒是指"能够侵入计算机系统并在计算机系统中潜伏、传播，破坏系统正常工作的一种具有繁殖能力的（　　）"。

A. 流行性感冒病毒　　B. 特殊小程序　　　C. 特殊微生物　　　D. 源程序

13. 在计算机中，每个存储单元都有一个连续的编号，此编号称为（　　）。

A. 地址　　　　　　B. 位置号　　　　　C. 门牌号　　　　　D. 房号

14. 在所列出的：1. 字处理软件；2. Linux；3. UNIX；4. 学籍管理系统；5. Windows 7 和 6. Office 2010 这六个软件中，属于系统软件的有（　　）。

A. 1，2，3　　　　　B. 2，3，5　　　　　C. 1，2，3，5　　　　D. 全部都不是

15. 为实现以 ADSL 方式接入 Internet，至少需要在计算机中内置或外置的一个关键硬设备（　　）。

A. 网卡　　　　　　B. 集线器　　　　　C. 服务器　　　　　D. 调制解调器

16. 在下列字符中，其 ASCII 值最小的一个是（　　）。

A. 空格字符　　　　B. 0　　　　　　　C. A　　　　　　　D. a

17. 十进制数 18 转换成二进制数是（　　）。

A. 010101　　　　　B. 101000　　　　　C. 001010　　　　　D. 010010

18. 有一域名为 bit.edu.cn，根据域名代码的规定，此域名表示（　　）。

A. 政府机关　　　　B. 商业组织　　　　C. 军事部门　　　　D. 教育机构

19. 用助记符代替操作码、地址符号代替操作数的面向机器的语言是（　　）。

A. 汇编语言　　　　B. FORTRAN语言　　C. 机器语言　　　　D. 高级语言

20. 在下列设备中，不能作为微机输出设备的是（　　）。

A. 打印机　　　　　B. 显示器　　　　　C. 鼠标器　　　　　D. 绘图仪

二、基本操作题

1. 将考生文件夹下 LI\QIAN 文件夹中的文件夹 YANG 复制到考生文件夹下的 WANG 文件夹中。

2. 将考生文件夹下 TIAN 文件夹中的文件 ARJ.EXP 设置成只读属性。

3. 在考生文件夹下 ZHAO 文件夹中建立一个名为 GIRL 的新文件夹。

4. 将考生文件夹下 SHEN\KANG 文件夹中的文件 BIAN.ARJ 移动到考生文件夹下的 HAN 文件夹中，并改名为 QULIU.ARJ。

5. 将考生文件夹下的 FANG 文件夹删除。

三、上网题

1. 某模拟网站的主页地址是 http://LOCALHOST:65531/ExamWeb/new2017/index.html，打开此主页浏览"节目介绍"页面，将页面中的图片保存到考生文件夹下，命名为"JIEMU.jpg"。

2. 接收并阅读由 xuexq@mail.neeA.edu.cn 发来的 E-mail，将随信发来的附件以文件名 shenbao.doc 保存到考生文件夹下；并回复该邮件，主题为"工作答复"，正文内容为"你好，我们一定会认真审核并推荐，谢谢！"。

四、字处理题

在考生文件夹下打开文档 Word.docx，按照要求完成下列操作并以该文件名（Word.docx）保存文档。

1. 将文中所有错词"严肃"替换为"压缩"。将页面颜色设置为黄色（标准色）。

2. 将标题段（"WinImp 压缩工具简介"）设置为小三号、宋体、居中，并为标题段文字添加蓝色（标准色）阴影边框。

3. 设置正文（"特点……如表一所示"）各段落中的所有中文文字为小四号楷体、西文文字为小四号 Arial 字体；各段落悬挂缩进 2 字符，段前间距 0.5 行。

4. 将文中最后 3 行统计数字转换成一个 3 行 4 列的表格，表格样式采用内置样式"网格表 1 浅色"。

5. 设置表格居中，表格列宽为 3 厘米，表格所有内容水平居中，并设置表格底纹为"白色，背景1，深色 25%"。

五、电子表格题

1. 在考生文件夹下打开 Excel.xlsx 文件。

（1）将 Sheet1 工作表命名为"销售情况统计表"，然后将工作表的 A1:G1 单元格区域合并为一个单元格，内容水平居中；计算"上月销售额"和"本月销售额"列的内容（销售额=单价×数量，数值型，保留小数点后 0 位）；计算"销售额同比增长"列的内容（同比增长=（本月销售额-上月销售额）/上月销售额，百分比型，保留小数点后 1 位）。

（2）选取"产品型号"列、"上月销售量"列和"本月销售量"列内容，建立"簇状柱形图"，图表标题为"销售情况统计图"，图例置底部；将图表插入表的 A14:E27 单元格区域内，保存 Excel.xlsx 文件。

2. 打开工作簿文件 Excel.xlsx，对工作表"产品销售情况表"内数据清单的内容按主要关键字"产品名称"的降序次序和次要关键字"分公司"的降序次序进行排序，完成对各产品销售额总和的分类汇总，汇总结果显示在数据下方，工作表名不变，保存 Excel.xlsx 工作簿。

六、演示文稿题

打开考生文件夹下的演示文稿 yswg.pptx，按照下列要求完成对此文稿的修饰并保存。

1. 使用"画廊"主题修饰全文，全部幻灯片切换方案为"擦除"，效果选项为"自左侧"。
2. 将第二张幻灯片版式改为"两栏内容"，将第三张幻灯片的图片移到第二张幻灯片右侧的内容区，图片动画效果设置为"轮子"，效果选项为"3 轮辐图案"。将第三张幻灯片版式改为"标题和内容"，标题为"公司联系方式"，标题设置为黑体、加粗、59 磅字。内容部分插入 3 行 4 列表格，表格的第 1 行 1~4 列单元格依次输入"部门""地址""电话"和"传真"，第 1 列的 2、3 行单元格内容分别是"总部"和"中国分部"。其他单元格按第一张幻灯片的相应内容填写。删除第一张幻灯片，并将第二张幻灯片移为第三张幻灯片。

任务 2　试题解析

一、选择题

1. B。CPU 不能读取硬盘上的数据，但是能直接访问内存储器；CPU 主要包括运算器和控制器，CPU 是整个计算机的核心部件，主要用于控制计算机的操作。

2. C。和 ENIAC 相比，EDVAC 的重大改进主要有两方面：一是把十进制改成二进制，这可以充分发挥电子元件高速运算的优越性；二是把程序和数据一起存储在计算机内，这样就可以使全部运算成为真正的自动过程。

3. A。汇编语言无法直接执行，必须翻译成机器语言程序才能执行。汇编语言不能独立于计算机；面向问题的程序设计语言是高级语言。

4. C。

5. C。计算机硬件包括 CPU、存储器、输入设备、输出设备。

6. C。根据换算公式 1 GB＝1 000 MB＝1 000×1 000 KB＝1 000×1 000×1 000 B，20 GB＝2×10^{10} B。注：硬盘厂商通常以 1 000 进位计算：1 KB＝1 000 Byte，1 MB＝1 000 KB，1 GB＝1 000 MB，1 TB＝1 000 GB；在操作系统中，1 KB＝1 024 B，1 MB＝1 024 KB，1 GB＝1 024 MB，1 TB＝1 024 GB。

7. B。最后位加 0 等于前面所有位都乘以 2 再相加，所以是 2 倍。

8. C。Pentium 是 32 位微机。

9. B。国际通用的 ASCII 码为 7 位，并且最高位不总为 1；所有大写字母的 ASCII 码都小于小写字母 a 的 ASCII 码；标准 ASCII 码表有 128 个不同的字符编码。

10. B。CD 光盘存储容量一般达 650 MB，有只读型光盘 CD-ROM、一次性写入光盘 CD-R 和可擦除型光盘 CD-RW 等。

11. B。无符号二进制数的第一位可为 0，所以，当全为 0 时，最小值为 0，当全为 1 时，最大值为 2^5，即 0~31。

12. B。计算机病毒是指编制或者在计算机程序中插入的破坏计算机功能或者破坏数据，影响计算机使用并且能够自我复制的一组计算机指令或者程序代码。

13. A。计算机中，每个存储单元的编号称为单元地址。

14. B。字处理软件、学籍管理系统、Office 2010 属于应用软件。

15. D。ADSL（非对称数字用户线路）是目前用电话接入因特网的主流技术，采用这种方式接入因特网，需要使用调制解调器。这是 PC 通过电话接入网络的必备设备，具有调制和解调两种功能，并分为外置和内置两种。

16. A。ASCII 码值（用十进制表示）分别为空格对应 32，0 对应 48，A 对应 65，a 对应 97。

17. D。十进制整数转换成二进制整数的方法是"除二取整法"。将 18 除以 2 得商 9，余 0，排除 A 选项。9 除以 2，得商 4，余 1，排除 B 选项。依次除下去，直到商是零为止。以最先除得的余数为最低位，最后除得的余数为最高位，从最高位到最低位依次排列，便得到最后的二进制整数为 10010。

排除 D 选项，因此答案是 C。

18. D。选项 A 政府机关的域名为 .gov；选项 B 商业组织的域名为 .com；选项 C 军事部门的域名为 .mil。

19. A。用比较容易识别、记忆的助记符号代替机器语言的二进制代码，这种符号化了的机器语言叫作汇编语言，同样也依赖于具体的机器，因此答案选择 A。

20. C。鼠标是输入设备。

二、基本操作题

1. 复制文件夹。

①打开考生文件夹下的 LI\QIAN 文件夹，选定 YANG 文件夹；②选择"编辑"→"复制"命令，或按快捷键 Ctrl+C；③打开考生文件夹下的 WANG 文件夹；④选择"编辑"→"粘贴"命令，或按快捷键 Ctrl+V。

2. 设置文件属性。

①打开考生文件夹下的 TIAN 文件夹，选定 ARJ. EXP 文件；②选择"文件"→"属性"命令，或单击鼠标右键，弹出快捷菜单，选择"属性"命令，即可打开"属性"对话框；③在"属性"对话框中勾选"只读"属性，单击"确定"按钮。

3. 新建文件夹。

①打开考生文件夹下的 ZHAO 文件夹；②选择"文件"→"新建"→"文件夹"命令，或单击鼠标右键，在弹出的下拉列表中，选择"新建"→"文件夹"命令，即可生成新的文件夹，此时文件（文件夹）的名字处呈现蓝色可编辑状态，编辑名称为题目指定的名称 GIRL。

4. 移动文件和文件命名。

①打开考生文件夹下 SHEN\KANG 文件夹，选定 BIAN. ARJ 文件；②选择"编辑"→"剪切"命令，或按快捷键 Ctrl+X；③打开考生文件夹下的 HAN 文件夹；④选择"编辑"→"粘贴"命令，或按快捷键 Ctrl+V；⑤选定移动来的文件并按 F2 键，此时文件（文件夹）的名字处呈现蓝色可编辑状态，编辑名称为题目指定的名称 QULIU. ARJ。

5. 删除文件夹。

①选定考生文件夹下的 FANG 文件夹；②按 Delete 键，弹出"删除文件"对话框；③单击"是"按钮，将文件（文件夹）删除到回收站。

三、上网题

1. 单击"工具箱"按钮，在弹出的下拉列表中选择"启动 Internet Explorer 仿真"命令，如图 8-3-1 所示。在弹出的"仿真浏览器"地址栏中输入网址"http://LOCALHOST：65531/ExamWeb/new2017/index.html"并按 Enter 键。在打开的页面中单击"节目介绍"字样，在弹出的子页面中，对页面中的图片单击鼠标右键，在弹出的快捷菜单中选择"图片另存为"命令，在弹出的"另存为"对话框中将保存路径修改为考生文件夹；将"文件名"修改为"JIEMU"，将"保存类型"设置为"（JPG, JPEG）（*.jpg）"，单击"保存"按钮。最后关闭"Internet Explorer 仿真浏览器"窗口。

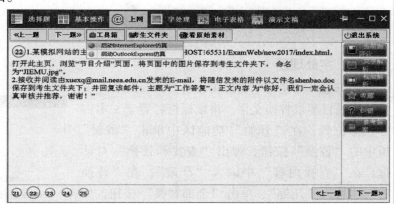

图 8-3-1 启动 Internet Explorer 仿真

2. 步骤 1：单击"工具箱"按钮，在弹出的下拉列表中选择"启动 Outlook Express 仿真"命令，弹出"Outlook Express 仿真"窗口。单击"发送/接收"按钮，如图 8-3-2 所示，在弹出的提示对话框中单击"确定"按钮。

单击接收的邮件，弹出"读取邮件"窗口。在附件名处单击鼠标，如图8-3-3所示，在弹出的快捷菜单中选择"浏览"命令，在弹出的对话框中选择考生文件夹，并单击"保存"按钮，如图8-3-4所示。

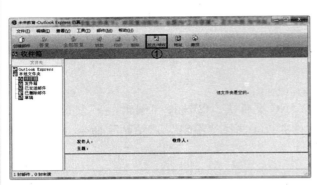

图8-3-2　接收邮件

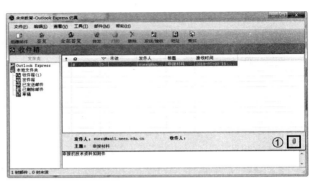

图8-3-3　查看邮件

步骤2：单击"答复"按钮，弹出"Re:申报材料"窗口。将"主题"修改为"工作答复"；在"内容"中输入"你好，我们一定会认真审核并推荐，谢谢！"。单击"发送"按钮，在弹出的提示对话框中单击"确定"按钮，如图8-3-5所示。最后关闭"Outlook Express仿真"窗口。

图8-3-4　保存附件

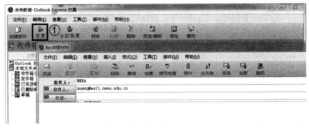

图8-3-5　回复邮件

四、字处理题

1. 步骤1：在考生文件夹中打开Word.docx文件，按题目要求替换文字。将鼠标指针置于文本内容任意位置，在"开始"功能区中单击"编辑"组中的"替换"按钮，弹出"查找和替换"对话框，在"查找内容"中输入"严肃"，在"替换为"中输入"压缩"，单击"全部替换"按钮，如图8-3-6所示。弹出提示对话框，在该对话框中直接单击"确定"按钮。返回到"查找和替换"对话框，最后单击"关闭"按钮。

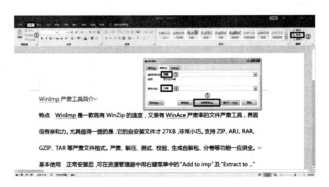

图8-3-6　替换文字

步骤2：按题目要求设置页面背景颜色。在"设计"功能区中，单击"页面背景"组中的"页面颜色"下拉按钮，在弹出的下拉列表中选择"黄色（标准色）"，如图8-3-7所示。

2. 步骤1：按题目要求设置标题段字体。选中标题段文本（"WinImp压缩工具简介"），在"开始"功能区的"字体"组中单击"对话框启动器"按钮，弹出"字体"对话框。在"字体"选项卡中，设置"中文字体"为"宋体"，"西文字体"为"（使用中文字体）"，设置"字号"为"小三"，单击"确定"按钮，如图8-3-8所示。

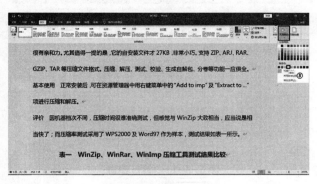

图 8-3-7　页面颜色

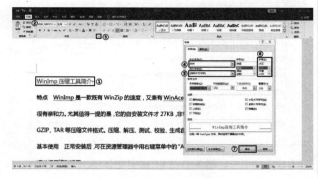

图 8-3-8　设置字体

步骤2：按题目要求设置标题段对齐属性。选中标题段文本，在"开始"功能区的"段落"组中，单击"居中"按钮，如图8-3-9所示。

步骤3：按题目要求设置标题段文字边框。选中标题段文本，在"开始"功能区中单击"段落"组中的"边框"下拉按钮，在下拉列表中选择"边框和底纹"，弹出"边框和底纹"对话框。选择"边框"选项卡，在"设置"选项组中单击"阴影"，设置"颜色"为"蓝色（标准色）"，设置"应用于"为"文字"，单击"确定"按钮，如图8-3-10和图8-3-11所示。

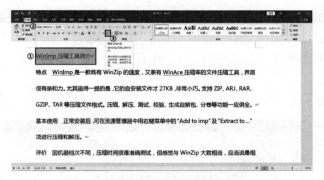

图 8-3-9　标题居中

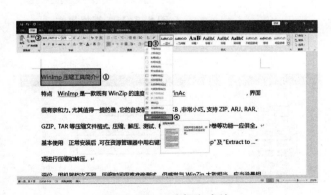

图 8-3-10　边框和底纹

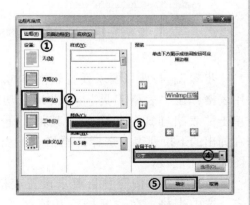

图 8-3-11　边框颜色

3. 步骤1：按题目要求设置正文字体，选中正文所有文本（"特点……如表一所示"），在"开始"功能区中单击"字体"组的"对话框启动器"按钮，弹出"字体"对话框。设置"中文字体"为"楷体"，设置"西文字体"为"Arial"，设置"字号"为"小四"，单击"确定"按钮，如图8-3-12所示。

步骤2：按题目要求设置段落属性。选中正文所有文本（"特点……如表一所示"），在"开始"

功能区中单击"段落"组右下角的"段落设置"的"对话框启动器"按钮,弹出"段落"对话框。在"缩进和间距"选项卡的"缩进"选项组中设置"特殊"为"悬挂","缩进值"默认为"2字符";在"间距"选项组中设置"段前"为"0.5行",单击"确定"按钮,如图8-3-13所示。

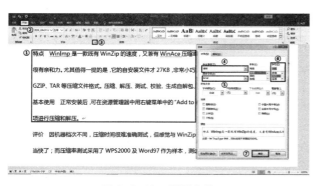

图8-3-12　设置字体

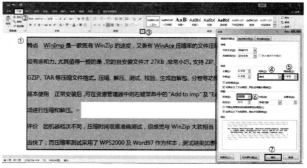

图8-3-13　首行缩进

4. 步骤1：按题目要求将文本转换为表格。选中文档中最后3行文本,在"插入"功能区中,单击"表格"组中的"表格"下拉按钮,在弹出的下拉列表中选择"文本转换成表格",弹出"将文字转换成表格"对话框。对话框中的"列数"默认为"4","行数"默认为"3",单击"确定"按钮,如图8-3-14和图8-3-15所示。

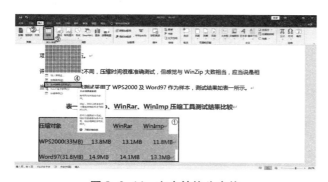

图8-3-14　文本转换为表格

图8-3-15　表格属性

步骤2：按题目要求设置表格样式。单击选中表格,在"表格工具"→"设计"功能区中,单击"表格样式"组中的"其他"下拉按钮,在弹出的下拉列表中选择"网格表1浅色",如图8-3-16所示。

5. 步骤1：按照题目要求设置表格居中对齐。选中表格,在"开始"功能区的"段落"组中,单击"居中"按钮,如图8-3-17所示。

步骤2：按照题目要求设置表格列宽。选中表格,在"表格工具"→"布局"功能区中,单击"单元格大小"组的"对话框启动器"按钮,弹出"表格属性"对话框。单击"列"选项卡,勾选"指定宽度"复选框,设置其值为"3厘米",单击"确定"按钮,如图8-3-18所示。

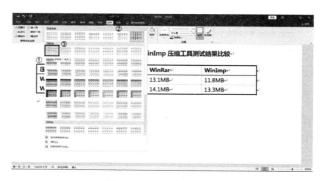

图8-3-16　表格样式

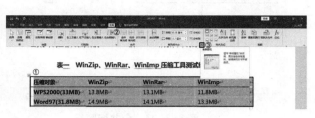

图 8-3-17 单元格设置

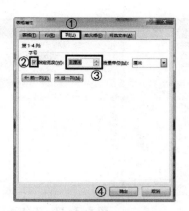

图 8-3-18 单元格大小

步骤3：按题目要求设置表格内容对齐方式。选中表格，在"表格工具"→"布局"功能区中，单击"对齐方式"组中的"水平居中"按钮，如图 8-3-19 所示。

步骤4：按题目要求设置表格底纹。选中表格，在"表格工具"→"设计"功能区中，单击"边框"组中的"边框"下拉按钮，在弹出的下拉列表中选择"边框和底纹"选项，弹出"边框和底纹"对话框。单击"底纹"选项卡，在"填充"中选择"白色，背景1，深色25%"，单击"确定"按钮，如图 8-3-20 和图 8-3-21 所示。

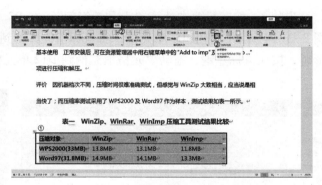

图 8-3-19 表格内容对齐

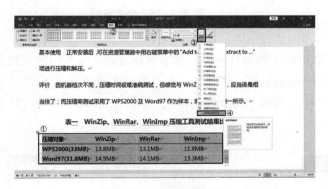

图 8-3-20 边框和底纹

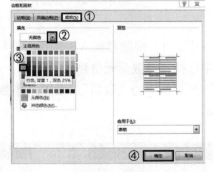

图 8-3-21 边框和底纹设置

步骤5：保存并关闭 Word.docx 文件。

五、电子表格题

1.（1）步骤1：在考生文件夹中打开 Excel.xlsx 文件，按题目要求为工作表重命名。双击 Sheet1 工作表的表名处，输入"销售情况统计表"，如图 8-3-22 所示。

步骤2：按题目要求将单元格合并后居中。选中"销售情况统计表"工作表的 A1:G1 单元格区域，在"开始"功能区中单击"对齐方式"组中的"合并后居中"按钮，如图 8-3-23 所示。

图 8-3-22　工作表更名

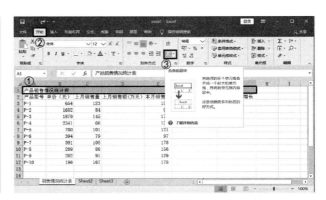

图 8-3-23　合并标题行

步骤3：按题目要求计算"上月销售额"。在 D3 单元格中输入"=B3﹡C3"，然后按 Enter 键，如图 8-3-24 所示。选中 D3 单元格，将鼠标指针移动到该单元格右下角的填充柄上，当指针变为黑十字形时，按住鼠标左键，拖动单元格填充柄到 D12 单元格中，释放鼠标左键，如图 8-3-25 所示。

图 8-3-24　公式计算

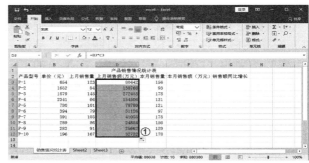

图 8-3-25　公式复制

步骤4：按题目要求设置单元格格式。选中单元格区域 D3:D12 并单击鼠标右键，在弹出的快捷菜单中选择"设置单元格格式"命令，弹出"设置单元格格式"对话框，在"数字"选项卡下单击"分类"列表框中的"数值"，设置"小数位数"为"0"，单击"确定"按钮，如图 8-3-26 和图 8-3-27 所示。

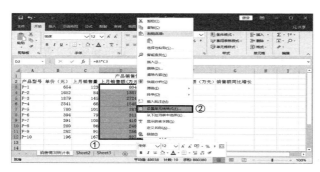

图 8-3-26　设置单元格格式

图 8-3-27　数值小数位数设置

步骤5：按上述同样的方法计算"本月销售额"并设置单元格格式。

步骤6：按题目要求计算"销售额同比增长"列。在 G3 单元格中输入"=(F3-D3)/D3"，然后按 Enter 键，如图 8-3-28 所示。选中 G3 单元格，将鼠标指针移动到该单元格右下角的填充柄上，当指针变为黑十字形时，按住鼠标左键拖动单元格填充柄到 G12 单元格中，释放鼠标左键。

步骤7：按题目要求设置单元格格式。选中单元格区域G3:G12并单击鼠标右键，在弹出的快捷菜单中选择"设置单元格格式"命令，弹出"设置单元格格式"对话框；在"数字"选项卡下的"分类"列表框中单击"百分比"，设置"小数位数"为"1"，单击"确定"按钮，如图8-3-29所示。

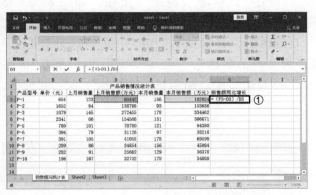

图 8-3-28 公式使用

图 8-3-29 设置单元格格式（百分比）

（2）步骤1：按题目要求建立图表。先选中A2:A12单元格区域，按住Ctrl键不放，再选中C2:C12区域和E2:E12区域，在"插入"功能区中单击"图表"组右下角的"查看所有图表"的"对话框启动器"按钮，弹出"插入图表"对话框。切换到"所有图表"选项卡，单击左侧列表中的"柱形图"，再选中右侧的"簇状柱形图"，单击"确定"按钮，如图8-3-30所示。

步骤2：按题目要求设置图表标题。将图表标题处的文字"图表标题"修改为"销售情况统计图"。

步骤3：按题目要求设置图表图例。在"图表工具"→"设计"功能区中，单击"图表布局"组中的"添加图表元素"下拉按钮，在弹出的下拉列表中选择"图例"，再选择"底部"，如图8-3-31所示。

步骤4：按题目要求移动图表到指定位置。拖动图表，使其左上角在A14单元格内，调整图表区大小，使其在A14:E27单元格区域内，如图8-3-32所示。

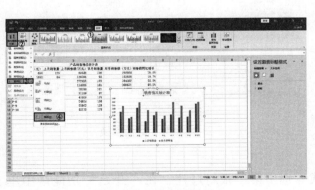

图 8-3-31 生成图例

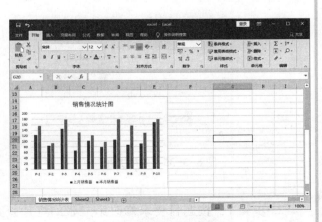

图 8-3-32 调整图表大小

步骤5：保存并关闭 Excel.xlsx 工作簿。

2. 步骤1：在考生文件夹中打开 Excel.xlsx 文件，按题目要求对表格内容进行排序。将鼠标指针置于数据区内，在"数据"功能区中单击"排序和筛选"组的"排序"按钮，弹出"排序"对话框。设置"主要关键字"为"产品名称"，设置"次序"为"降序"；单击"添加条件"按钮，设置"次要关键字"为"分公司"，设置"次序"为"降序"，单击"确定"按钮，如图 8-3-33 所示。

步骤2：按题目要求设置分类汇总。在"数据"功能区的"分级显示"组中，单击"分类汇总"按钮，弹出"分类汇总"对话框，设置"分类字段"为"产品名称"，"汇总方式"为"求和"，在"选定汇总项"中仅勾选"销售额（万元）"复选框，再勾选"汇总结果显示在数据下方"复选框，单击"确定"按钮，如图 8-3-34 所示。

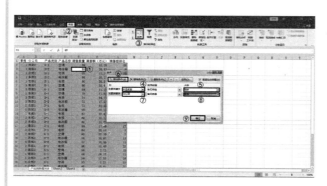

图 8-3-33　排序

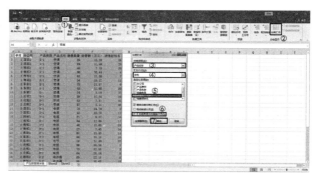

图 8-3-34　分类汇总

六、演示文稿题

1. 步骤1：在考生文件夹中打开 yswg.pptx 文件，按题目要求设置演示文稿主题。选中第一张幻灯片，在"设计"功能区的"主题"组中单击"其他"下拉按钮，在下拉列表中选择"画廊"主题，如图 8-3-35 所示。

步骤2：按题目要求设置幻灯片切换方式。在"切换"功能区中，单击"切换到此幻灯片"组中的"擦除"按钮，单击"效果选项"下拉按钮，在弹出的下拉列表框中选择"自左侧"，最后单击"计时"组中的"应用到全部"按钮，如图 8-3-36 所示。

图 8-3-35　应用主题

图 8-3-36　页面切换

2. 步骤1：按题目要求修改第二张幻灯片版式。选中第二张幻灯片，在"开始"功能区中单击"幻灯片"组中的"版式"下拉按钮，在弹出的下拉列表中选择"两栏内容"，如图 8-3-37 所示。

步骤2：按题目要求移动图片。选中第三张幻灯片中的图片，单击鼠标右键，在弹出的快捷菜单中选择"剪切"命令；在第二张幻灯片右侧内容区中单击鼠标右键，在弹出的快捷菜单中选择"粘贴选项"下的"使用目标主题"命令。

步骤3：按题目要求设置图片动画效果。选中第二张幻灯片中的图片，在"动画"功能区中单击"动画"组的"其他"下拉按钮，在展开的下拉列表中选择"轮子"；再单击"效果选项"按钮，在弹出的下拉列表中选择"3轮辐图案"，如图8-3-38和图8-3-39所示。

图 8-3-37　应用版式

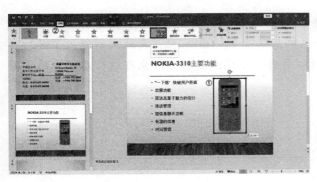

图 8-3-38　插入动画

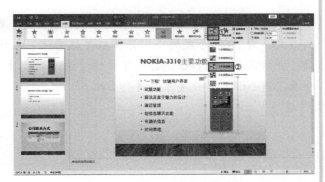

图 8-3-39　动画效果

步骤4：按题目要求修改第三张幻灯片版式。选中第三张幻灯片，在"开始"功能区中单击"幻灯片"组的"版式"下拉按钮，在弹出的下拉列表中选择"标题和内容"。

步骤5：按题目要求设置幻灯片标题。在第三张幻灯片标题占位符中输入"公司联系方式"，如图8-3-40所示。

步骤6：按题目要求设置标题字体。选中第三张幻灯片主标题，在"开始"功能区中单击"字体"组的"对话框启动器"按钮，弹出"字体"对话框，设置"中文字体"为"黑体"，设置"字体样式"为"加粗"，设置"大小"为"59"，单击"确定"按钮。

步骤7：按题目要求插入表格。在第三张幻灯片的内容占位符中单击"插入表格"按钮，弹出"插入表格"对话框，设置"列数"为"4"，设置"行数"为"3"，单击"确定"按钮，如图8-3-41所示。

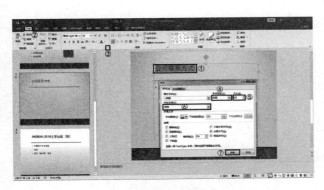

图 8-3-40　设置字体

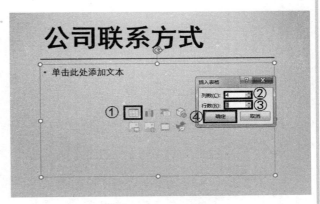

图 8-3-41　插入表格

步骤8：按题目要求在表格内输入内容。按照要求，在第1行第1~4列单元格依次输入"部门""地址""电话"和"传真"，第1列的2、3行单元格内容分别是"总部"和"中国分部"，其他单元格按第一张幻灯片的相应内容填写。

步骤9：按题目要求删除幻灯片。在幻灯片窗格中选中第一张幻灯片并单击鼠标右键，在弹出的快捷菜单中选择"删除幻灯片"命令。

步骤10：按题目要求调整幻灯片顺序。在幻灯片窗格中选中第二张幻灯片，按住鼠标左键不放，拖拽第二张幻灯片到第三张幻灯片之后即可。

步骤11：保存并关闭yswg.pptx文件。

模块总结

本模块介绍了全国计算机等级考试（NCRE）要求，从诚信考试切入，介绍了教育法中关于考试的条文，对2021年版的全国计算机等级考试一级计算机基础及MS Office应用考试大纲进行了详细解读，并对历年高频知识点进行了归纳总结，最后对模拟题进行了详细解答。考生可通过本模块的学习全面了解NCRE考试要求并进行自测。